高职电子类
精品教材

Protel 99 SE 基础教程

PROTEL 99 SE
JICHU JIAOCHENG

主　审　曹建国
主　编　刘　旭　李建设
副主编　白志青　马　莉　李言武

中国科学技术大学出版社

内 容 简 介

本书共分 8 章，全面介绍了由 Protel Technology 公司开发的功能强大的电子电路设计软件 Protel 99 SE 的工作界面、基本组成、各种常用编辑器和常用工具等基础知识，并详细地介绍了电路原理图的设计、网络表的生成、印制电路板的设计方法及操作步骤等。每章都附有大量的实例和练习，便于读者学习和复习。

本书是作者根据多年教学实践编写的，可作为本科或高职高专电子及相关专业的教材，也可供电路设计人员阅读参考。

图书在版编目(CIP)数据

Protel 99 SE 基础教程/刘旭，李建设主编. 一合肥：中国科学技术大学出版社，2011. 8(2014. 1 重印)

ISBN 978-7-312-02850-2

Ⅰ. P… Ⅱ. ①刘… ②李… Ⅲ. 印刷电路—计算机辅助设计—应用软件，Protel 99 SE—教材 Ⅳ. TN410. 2

中国版本图书馆 CIP 数据核字(2011)第 108023 号

出版 中国科学技术大学出版社
地址：安徽省合肥市金寨路 96 号，邮编：230026
网址：http://press. ustc. edu. cn
印刷 合肥学苑印务有限公司
发行 中国科学技术大学出版社
经销 全国新华书店
开本 787 mm×1092 mm 1/16
印张 13. 5
字数 354 千
版次 2011 年 8 月第 1 版
印次 2014 年 1 月第 2 次印刷
定价 25. 00 元

前　言

Protel 99 SE 是由 Protel Technology 公司开发的功能强大的电子电路设计软件，具有易于掌握、使用方便等优点，彻底改变了传统的绘图模式，将设计人员从繁重的手工绘图工作中解脱出来，极大地提高了绘图速度。

本书根据 Protel 99 SE 的特点和当前应用型教育对学生的要求编写而成，主要向学生介绍了 Protel 99 SE 的工作界面、基本组成、各种常用编辑器和常用工具等基础知识，并详细地介绍了电路原理图的设计、网络表的生成、印制电路板的设计方法及操作步骤等内容。同时给学生提供了大量的与中级 Protel 99 SE 认证相关的练习，以供训练实际绘图能力，提高大家的绘图速度、质量和考证的通过率。

Protel 99 SE 的应用已经深入到很多领域，对于很多专业的学生和一些专业人士而言，掌握 Protel 99 SE 已经非常重要了。本书共分为 8 章。前 5 章主要介绍电路原理图的相关知识：第 1 章讲述了 Protel 99 SE 使用基础，包括 Protel 99 SE 的安装、启动，设计数据库文件的建立、文件管理等；第 2 章主要讲述了电路原理图的设计方法；第 3 章主要讲述了层次图设计的相关知识，包括自顶向下的设计方法和自底向上的设计方法；第 4 章主要讲述了原理图报表文件生成与原理图打印；第 5 章主要讲述了原理图原件库的建立和元件的新建方法。后 3 章主要介绍印制电路板设计的相关知识：第 6 章主要讲述了 PCB 设计基础，包括 PCB 板的绘制、布局和布线等；第 7 章主要讲述了 PCB 报表文件生成和 PCB 文件打印；第 8 章主要讲述了 PCB 元件库的建立和元件的新建方法。大部分章节配有大量示例和课后习题，并结合各章所讲述的内容以及实际应用，给出了知识难点和实际应用分析。在章节安排上，按照由浅入深、循序渐进的原则，结合一些实例来引导读者，对于一些应用少、难度大的内容则不介绍或少介绍，使读者能够更好、更快地了解和掌握 Protel 99 SE 的应用。

本书编者常年从事 Protel 99 SE 的教学和科研工作，对 Protel 99 SE 有着很好的理解和丰富的教学经验，在内容的组织上结合了教学和科研等方面的经验，在书中给出了很多具体实例，供大家学习参考。

本书适合作为本科院校、高等职业学院以及成人高等学校主办的二级职业技术学院电子及相关专业学生使用的教材。

本书由安徽工贸职业技术学院刘旭、李建设主编，淮南职业技术学院马莉编写了第 1 章和第 2 章部分内容，刘旭编写了第 2 章部分内容和第 3 章、第 4 章，白志青编写了第 7 章和附录，李建设编写了第 6 章部分内容和第 8 章，李言武编写了第 6 章部分内容和第 5 章，全书邀请安徽工贸职业技术学院曹建国副教授主审。

本书在编写过程中，得到了安徽工贸职业技术学院和电气与信息工程系领导及很多老师的帮助，在此表示衷心的感谢。

由于作者水平有限，书中不足之处在所难免，恳请广大读者批评指正。

编　　者

2011 年 4 月

目　录

第1章　Protel 99 SE使用基础

1.1　Protel 99 SE简介

Protel 99 SE是应用于Windows 9x/2000/NT/XP操作系统的EDA设计类软件，采用设计库管理模式，可以联网设计，具有高度的、开放性很强的数据交换能力和3D模拟功能，是一个32位的设计软件，可以完成电路原理图设计、印制电路板设计和可编程逻辑器件设计等，并且可以设计32个信号层、16个电源-地层和16个机加工层。

按照系统功能来划分，Protel 99 SE主要有以下两大部分，共包含6个功能模块。

1.1.1　电路工程设计部分

1. 电路原理设计部分

电路原理图设计部分(Advanced Schematic 99)包括电路图编辑器(简称SCH编辑器)、电路图零件库编辑器(简称SCH Lib编辑器)和各种文本编辑器。主要功能是绘制以及修改和编辑电路原理图、更新和修改电路图零件库、查看和编辑有关电路图和原件库的各种报表文件。

2. 印刷电路板设计系统

印刷电路板设计系统(Advanced PCB 99)包括印刷电路板编辑器(简称PCB编辑器)、零件封装编辑器(简称PCB Lib编辑器)和电路板组件管理器。主要功能是绘制以及修改和编辑电路板、更新和修改原件封装、管理电路板组件。

3. 自动布线系统

自动布线系统(Advanced Route 99)包含一个基于形状(Shape-based)的无栅格自动布线器，用于印刷电路板的自动布线，以实现PCB设计的自动化。

1.1.2　电路仿真与PLD部分

1. 电路模拟仿真系统

电路模拟仿真系统(Advanced SIM 99)包含一个D/A信号仿真器，可提供连续的数字信号和模拟信号，以便对电路原理图进行信号模拟仿真。

2. 可编程逻辑设计系统

可编程逻辑设计系统(Advanced PLD 99)包含一个有语法功能的文本编辑器和一个波形编

辑器。

本系统的主要功能是对逻辑电路进行分析综合、观察信号的波形。利用PLD系统可以最大限度地精简逻辑部件，使数字电路设计达到最简化。

3. 信号完整性分析系统

信号完整性分析系统(Advanced Integrity 99)提供了一个精确的信号完整性模拟器，可用来分析PCB设计，检查电路设计参数、实验阻抗和信号谐波要求等。

1.2 Protel 99 SE使用基础

Protel 99 SE是以设计数据库的形式来保存设计过程中的所有信息的，其数据库的扩展名为“.ddb”。

1.2.1 Protel 99 SE的安装

1.2.1.1 运行Protel 99 SE的推荐配置

CPU:≥Pentium Ⅱ 400 MHz及以上PC机。

内存:≥64MB。

显卡:支持800×600×16位色以上显示。

光驱:≥24倍速。

1.2.1.2 运行环境

需要Windows 9x/2000/NT/XP操作系统，由于系统在运行过程中要进行大量的运算和存储，所以对机器的性能要求也比较高，配置越高，越能充分发挥它的优点。

1.2.1.3 安装过程

1. 安装程序

运行setup.exe，安装Protel 99 SE。

再安装Protel 99 SE service pack 6简体中文第6版(运行“\Protel 99 SP6\Protel 99 SE service pack6.exe”)。

2. 汉化

(1) 安装中文菜单　将Client 99 SE.rcs复制到“Windows”根目录中。

说明:在复制中文菜单前，先启动一次Protel 99 SE，关闭后将Client 99 SE.rcs复制到“Windows”根目录中，可以先将原目录中的Client 99 SE.rcs进行备份。

(2) 安装PCB汉字模块　将pcb-hz目录中的全部文件复制到“Design Explorer 99 SE”根目录中，注意检查一下hanzi.lgs和Font.ddb文件的属性，将其“只读”选项去掉。

(3) 安装国标码库　将gb4728.ddb(国标库)复制到“Design Explorer 99 SE/library/SCH”目录中，并将其属性中的“只读”去掉。

将Guobiao Template.ddb(国标模板)复制到“Design Explorer 99 SE”根目录中，并将其属性中的“只读”去掉。

（4）安装 orCAD 转换程序　如果需要安装 orCAD 转换程序，可将 orCAD-Protel 目录中的全部文件复制到“Design Explorer 99 SE”根目录中。

1.2.2　启动 Protel 99 SE

启动 Protel 99 SE 的方法非常简单，只要直接运行 Protel 99 SE 的执行程序就可以了。运行 Protel 99 SE 执行程序的方法一般有下述 3 种：

① 在 Windows 桌面选择【开始】|【程序】|【Protel 99 SE】|【Protel 99 SE】选项，即可启动 Protel 99 SE。

② 用户可以直接双击 Windows 桌面上 Protel 99 SE 的图标来启动应用程序。

③ 用户可以直接单击 Windows【开始】菜单中的 Protel 99 SE 图标来启动应用程序。

启动 Protel 99 SE 应用程序后会出现如图 1－1 所示的界面。

图 1－1　Protel 99 SE 启动界面

接下来便进入如图 1－2 所示的 Protel 99 SE 主窗口。

图 1－2　Protel 99 SE 主窗口

1.2.3 设计数据库文件的建立

在启动各种编辑器前,必须先创建一个新的设计文件(Design File),用户可以选择主菜单区的【File】|【New】选项,如图 1-3 所示,将光标移到菜单【File】|【New】处,单击鼠标或按回车键即可。

图 1-3 新建设计数据库菜单

如果在此之前已经打开了一个或多个设计数据库,可以选择主菜单区的【File】|【New Design】选项,单击鼠标或按回车键即可,按照上面的操作将弹出如图 1-4 所示的窗口。

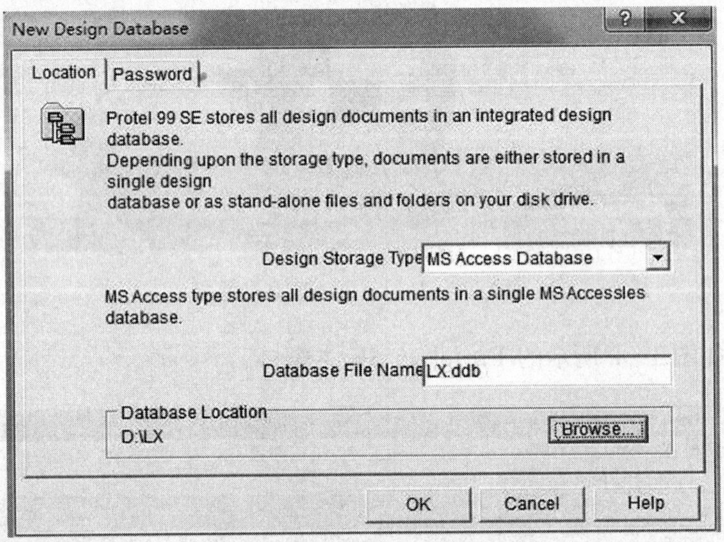

图 1-4 新建设计数据库设置

图 1-4 所示对话框的左上角有两个标签,分别是路径【Location】和密码【Password】。【Location】路径标签对应的是新建数据库的基本信息,如文件名和路径。Protel 99 SE 默认的文件名为"My Design1. ddb",可以在相应的位置修改文件名,如"LX. ddb"。单击【Browse...】按钮选择文件的存储位置,如"D:\ LX"。如果想给所设计的数据库加上密码,先在图 1-4 所示对话框中选择【Password】标签,打开如图 1-5 所示的密码设置窗口。在此窗口中将左边的选项选为"Yes",然后在右边的密码和确认密码编辑框中输入相同的密码。值得注意的是,没有密码任何人都没有办法打开这个数据库,所以必须牢记密码。

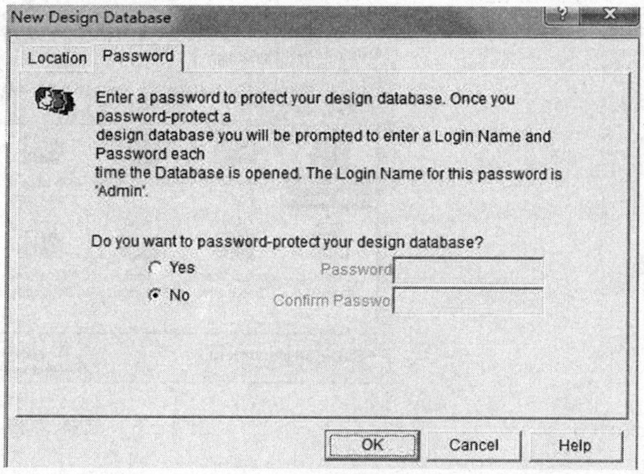

图 1-5　密码设置窗口

上述准备工作结束后，单击【OK】按钮创建此文档。Protel 99 SE 的主窗口变成如图 1-6 所示的新窗口。

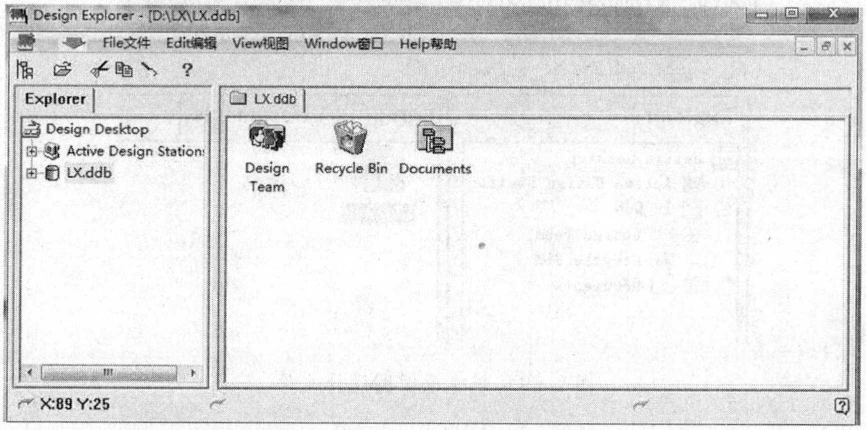

图 1-6　数据库界面

1.2.4　启动原理图编辑器

在创建或打开一个数据库文件后，就可以在该数据库的文件夹中创建原理图文件并启动原理图编辑器。原理图编辑器就是一个原理图设计系统，用户可以在该系统中进行电路原理图的设计并生成相应的网络表，为后面印刷电路板的设计做好准备。

双击【Document】图标，执行菜单命令【File】|【New】，如图 1-7 所示，或者在空白处单击鼠标右键，选择【New】会出现如图 1-8 所示的选择类型对话框。

图1-7　新建原理图设计文档菜单

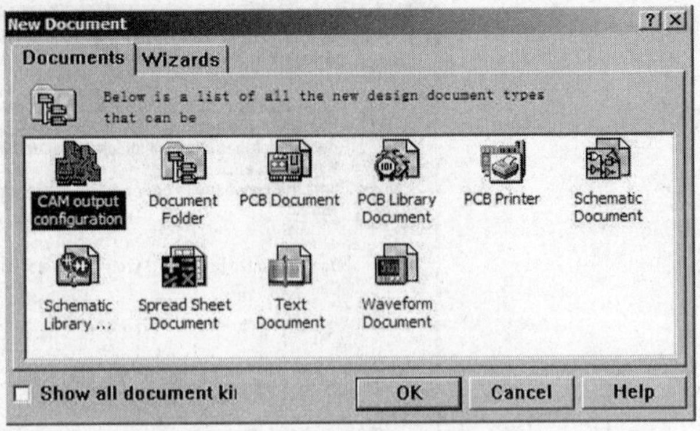

图1-8　选择文档类型

在图1-8所示的对话框中单击【Schematic Document】图标，选中原理图编辑器图标，单击【OK】按钮或双击该图标就可以完成新的原理图文件的创建，如图1-9所示。默认的文件名为"sheet1. sch"，文件名可以修改，例如改为"LT1. sch"。

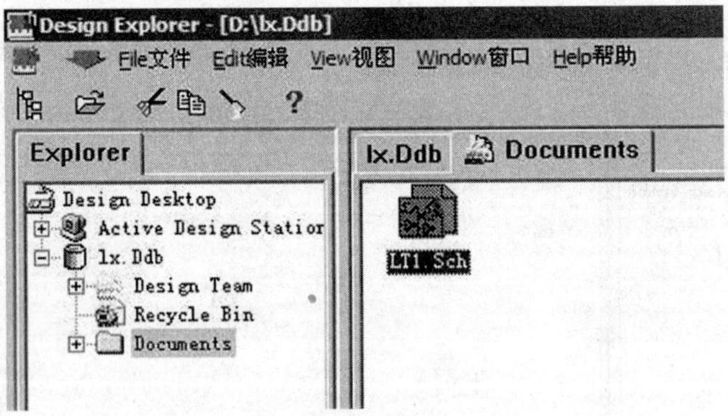

图1-9　新建原理图设计文件

单击设计管理窗口中的原理图文件名，或双击工作窗口中的原理图文件图标即可启动原理图编辑器，如图1-10所示。启动其他编辑器的方法和启动原理图编辑器方法是一样的。

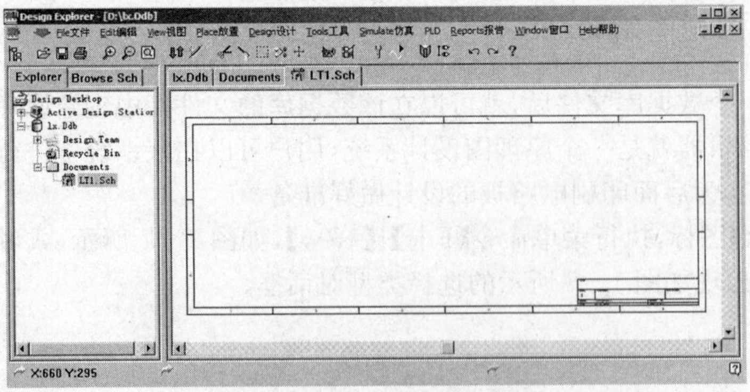

图1-10　进入原理图编辑器

1.2.5　设计数据库的文件管理

1.2.5.1　保存文件

电路图绘制完成以后，要保存起来，以供日后调出修改及使用。当打开一个旧的电路图文件并进行修改后，执行菜单命令【File】|【Save】或单击 按钮，可自动按原文件名将其保存，同时覆盖原先的旧文件。

在保存文件时，如果不希望覆盖原来的文件，可采取换名保存。具体的方法是，执行菜单命令【File】|【Save As...】，打开如图 1－11 所示的“Save As”对话框，在对话框中，指定新的存盘文件名就可以了。

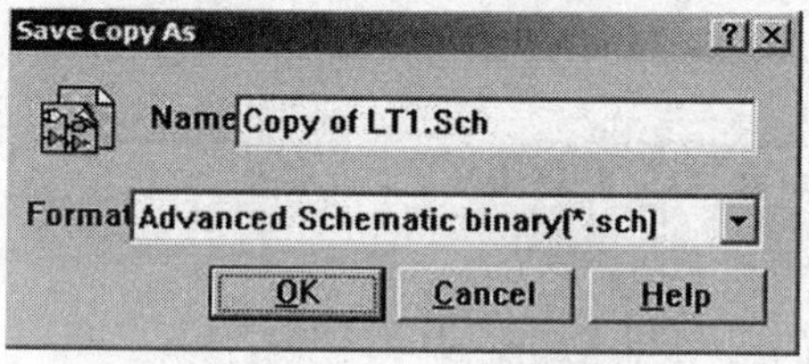

图 1－11　保存文件对话框

打开【Format】下拉列表，就可以看到 Schematic 所能够处理的下列各种文件格式。

① Advanced Schematic Binary(＊.sch)Advanced Schematic：电路绘图页文件，二进制格式。

② Advanced Schematic ASCII(＊.asc)Advanced Schematic：电路绘图页文件，文本格式。

③ Orcad Schematic(＊.sch)SDT4：电路绘图页文件，二进制文件格式。

④ Advanced Schematic template ASCII(＊.dot)：电路图模板文件，文本格式。

⑤ Advanced Schematic template binary(＊.dot)：电路图模板文件，二进制格式。

⑥ Advanced Schematic binary files(＊.prj)：项目中的主绘图页文件。

默认状态下是原理图文件“＊.sch”。

1.2.5.2　关闭文件

关闭一个文件的操作比较简单，执行菜单命令【File】|【Close】即可。如果被关闭的文件有改动而还没有保存，系统会自动提醒询问是否需要保存，用户可根据实际需要做出相应的选择。还可以通过单击文件的标签，在弹出的如图1－12所示的菜单中，选择【Close】即可。

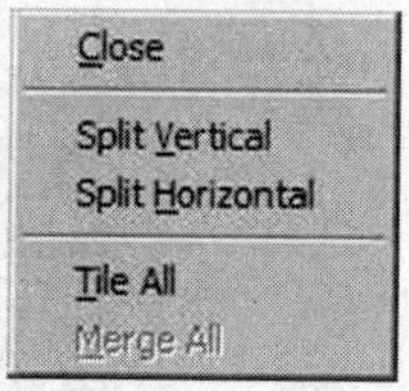

图 1－12　关闭文件

1.2.5.3　打开文件

在操作过程中，如果想打开该设计数据库文件中的某一个文件，可以采取在项目浏览器(Explorer)中打开的方法。即在项目浏览器中，单击该文件名，即可在工作窗口中打开所需的文件。

要想打开一个单独的原理图文件，具体的操作方法是，执行菜单命令【File】|【Open】，如图1－13所示，或直接单击主工具栏中的 按钮。

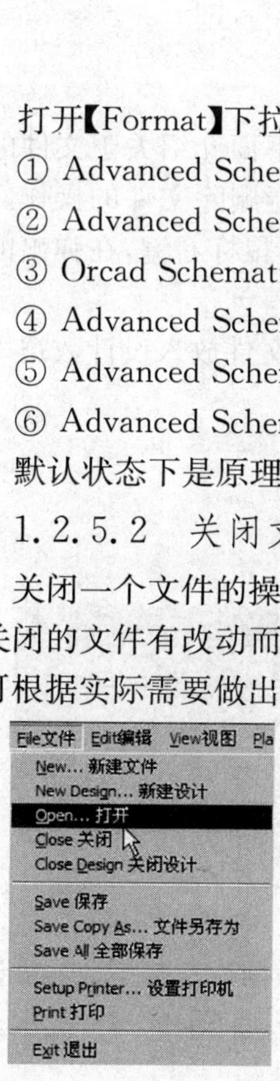

图 1－13　打开文件菜单

执行完该命令后，会出现如图 1－14 所示的对话框。在对话框中，找到所要打开的文件单击,然后单击【打开(O)】按钮即可。要想继续打开单个文件,再按照上面的介绍操作即可。

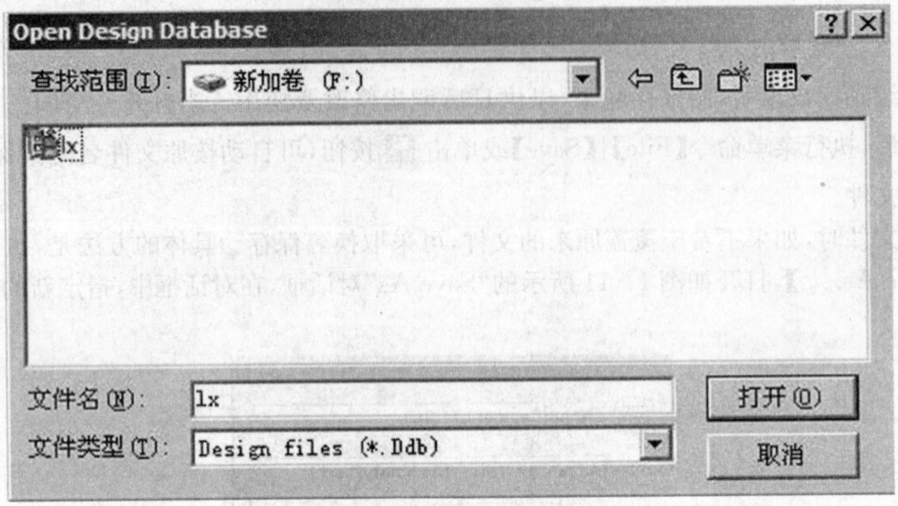

图 1-14　打开文件对话框

1.2.5.4　其他文件管理操作

除上述操作外,还可以对文件进行删除、重新命名、复制、粘贴等操作,下面介绍关于文件的删除操作。要删除一个文件,首先,要在工作区内关闭该文件。否则无法执行删除文件的操作。实现的方法是,单击【Document】标签,找到要删除的文件名,在文件名上,单击鼠标右键,在弹出的菜单中,选择【Delete】命令,如图 1-15 所示。

然后,在弹出的对话框中,单击【Yes】按钮,如图 1-16 所示,即可将该文件放入设计数据库的回收站中。

图 1-15　删除文件菜单

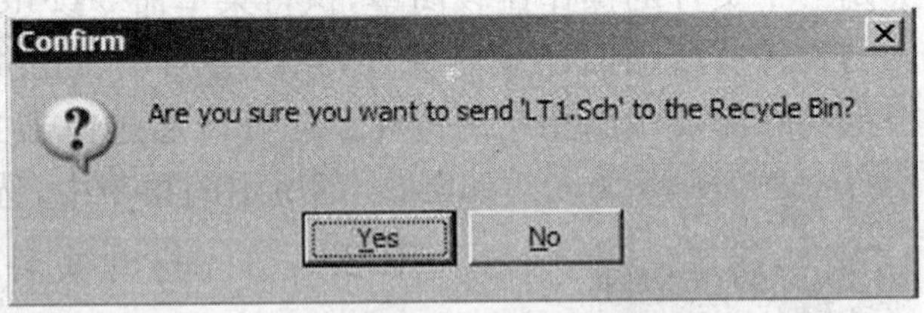

图 1-16　删除文件确认对话框

这里仅仅是完成了将文件放置到回收站中的操作,要想真正从设计数据库中删除,还要进入回收站。在该文件名上单击鼠标右键,从弹出的菜单中选择【Delete】命令,如图 1-17 所示。然后,在弹出的对话框中,单击【Yes】按钮确认即可。

重新命名、复制和粘贴等操作，其方法与删除的操作方法基本相同，这里就不再赘述了。值得注意的是，在进行这些操作之前，必须先关闭要操作的文件，否则不能执行。

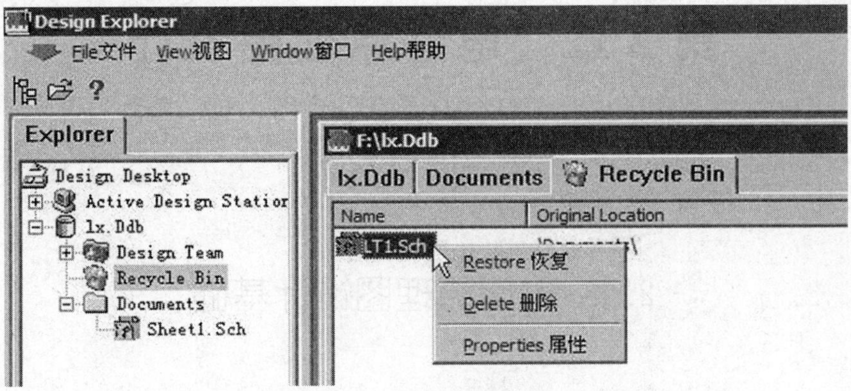

图 1-17　删除回收站中的文件

习　题

1. 简述 Protel 99 SE 的设计保存类型有几种，它们有什么不同？
2. 新建一个设计数据库文件，选择默认保存类型，命名为“Lianxi1.ddb”，设置密码。
3. 关闭第 2 题中的数据库文件并再打开，在数据库中建立两个文件夹，分别命名为 SCH、PCB。
4. 在上述两个文件夹中分别建立 SCH 和 PCB 文件，分别更名为 LX1.sch 和 LX1.pcb。
5. 练习文件和文件夹的简单操作。

第 2 章　电路原理图设计

2.1　电路原理图设计基础

2.1.1　电路原理图设计步骤

Protel 99 SE 设计原理图的使用步骤如图 2－1 所示。可以按照下述的具体步骤完成原理图的设计工作。

① 在设计之前，一般要有一个大致构思，这样可以加快设计速度。

② 在完成构思后，启动 Protel 99 SE 进入原理图设计系统。根据电路图的规模和复杂程度决定图纸的大小、规格等参数。

③ 根据个人的喜好和工作习惯，设置好原理图设计系统的环境参数，如格点的大小和类型、光标的大小和类型。一般来说可以采用系统的默认值。

④ 根据电路原理图的需要，将元件放置到图纸上，并且同时设置元件的序号、元件封装的定义和设置等。

⑤ 为了电路图的美观，需要对元件进行修改、对齐等操作。

⑥ 根据电路原理图的需要，将各个元件通过具有电气意义的导线、符号连接起来，构成一个完整的电路原理图。

⑦ 将初步绘制好的原理图调整、美化。

⑧ 输出各种报表，如网络表、元件列表等，其中最重要的是文件名为“.NET”的网络表。

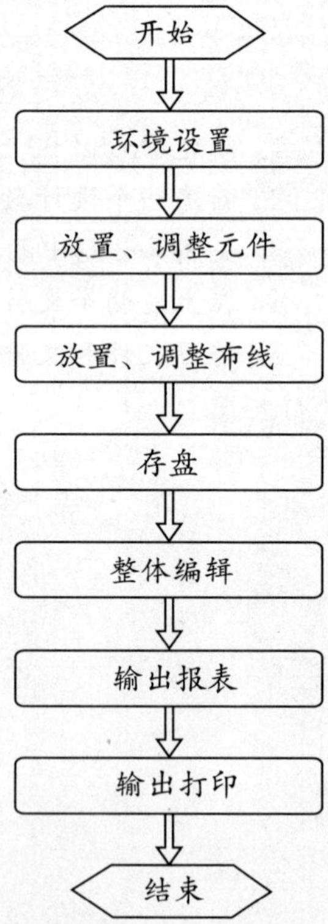

图 2－1　原理图设计步骤

2.1.2　图纸参数设置

一般系统默认图纸的大小为 B 号。当构思好原理图后，最好能先根据构思的整体布局设置好图纸的大小。当然，以后修改也是可行的。

在设计窗口中，单击鼠标右键选择浮动菜单下的文档选项【Document Option...】或执行菜单命令【Design】|【Options】，屏幕将出现如图 2－2 所示的设置或更改图纸属性的对话框。

根据选择的图纸尺寸，在【Standard】栏选择右边的下拉式菜单，选择所需的图纸大小，点击对话框下面的【OK】按钮，图纸的大小就设置好了。

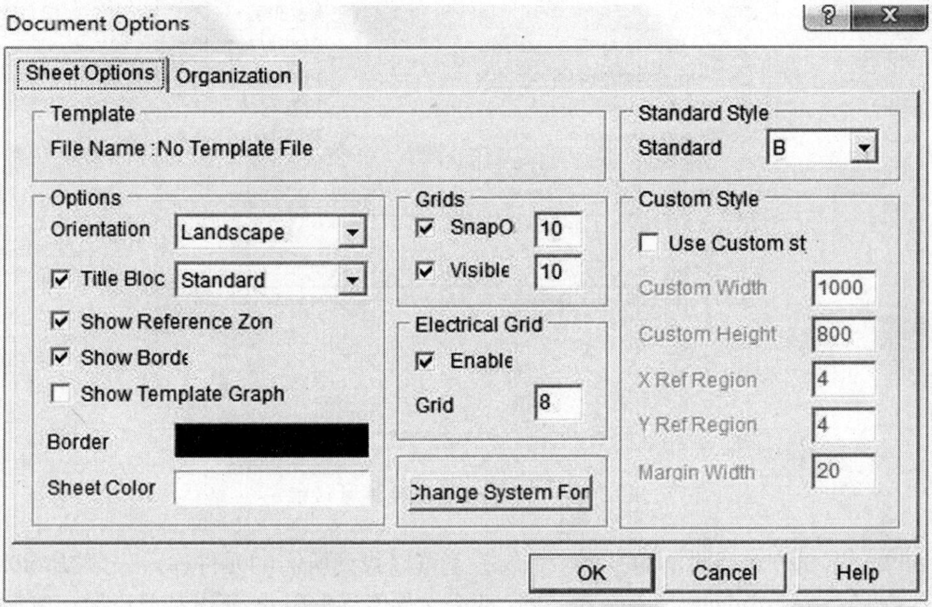

图 2-2　文档属性设置对话框

2.2　放置元件

2.2.1　装入元件库

绘制原理图需要元件和线路，绘制一张原理图首先是要把有关的元器件放置到图纸上。在放置元器件之前，必须知道各个元器件所在的元件库，并把相应的元件库装入到原理图管理浏览器中。

添加元件库一般按照下面的步骤来进行。

首先，打开原理图管理浏览器。在工作窗口为原理图编辑器窗口的状态下，单击设计管理器顶部的【Browse Sch】标签即可打开原理图管理浏览器窗口，如图 2-3 所示。

单击【Add】|【Remove】按钮，出现如图 2-4 所示的添加/删除元件库对话框。

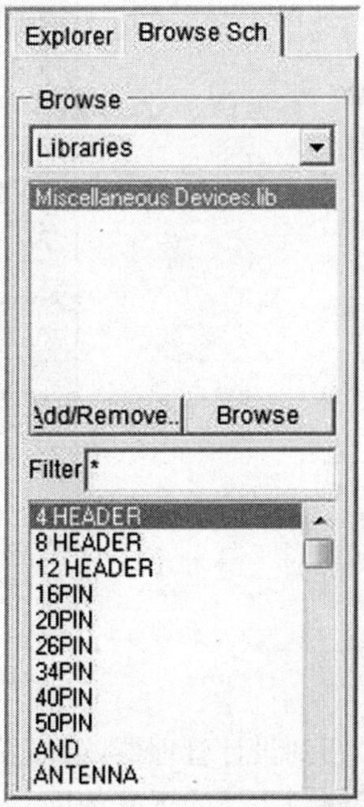

图 2-3　原理图管理浏览窗口

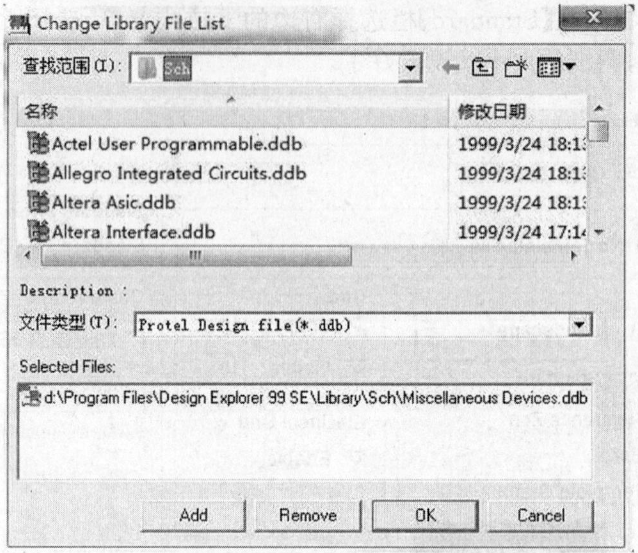

图 2-4　添加删除元件库对话框

在 Protel 99 SE 的安装目录下的"Library\Sch"下可以找到所需的元件库。一般"Protel DOS Schematic Libraries.ddb"、"Miscellaneous Devices.ddb"两个文件库是常用的,所以都要添加。单击选中所需的文件,然后再单击【Add】按钮,被选中的库文件即出现在"Selected Files"列表框中,成为当前的活动库文件,如图 2-5 所示。单击【OK】按钮就可将上述元件库装入原理图管理浏览器中。

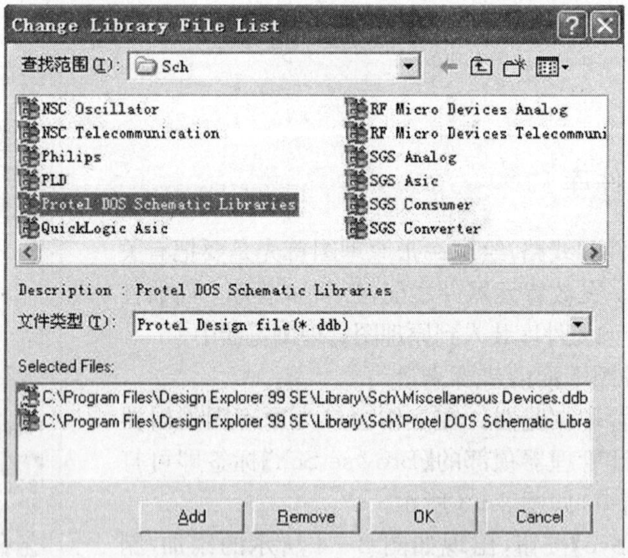

图 2-5　添加元件库文件

回到设计管理器,可以发现左边的元件管理器中出现了很多的元件库,移出不需要的元件库的步骤与上述的正好相反。

2.2.2　利用浏览器放置元件

放置元件的方法很多，利用浏览器放置元件是一种比较直观的方法。具体的操作方法如下：

首先，在如图 2－6 所示中的【Browse】选项的下拉式选框中，选中【Libraries】项。

然后单击列表框中的滚动条，找出元件所在的元件库文件名，单击鼠标左键选中所需的元件库；再在该文件库中选中所需的元件，单击鼠标左键即可选中元件，如图 2－7 所示。

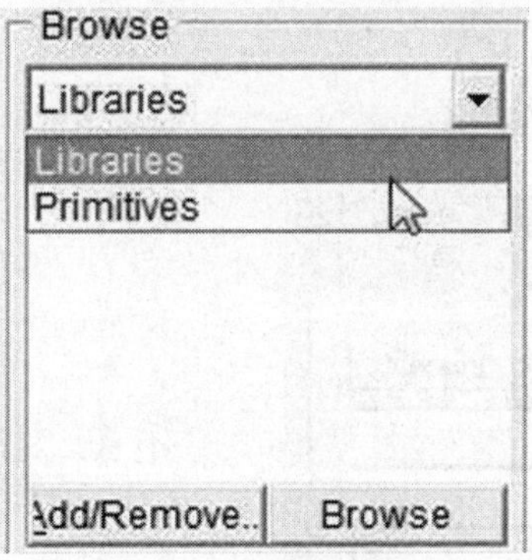

图 2－6　选择元件库

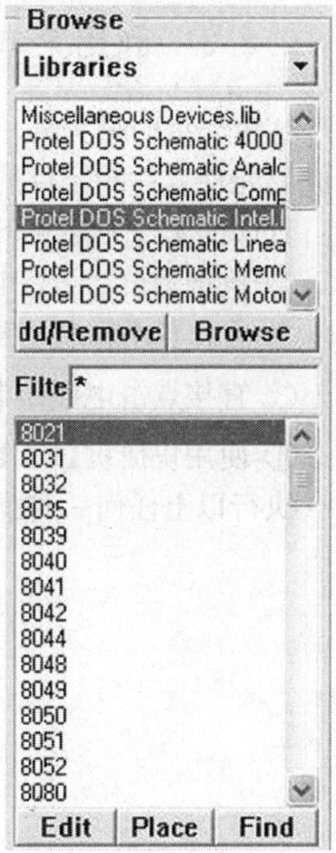

图 2－7　选择元件

最后单击【Place】按钮或直接双击元件名称，将光标移至工作平面，就可以发现元件随着光标的移动而移动；再将元件随光标移到工作平面合适的位置，单击鼠标左键即可将元件放置到当前位置，如图 2－8 所示。

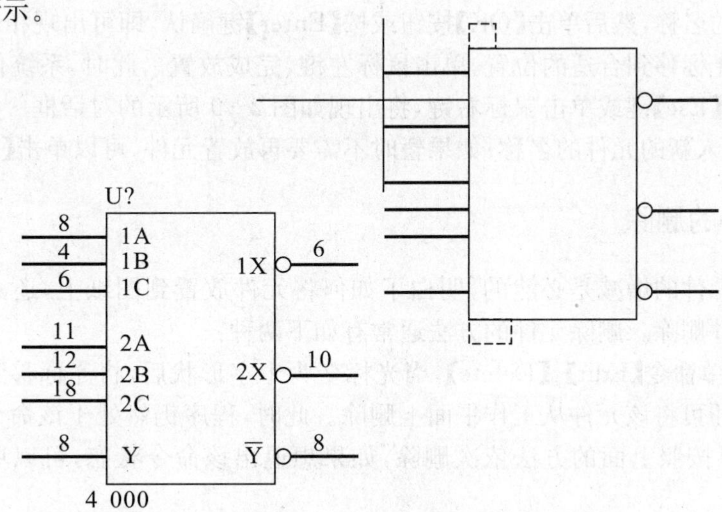

图 2－8　放置元件

此时，系统仍然处于放置元件的状态。单击鼠标左键，就会在工作平面的当前位置放置另一个相同的元件。按【Esc】键或单击鼠标右键，即可退出该命令状态，这时系统才允许用户执行其他的命令。

2.2.3 利用菜单命令放置元件

这里介绍的是另外一种放置元件的方法，这种方法对于那些对元件库比较熟悉，或者已经有现成的元件名称的元件的放置来讲，是一种比较快捷的方法。这种方法可以使用户的设计速度加快。具体的实现方法有下面 4 种：

① 执行菜单命令【Place】|【Part】。

② 直接单击鼠标右键，在浮动菜单上选择【Place Part】。

③ 直接点击电路绘制工具栏上的按钮。

④ 使用快捷键【P】|【P】。

执行以上任何一种操作，都会打开如图 2－9 所示的对话框。

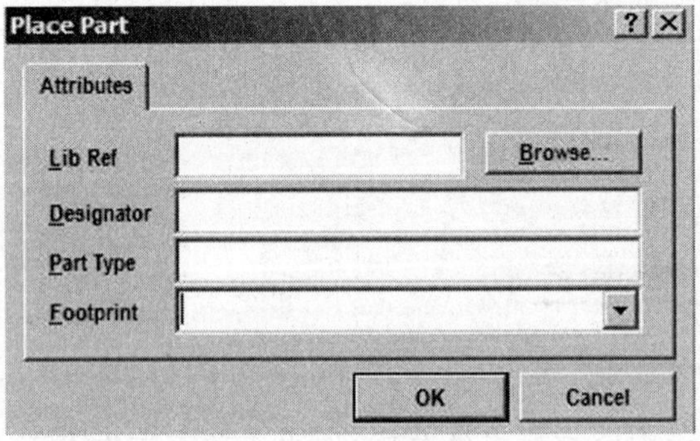

图 2－9　放置元件对话框

输入所需元件的名称，然后单击【OK】按钮或按【Enter】键确认，即可出现相应的元件跟随光标而移动的情形。将光标移到合适的位置，单击鼠标左键，完成放置。此时，系统仍然处于放置该元件的命令状态中，按【Esc】键或单击鼠标右键，将出现如图 2－9 所示的对话框。如果用户想继续放置新的元件，可以输入新的元件的名称；如果暂时不需要再放置元件，可以单击【Cancel】按钮退出。

2.2.4 元件的删除

在设计过程中元件的增减是必然的，明白了如何将元件放置到图纸上，还必须掌握如何从图纸上将已放置的元件删除。删除元件的方法通常有如下两种：

① 可以执行菜单命令【Edit】|【Delete】，当光标变为十字形状后，将光标移到想要删除的元件上，单击鼠标左键，即可将该元件从工作平面上删除。此时，程序仍然处于该命令状态。如果还想删除某个元件，可以按照上面的方法依次删除，如果想退出该命令状态，可以单击鼠标右键或按【Esc】键即可。

② 如果想要一次性删除多个元件，显然上述方法比较麻烦，可以按以下方法来完成。首先，选

中所要删除的多个元件，然后执行菜单命令【Edit】|【Clear】，或按快捷键【Ctrl】+【Del】，即可删除选中的多个元件。

2.2.5　元件位置的调整

绘制电路图时，为了使布线简洁、明了，并考虑到整体的排版，需要对图纸上元件的位置进行适当调整。通过各种操作将元件移动到适当的位置或将元件旋转成所需要的方向。具体操作方法介绍如下。

2.2.5.1　第一种移动方法

如果被移动的是单个元件，例如，在这里要移动 4000。首先，将鼠标箭头移到 4000 上，然后按住鼠标左键不放，此时在元件的右方出现以圆点为中心的十字光标，同时，元件的名称、序号消失，取而代之的是虚框，这样便选中了该元件，如图 2-10所示。

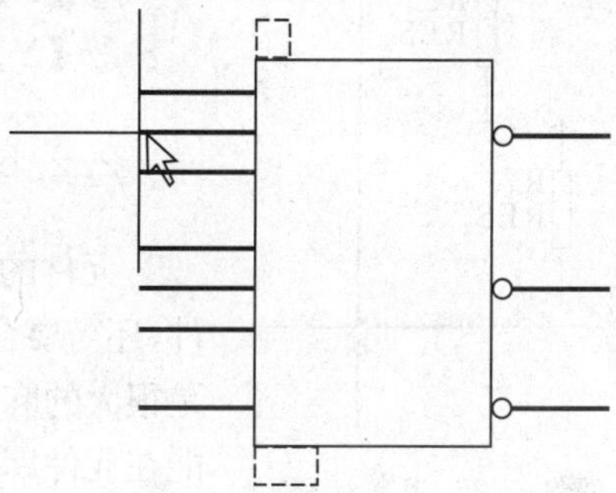

图 2-10　用鼠标移动元件方法一

按住鼠标左键不放，移动十字光标，元件会随着光标移动而移动。将光标移动到选中的位置，松开鼠标左键，即完成移动工作。

移动单个元件也可以执行菜单命令【Edit】|【Move】|【Move】，之后会出现十字光标，将光标移到元件上，单击鼠标左键，即可选中该元件。然后，就可以进行移动了，在移动过程中不需要按住鼠标左键不放。完成工作后，系统还是处于移动物体的命令状态下，如果还需要移动，可以采用相同的方法进行。如果不需要再移动物体了，可以单击鼠标右键或按【Esc】键退出该命令状态。

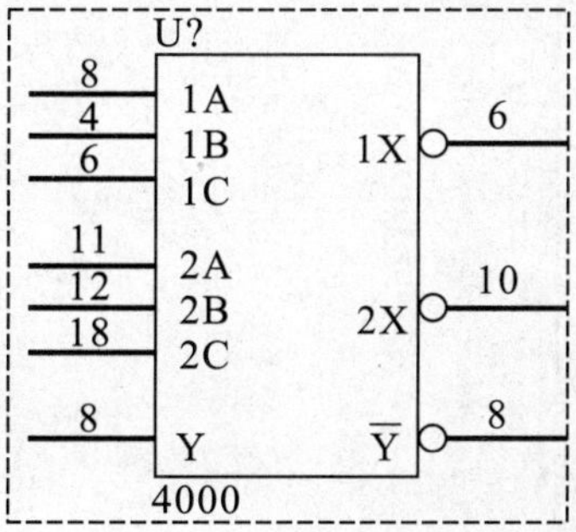

图 2-11　用鼠标移动元件方法二

2.2.5.2　第二种移动方法

首先单击元件，使元件周围出现虚框，如图 2-11 所示。然后单击该元件即可选中，同时出现十字光标，然后就可以移动该元件了。将元件移到适当的位置后，单击鼠标左键确认即可。此时，十字光标消失，但元件的虚框仍然存在，如果此时还不满意，可以按上面的方法继续移动，如果觉得不必再移动，可以在图纸的任意空白处单击鼠标左键，取消对该元件的选择，退出操作。

2.2.5.3　第三种移动法

最后介绍一下对单个元件和多个元件都适用的方法。按住鼠标左键不放，移动鼠标在工作区内拖出一个适当的虚线框，将所要选择的元件包含在内，如图 2-12 所示。然后松开左键即可选中虚线框内的所有元件，选中元件后单击被选中的元件组中任意一个元件并按住鼠标不放，出现十字光标后即可移动被选中的元件到合适的位置，然后松开鼠标左键，元件便被放置在合适的位置上。

移动被选中的元件，还可以执行菜单命令【Edit】|【Move】|【Move Selection】，出现十字光标后，单击被选中的元件，移动鼠标即可将它们移动到适当的位置，然后再单击鼠标左键确认，即可放置在当前的位置。

2.2.5.4 元件的方向调整

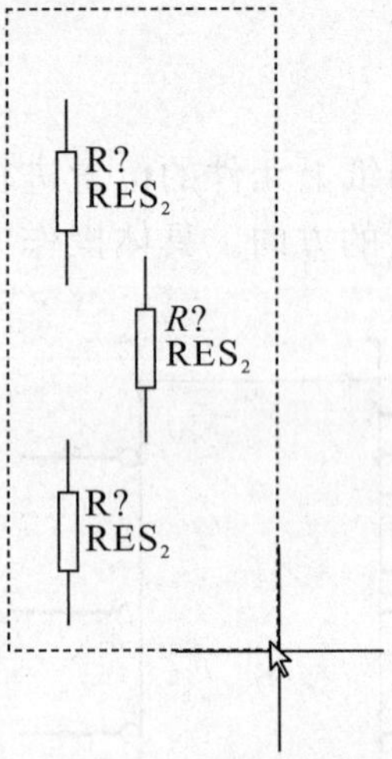

图 2-12 用鼠标移动元件方法三

上面讲述了如何将元件移动到合适位置。在原理图的设计过程中还会碰到元件的方向需要调整的情况。首先，要将元件选中，然后主要利用以下快捷键调整：

① 【Space】键(空格键)：每按一次，被选中的元件逆时针旋转 90°。

② 【X】键：使元件左右翻转。

③ 【Y】键：使元件上下翻转。

2.2.6 改变元件属性

元件的位置调整仅仅是原理图设计的一个开始。对于原理图中的各个元件，还需要合理的序号、正确的封装形式等，否则对于后面的 PCB 板的生成将是很大的麻烦。所有的元件的对象都各自拥有一套相关的属性。某些属性只能在元件库编辑中进行定义，而另外一些属性则只能在绘图编辑时定义。

以 74LS00 为例，在将元件放置到绘图页之前，元件符号可随鼠标移动，如果按下【Tab】键就可以打开属性对话框，但是，对于已经放置好的元件，可以直接双击元件，就会弹出属性对话框，如图 2-13 所示。

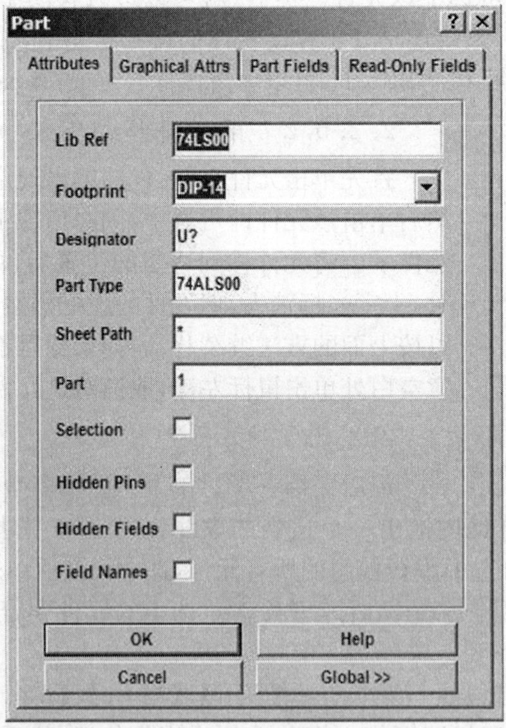

图 2-13 元件属性设置对话框

【Attributes】选项卡中的内容较为常用，它包括以下选项：

① Lib Ref：在元件库中定义的元件名称，不会显示在绘图页中。

② Footprint：封装形式，应该输入该元件在 PCB 库里的名称。

③ Designator：流水序号。

④ Part Type：显示在绘图页中的元件名称，默认值与元件库中名称“Lib Ref”一致。

⑤ Sheet Path：成为绘图页元件时，定义下层绘图页的路径。

⑥ Part：定义子元件序号，如 74LS00 门电路的第一个逻辑门为 1，第二个为 2 等。

⑦ Selection：切换选取状态。

⑧ Hidden Pins：是否显示元件的隐藏引脚。

⑨ Hidden Fields：是否显示【Part Fields 1－8】、【Part Fields 9－16】选项卡中的元件数据栏。

⑩ Field Name：是否显示元件的数据栏名称。

改变元件的属性也可以通过执行菜单命令【Edit】|【Change】。该命令可将编辑状态切换到对象属性编辑模式。此时，只要将鼠标指针指向该元件，单击鼠标左键，就可弹出属性窗口。将该元件的属性修改以后，系统仍然处于该命令状态中，单击鼠标右键或按【Esc】键，就可以退出该命令状态。

在元件的某一属性上双击鼠标左键，则会打开一个针对该属性的对话框。如在文字“U?”上双击，由于这是 Designator 流水序号属性，随后出现对应的“Part Designator”对话框，如图 2－14 所示。设置结束后，单击【OK】按钮确认即可。对元件的型号的设置方法与此相同。

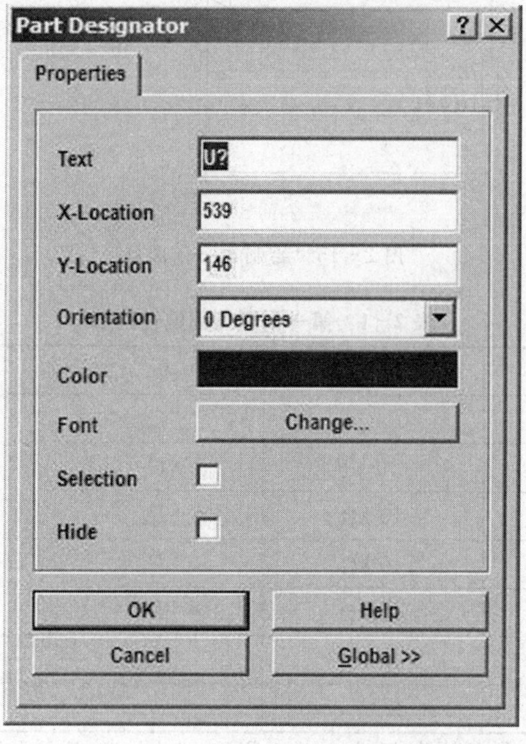

图 2－14　流水序号属性设置对话框

2.3 绘制第一张原理图

所有的元件放置完毕,并且设置好元件的属性后,就可以进行电路图中各对象间的布线。只是将元件放置在图纸上,各元件之间没有任何电气意义。下面我们通过绘制第一张原理图(图2-15)来看一下连线工具条的使用方法,其元件属性列表如表2-1所示。

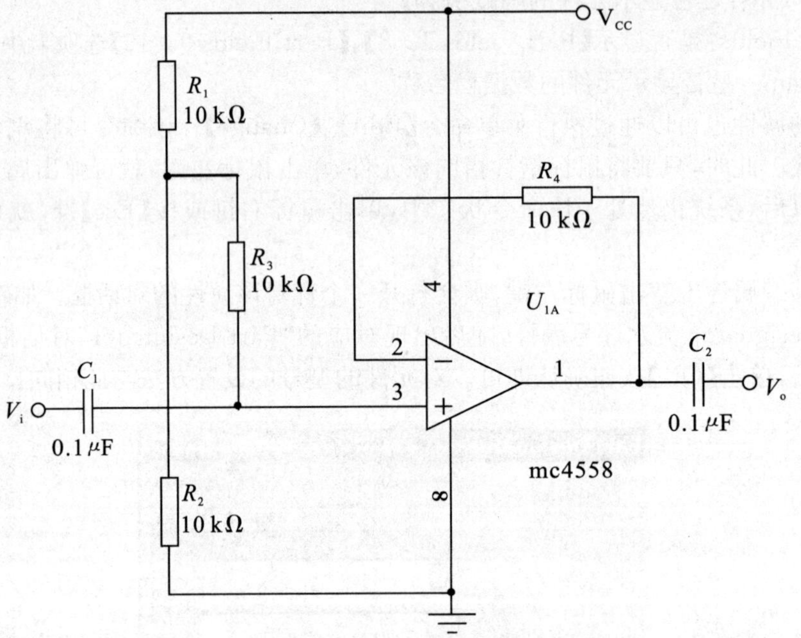

图2-15 绘制第一张图纸

表2-1 第一张原理图属性列表

Lib Ref	Part Type	Designator	Footprint
Cap	0.1 μF	C_2	RAD0.2
Cap	0.1 μF	C_1	RAD0.2
RES2	10 kΩ	R_3	AXIAL0.4
RES2	10 kΩ	R_4	AXIAL0.4
RES2	10 kΩ	R_1	AXIAL0.4
RES2	10 kΩ	R_2	AXIAL0.4
1458	mc4558	U_1	DIP8

注:1458在Protel DOS Schematic Libraries.ddb中,其余元件在Miscellaneous Devices.ddb中

先按照上一节所讲述的方法放置好元件，如图 2－16 所示。

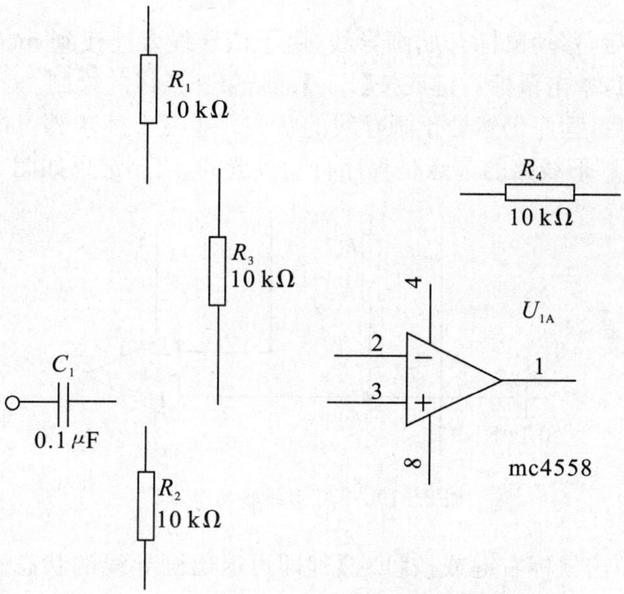

图 2－16　放置好元件

2.3.1　画导线

执行画导线命令的方法可以有以下几种：

① 单击画原理图工具栏中的画导线按钮。

② 执行菜单命令【Place】|【Wire】，如图 2－17 所示。

③ 按快捷键【P】|【W】。

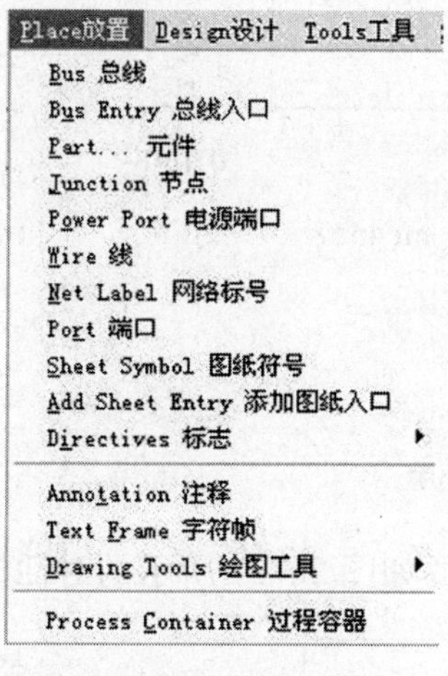

图 2－17　画导线菜单

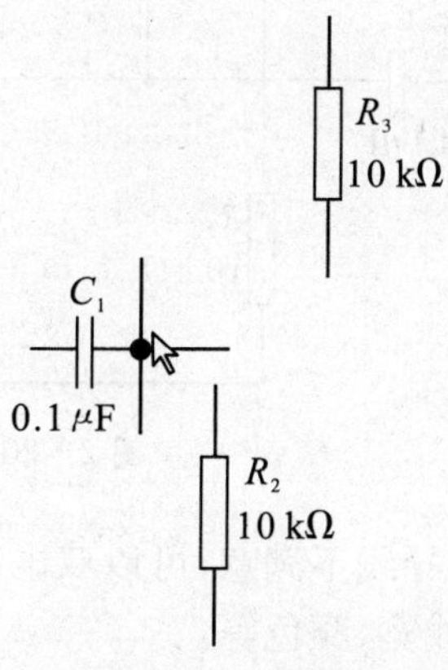

图 2－18　将光标移至元件引脚的顶端

如图 2－18 所示，执行画导线命令后，会出现十字光标，将光标移到 C_1 右边的引脚上单击，确定导线的起始点。值得注意的是，导线的起始点一定要设置在元件引脚的顶端上，否则导线与元件没有电气连接关系。

确定了导线的起点后，移动鼠标开始画导线，由于该导线要连接到 mc4558 的 3 脚，最终在该导线的终点处单击，此时，单击鼠标右键或按【Esc】键结束一条线的绘制。

完成一条线的绘制后，程序仍然处于画导线的状态。重复上述步骤可继续绘制其他导线。在绘制过程中，可以发现"T"形线路的节点是程序自动放置的，绘制结果如图 2-19 所示。

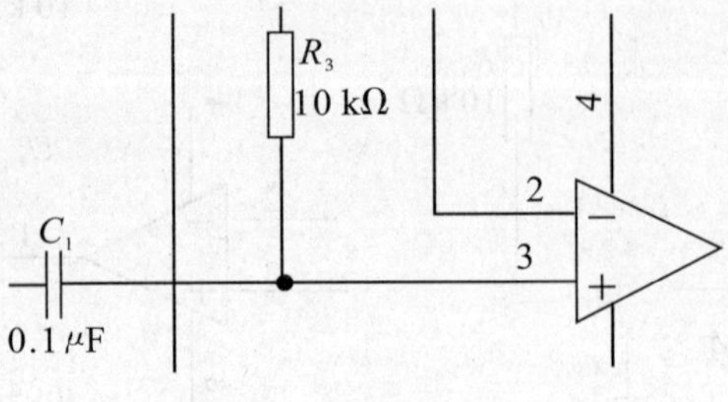

图 2-19 "T"形线路的节点

导线绘制完成后，单击鼠标右键或按【Esc】键即可退出画导线的状态。这时，十字光标消失，完成连线后的样子如图 2-20 所示。

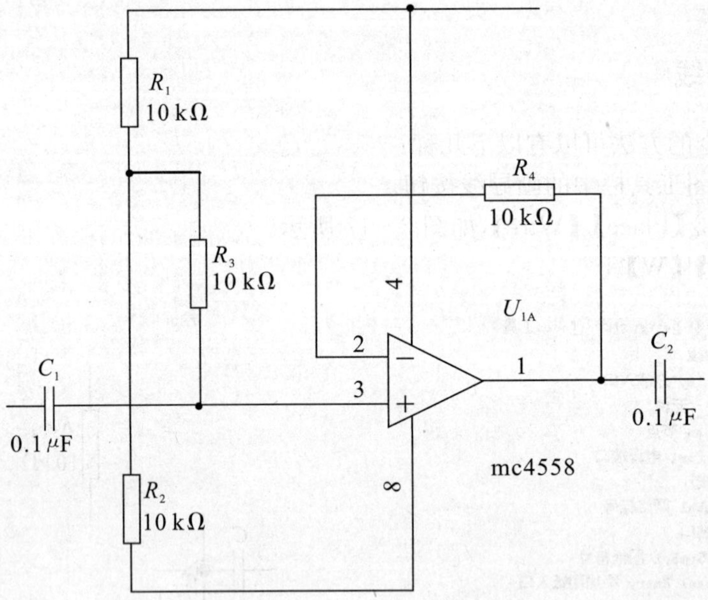

图 2-20 完成连线后的样子

如果对绘制的某导线不满意，可以双击该导线，在弹出的如图 2-21 所示的对话框中设定该段导线的有关参数，如线宽、颜色等。

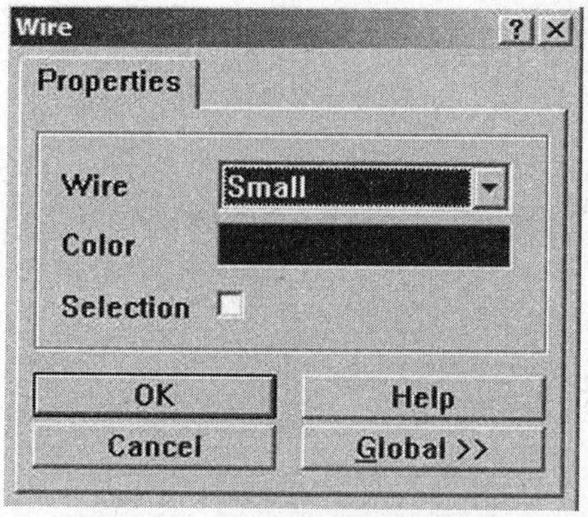

图 2-21　导线属性设置对话框

2.3.2　放置电源及接地符号

电源元件及接地元件有别于一般的电气元件，它们必须通过菜单【Place】|【Power Port】或电路图绘制工具栏上的⏚按钮来调用，这时，工作区中会出现随着十字光标移动的电源符号，按【Tab】键，会出现如图 2-22 所示的属性对话框。

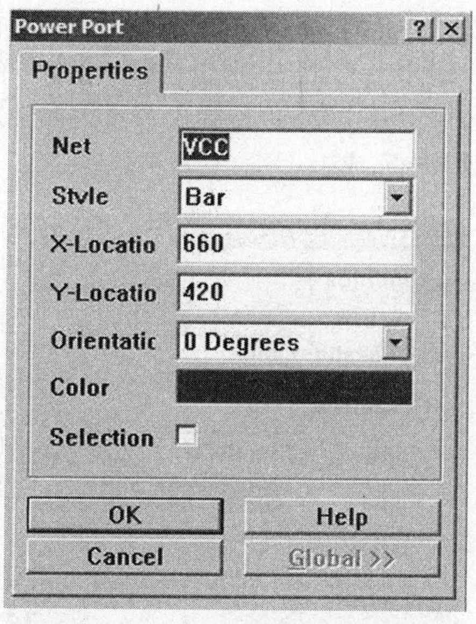

图 2-22　电源属性设置对话框

在对话框中，可以编辑电源属性。在【Net】栏中，修改电源符号的网络名称。在【Style】栏中，修改电源类型，在【Orientation】栏中，修改电源符号放置的角度。电源与接地符号在【Style】下拉列表中有多种可供选择，如图 2-23 所示。

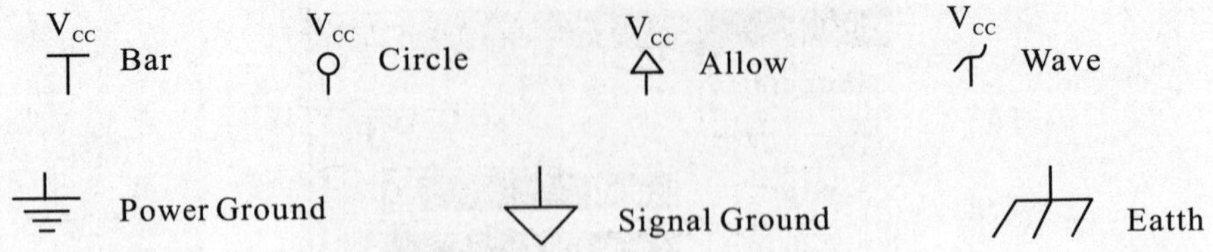

图 2-23 电源类型

2.3.3 放置电路节点

电路节点是用来判断当两条导线交叉时是否在电气上是相连的，如果在交叉点有电路节点，则认为两条导线在电气上是相连的，否则认为它们在电气上是不相连的。放置电路节点就是使相互交叉的导线具有电气意义上的连接关系。

在前面介绍连线的过程中，已发现有些节点是自动放置的，在“T”形的交点处会自动放置，但是“十”字形的就不会，需要自己在绘制过程中，根据实际需要来放置。放置的方法有以下几种：

① 单击画原理图工具栏上的 。

② 执行菜单命令【Place】|【Junction】。

③ 按快捷键【P】|【J】。

随后，在工作区会出现带着电路节点的十字光标，用鼠标将节点移至两条导线的交叉点处，单击鼠标左键，即可完成节点的放置。此时，系统仍然处于放置节点的命令状态中。如果想继续放置，再按上述步骤进行，如果想退出该命令状态，可以按【Esc】键或单击鼠标右键。

如果对放置的节点不满意，可以双击节点，待弹出节点的属性对话框后(见图 2-24)，对需要修改的加以修改，然后，按【OK】即告完成。

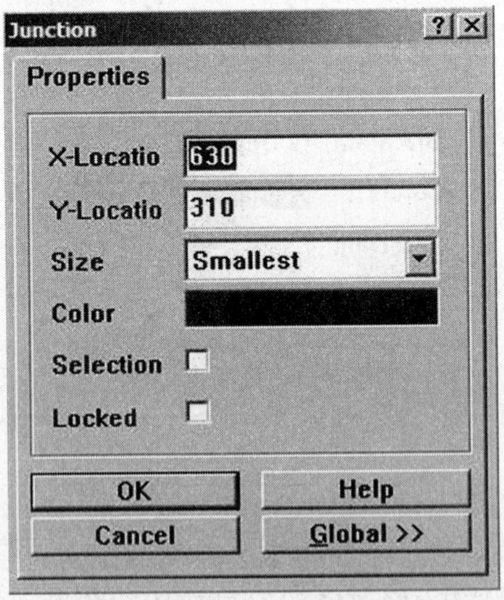

图 2-24 节点属性设置对话框

2.3.4　导线的移动

在绘制过程中，有可能因为调整元件的位置等原因，造成对导线的位置不满意，所以就出现了导线的移动问题。导线的移动，可以将鼠标移到要移动的导线上，按住鼠标左键不放，再将鼠标移到想要将导线放置的新的位置，松开鼠标左键即可。也可以直接双击要移动的导线，在弹出的属性对话框中，将其设置为选中状态。单击【OK】按钮，此时该导线处于选中状态，按照上面的方法拖动即可。

2.4　其他绘图工具的使用

2.4.1　利用网络标号实现电气连接

为了简化原理图，可以用一条导线来代表数条并行的导线，这就是总线。从另一角度来看，总线是由数条性质相同的导线所组成的线束。在图上，总线比导线要粗。但是总线与导线有根本性的不同：总线本身并不具备电气意义，而需要由总线接出的各单一导线上的网络名称来完成电气意义上的连接。在总线本身不一定需要放置网络的名称，但由总线接出的各单一导线必须放置网络名称，如图 2－25 所示，其元件清单如表 2－2 所示。

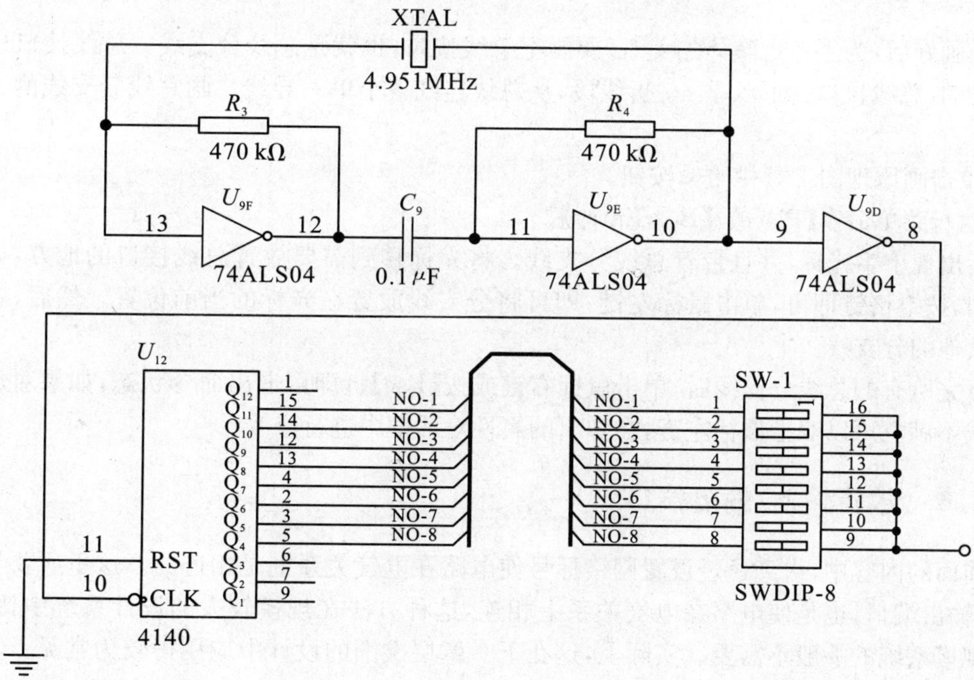

图 2－25　总线

表 2-2 图 2-25 所需元件属性列表

Lib Ref	Part Type	Designator	Footprint
Cap	0.1 μF	C_9	RAD0.2
Crystal	4.951 MHz	XTAL	RAD0.2
74LS04	74ALS04	U_9	DIP14
RES2	470 kΩ	R_3	AXIAL0.4
RES2	470 kΩ	R_4	AXIAL0.4
4040	4040	U_{12}	DIP16
SW DIP8	SW DIP8	SW-1	DIP16

注：U_9、U_{12} 在 Protel DOSSchematic Libraries.ddb 中，其余元件在 Miscellaneous Devices.ddb 中

下面就来讲述放置总线的方法，可以单击画原理图工具栏上的⊢按钮或执行菜单命令【Place】|【Bus】，具体的方法是将十字光标移到所要的位置，单击鼠标左键，每到转折的地方单击鼠标左键即可，到终点后按【Esc】键或单击鼠标右键即告完成。此时，系统仍然处于画总线的状态中。如果想继续放置，按上述步骤进行，如果想退出该命令状态，可以按【Esc】键或单击鼠标右键。如果对画出的总线不满意，可以双击总线，在弹出的属性对话框中进行修改即可。

2.4.2 绘制总线分支线和总线

总线画好后，为了考虑整体的美观，要画上总线接口，也就是总线分支线。总线接口也是没有电气意义的，总线接口的形状是 45°折线段，从总线连到各个单一导线。画总线分支线的方法有以下几种：

① 单击画原理图工具栏的⥲按钮。

② 执行菜单命令【Place】|【Bus Entry】。

随后出现十字光标，并且带着总线分支线。将光标移到需要放置总线接口的地方，如果需要改变方向，按空格键即可，单击鼠标左键，即可将分支线放置在光标的当前位置。然后，就可以继续放置其他的分支线。

放置完所有的总线分支线后，单击鼠标右键或按【Esc】键即可退出命令状态，如果对放置的总线分支线不满意可以双击鼠标左键，在弹出的属性对话框中进行修改。

2.4.3 放置输入/输出端口

在前面的内容中，讲到通过设置网络标号使电路在电气关系上是相连的。这里所要介绍的放置输入/输出端口，也是使电路在电气关系上相连，这种方法在规模较大的设计系统中比较常见，对于小规模系统的一般不需要。实际上，这在下一章层次图的设计中应用得较为常见。具有相同输入/输出端口名称的电路可以被认为属于同一网络，即在电气关系上认为它们是相连的。

下面介绍具体的实现方法：

① 单击原理图工具栏中的按钮。

② 执行菜单命令【Place】|【Port】。

随后，我们可以发现一个 I/O 端口随着十字光标出现在工作区内。将光标移到合适的位置，单击鼠标左键，一个 I/O 端口的一端的位置就确定下来了。然后，拖动鼠标，当到达适当位置后，再次单击鼠标左键，即可确定 I/O 端口另一端的位置。

对于端口，要设置它的属性，双击端口，弹出如图 2-26 所示的属性对话框。在【Name】栏中，设置端口的名称，在【Style】栏中，设置端口的外形，【I/O Type】栏中，设置端口的输入输出类型，在【Alignment】栏中，设置 I/O 端口名称在端口符号中的位置。设置完端口的属性后，单击【OK】按钮确认即可。

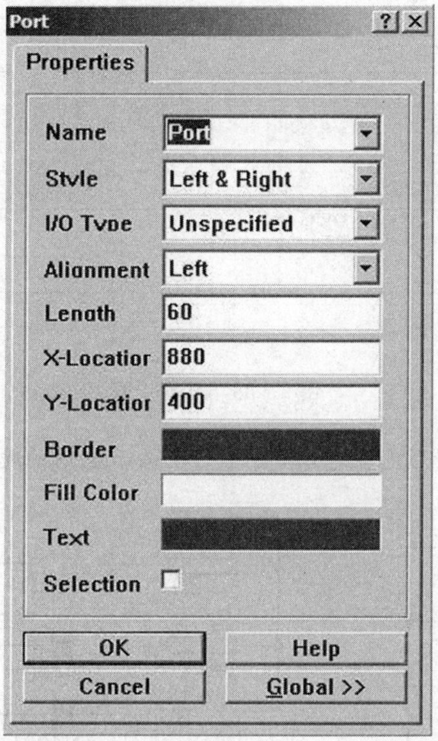

图 2-26　端口属性设置对话框

习　题

1. 文档属性设置对话框的作用是什么，如何设置？
2. 新建一原理图文件，图纸设置为：A4、横向、标题栏位标准型。
3. 新建一原理图文件，完成如图 2-27 所示的设置。

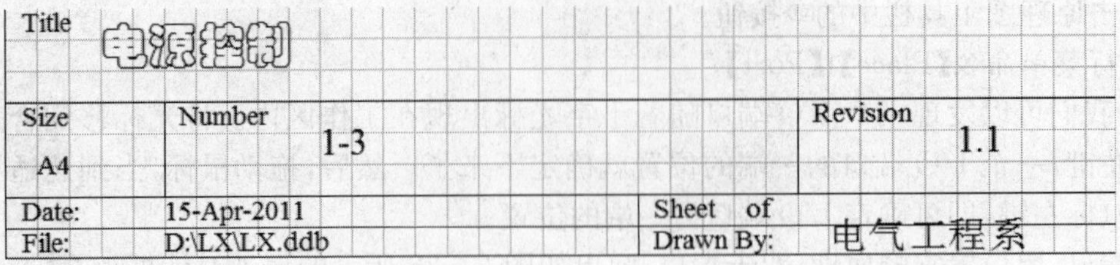

图 2-27　习题 3 图

4. 新建一原理图文件，完成如图 2-28 的设置。

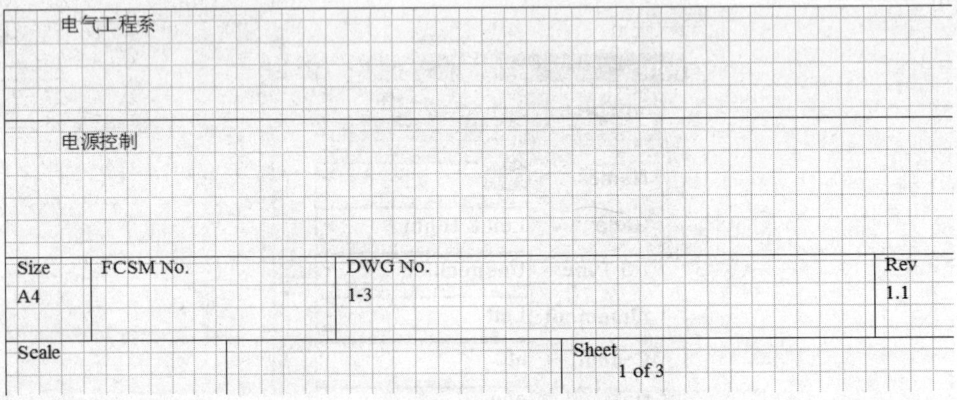

图 2-28　习题 4 图

5. 试画图 2-29 所示的波形发生电路，图 2-29 所示电路的元件见表 2-3。

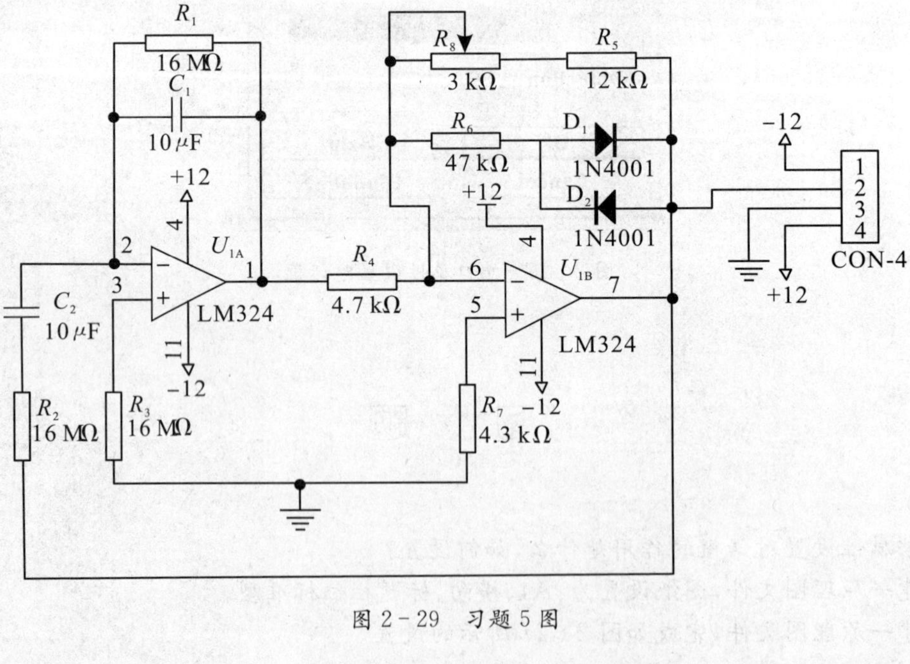

图 2-29　习题 5 图

表 2-3　习题 5 元件属性列表

Lib Ref	Part Type	Designator	Footprint
LM324	LM324	U_1	DIP14
RES2	16 MΩ	R_1	AXIAL0.3
RES2	16 MΩ	R_2	AXIAL0.3
RES2	16 MΩ	R_3	AXIAL0.3
RES2	4.7 kΩ	R_4	AXIAL0.3
RES2	12 kΩ	R_5	AXIAL0.3
RES2	47 kΩ	R_6	AXIAL0.3
RES2	4.3 kΩ	R_7	AXIAL0.3
CAP	10 μF	C_1	RB.2/.4
CAP	10 μF	C_2	RB.2/.4
POT2	3 kΩ	R_8	VR2
CON4	CON_4	J_1	SIP4
100HF100PV	1N4001	D_1	DIODE0.4
100HF100PV	1N4001	D_2	DIODE0.4

6. 试画图 2-30 所示的电路，图 2-30 所示电路的元件见表 2-4。

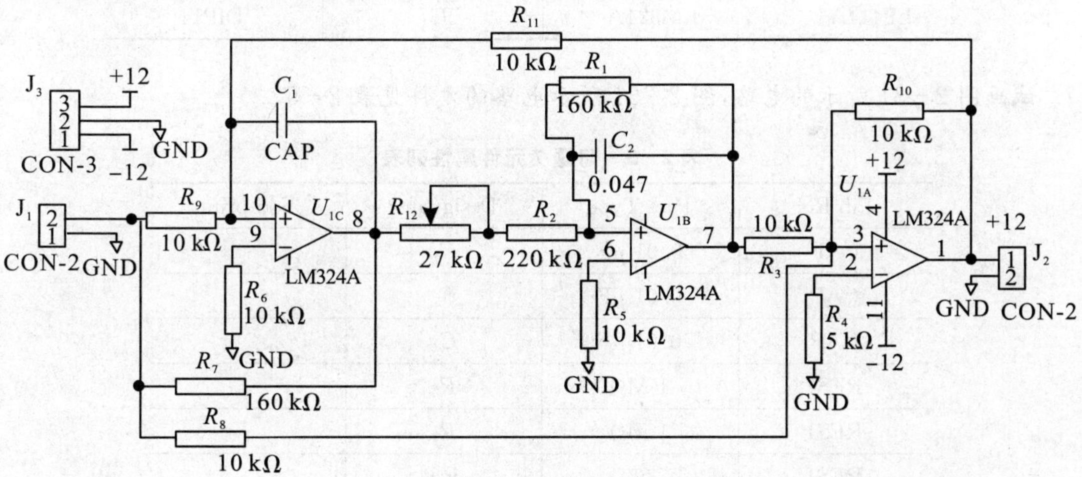

图 2-30　习题 6 图

表 2-4　习题 6 元件属性列表

Lib Ref	Part Type	Designator	Footprint
RES2	160 kΩ	R_1	AXIAL0. 3
RES2	220 kΩ	R_2	AXIAL0. 3
RES2	10 kΩ	R_3	AXIAL0. 3
RES2	5 kΩ	R_4	AXIAL0. 3
RES2	10 kΩ	R_5	AXIAL0. 3
RES2	10 kΩ	R_6	AXIAL0. 3
RES2	160 kΩ	R_7	AXIAL0. 3
RES2	10 kΩ	R_8	AXIAL0. 3
RES2	10 kΩ	R_9	AXIAL0. 3
RES2	10 kΩ	R_{10}	AXIAL0. 3
POT2	27 kΩ	R_{12}	VR5
CAP	CAP	C_1	RAD0. 1
CAP	0. 047 μF	C_2	RAD0. 1
CON2	CON2	J_1	SIP2
CON2	CON2	J_2	SIP2
RES2	10 kΩ	R_{11}	AXIAL0. 3
CON3	CON3	J_3	SIP3
LF444A	LM324A	U_1	DIP14

7. 试画图 2-31 所示的电路，图 2-31 所示电路的元件见表 2-5。

表 2-5　习题 7 元件属性列表

Lib Ref	Part Type	Designator	Footprint
CAP	0. 01 μF	C_4	
CAP	0. 01 μF	C_3	
CAP	0. 01 μF	C_2	
RES1	1 MΩ	R_2	
RES1	1 MΩ	R_3	
RES1	390	R_{19}	
BRIDGE1	BRIDGE1	D_1	
DIODE	DIODE	D_2	
ELECTRO1	ELECTRO1	C_1	
LED	LED	D_3	
NE556	NE556	U_1	

续表

Lib Ref	Part Type	Designator	Footprint
PLUGSOCKET	PLUGSOCKET	P_1	
PLUGSOCKET	PLUGSOCKET	P_4	
PLUGSOCKET	PLUGSOCKET	P_3	
PLUGSOCKET	PLUGSOCKET	P_2	
TRANS1	TRANS1	T_1	

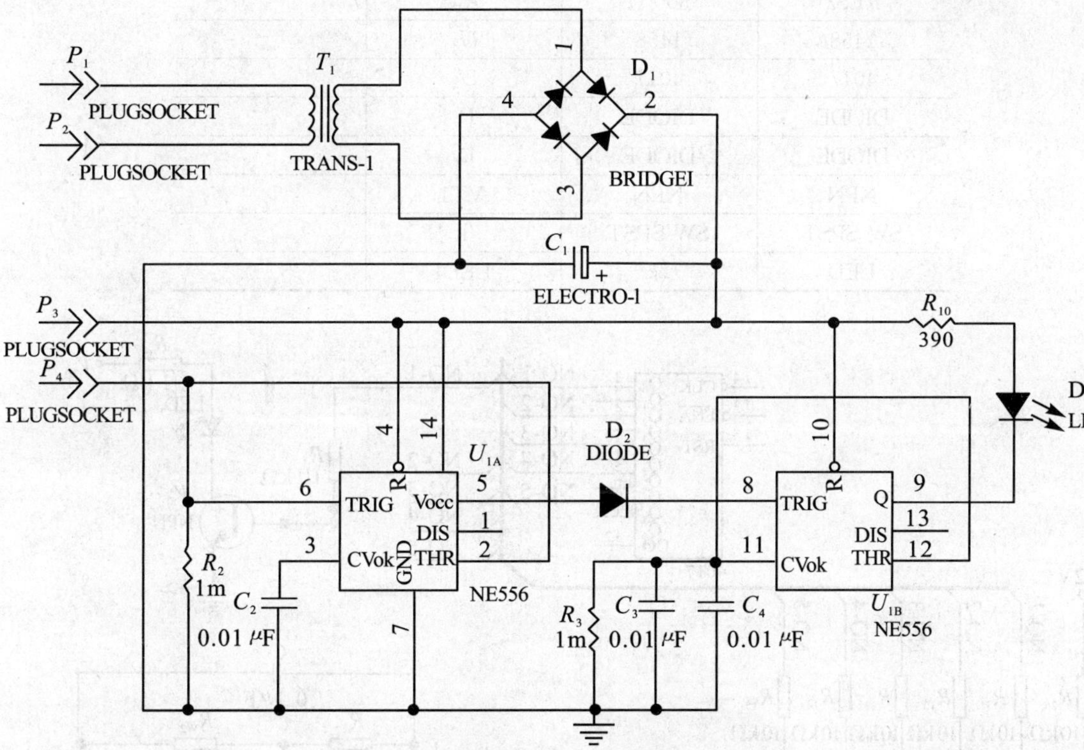

图 2-31　习题 7 图

8. 试画图 2-32 所示的电路，图 2-32 所示电路的元件见表 2-6。

表 2-6　习题 8 元件属性列表

Lib Ref	Part Type	Designator	Footprint
CAP	0.1 μF	C_2	
RES2	1 kΩ	R_6	
RES2	2 kΩ	R_{17}	
RES2	10 kΩ	R_{26}	
RES2	10 kΩ	R_{w2}	

续表

Lib Ref	Part Type	Designator	Footprint
RES2	10 kΩ	R_{12}	
RES2	10 kΩ	R_{13}	
RES2	10 kΩ	R_1	
RES2	10 kΩ	R_{11}	
RES2	10 kΩ	R_{15}	
RES2	10 kΩ	R_{14}	
RES2	300 Ω	R_{16}	
RES2	300 Ω	R_{18}	
1458	1458	U_3	
4017	4017	U_2	
DIODE	DIODE	D_7	
DIODE	DIODE	D_6	
NPN	NPN	VT1	
SW SPST	SW SPST	k	
LED	绿	LED1	

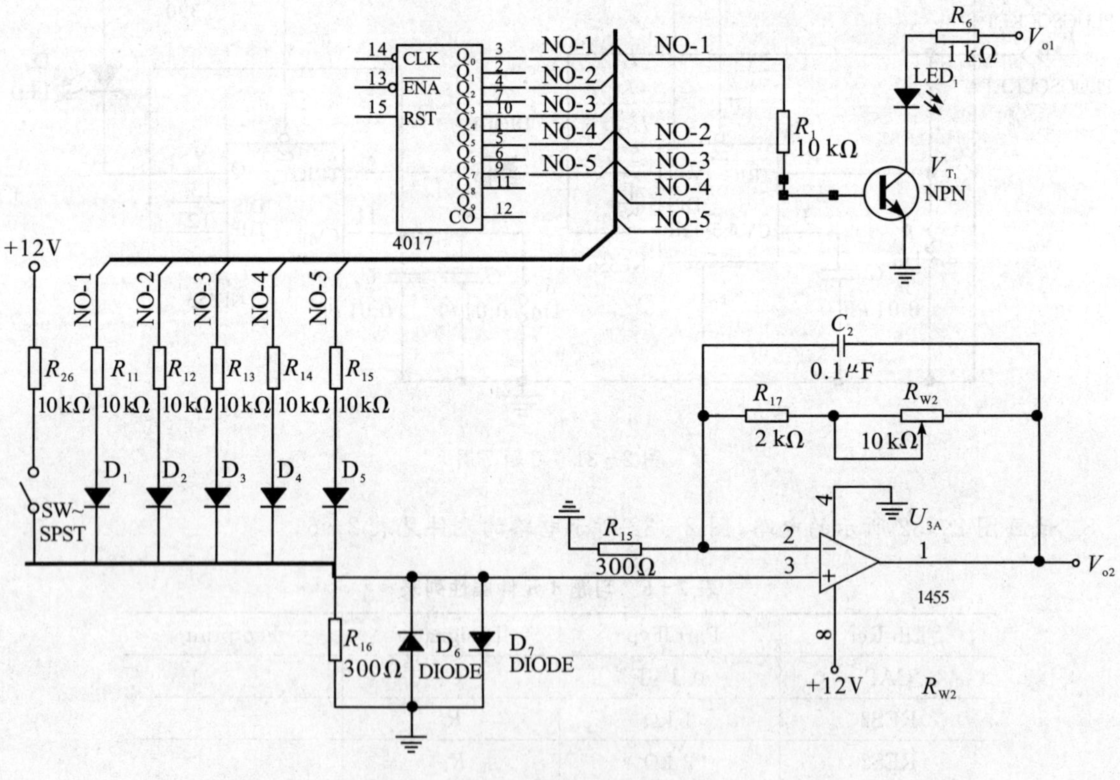

图 2－32　习题 8 图

9. 试画图 2－33 所示的电路，图 2－33 所示电路的元件表见表 2－7。

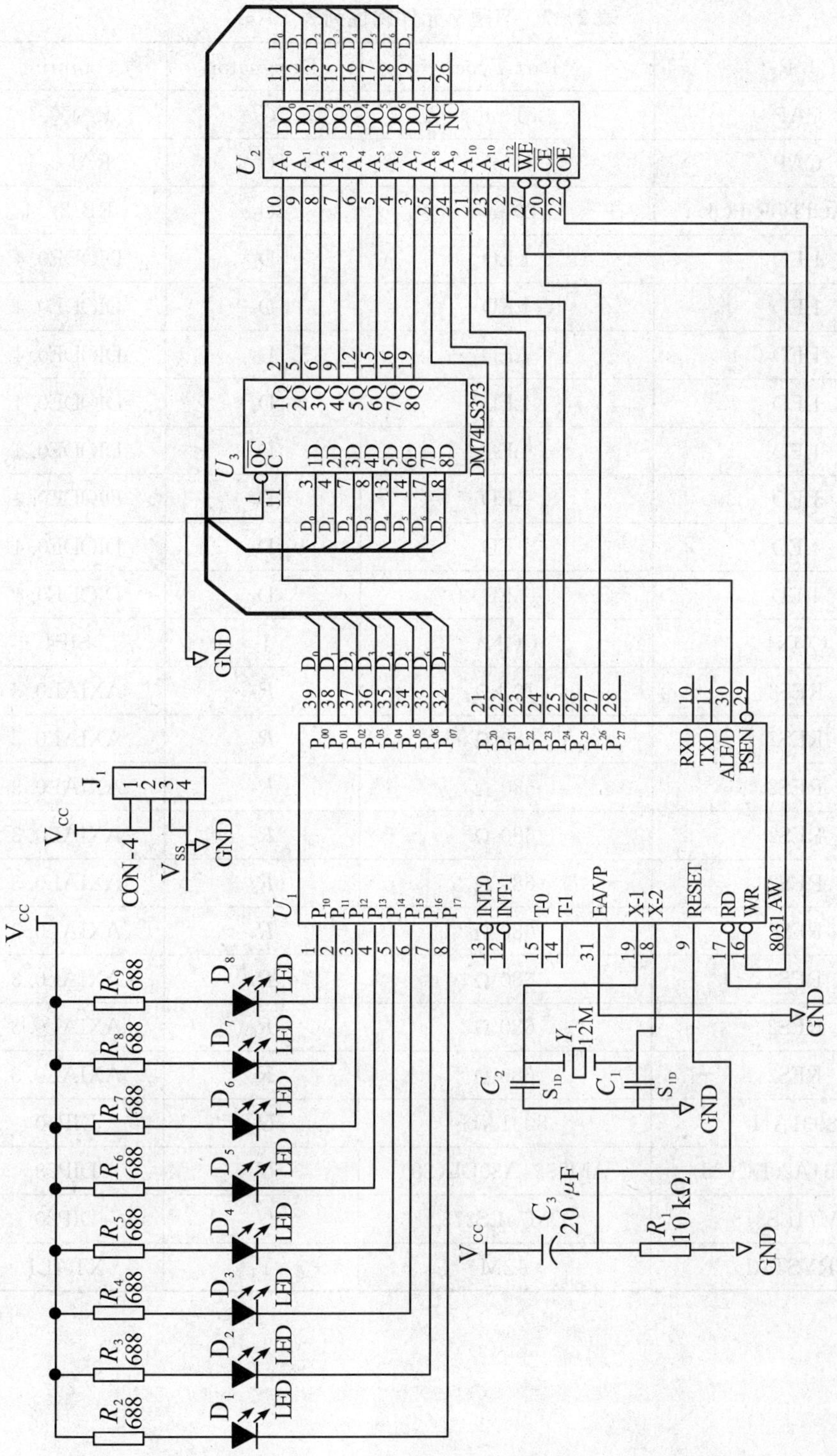

图2-33 习题9图

表 2-7　习题 9 元件属性列表

Lib Ref	Part Type	Designator	Footprint
CAP	51 pF	C_1	RAD0.1
CAP	51 pF	C_2	RAD0.1
CAPACITOR POL	20 μF	C_3	RB.2/.4
LED	LED	D_1	DIODE0.4
LED	LED	D_2	DIODE0.4
LED	LED	D_3	DIODE0.4
LED	LED	D_4	DIODE0.4
LED	LED	D_5	DIODE0.4
LED	LED	D_6	DIODE0.4
LED	LED	D_7	DIODE0.4
LED	LED	D_8	DIODE0.4
CON4	CON4	J_1	SIP4
RES2	10 kΩ	R_1	AXIAL0.3
RES2	680 Ω	R_2	AXIAL0.3
RES2	680 Ω	R_3	AXIAL0.3
RES2	680 Ω	R_4	AXIAL0.3
RES2	680 Ω	R_5	AXIAL0.3
RES2	680 Ω	R_6	AXIAL0.3
RES2	680 Ω	R_7	AXIAL0.3
RES2	680 Ω	R_8	AXIAL0.3
RES2	680 Ω	R_9	AXIAL0.3
8031AH	8031AH	U_1	DIP40
AM2864A20DC(28)	AM2864A30DE(28)	U_2	DIP28
DM74LS373	DM74LS373	U_3	DIP20
CRYSTAL	12M	Y_1	XTAL1

第 3 章　层次图设计

3.1　层次图结构

层次图就是要把整个设计项目分成若干个原理图来进行设计。为此，必须建立一些特殊的图形符号、概念来表示各张原理图之间的连接关系。在介绍层次原理图之前，必须了解一下层次图与一般原理图设计时的一些不同的符号，来加深对层次图的理解。

层次电路图主要包括两大部分：主电路图和子电路图。其中主电路图与子电路图的关系是父电路与子电路的关系，在子电路图中仍可包含下一级子电路。

在绘制层次图时常用的不同于一般原理图的按钮有如下几个：

是层次图中用于画方块电路的按钮。它代表了本图下一层的子图，每个方块图都与特定的子图相对应。它相当于封装了子图中的所有电路，从而将一张原理图简化为一个符号。方块电路是层次原理图所特有的。

是用于画方块电路图端口的按钮。用它画出来的端口是方块电路所代表的下层子图与其他电路连接的端口。通常情况下，方块电路端口与和它同名的下层子图的 I/O 端口相连。

是用来画 I/O 端口的按钮。它虽不是层次图所特有的，但是，它在层次图中发挥了很大的作用。

以上几个符号对轻松的设计层次式原理图有很大的帮助。

下面以 Z80 Microprocessor. ddb（存放路径为 X：\Program Files\Design Explorer 99 SE\Examples\）中的层次图为例，介绍层次原理图的结构。

3.1.1　主电路

主电路文件的扩展名是“. prj”。主电路图相当于整机电路图中的方框图，一个方块图相当于一个模块，如图 3－1 所示。

3.1.2　子电路

子电路文件的扩展名是“. sch”。层次原理图的设计方法通常有两种，一种是自顶向下的设计方法，一种是自底向上的设计方法（用户也可以根据实际需要，将两者结合起来使用）。不同的设计方法对应的层次原理图的建立过程也不相同。

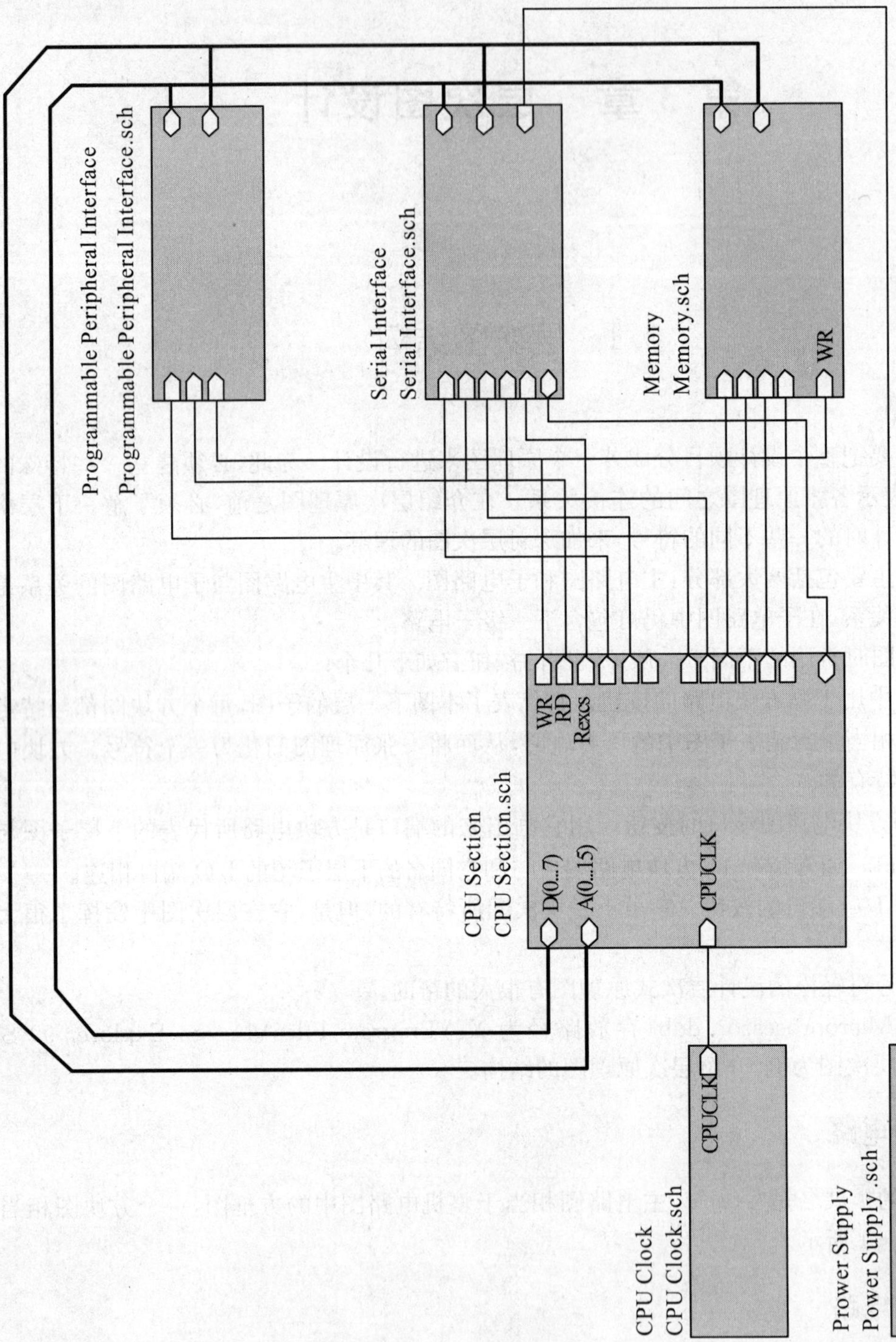
Programmable Peripheral Interface
Programmable Peripheral Interface.sch
Serial Interface
Serial Interface.sch
Memory
Memory.sch
WR
CPU Section
CPU Section.sch
WR
RD
Rexcs
D(0...7)
A(0...15)
CPUCLK
CPU Clock
CPU Clock.sch
CPUCLK
Prower Supply
Power Supply .sch

图3-1 Z80主电路

子电路图与子电路图的连接是通过方块图中的端口实现的，如图 3-2 和图 3-3 所示。

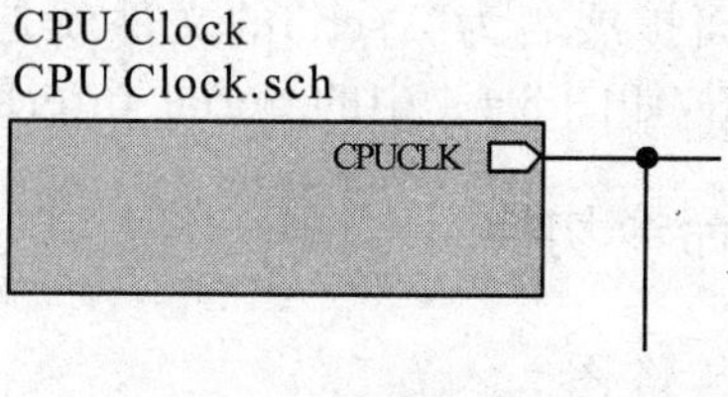

图 3-2　Z80 主电路中的一个方块图

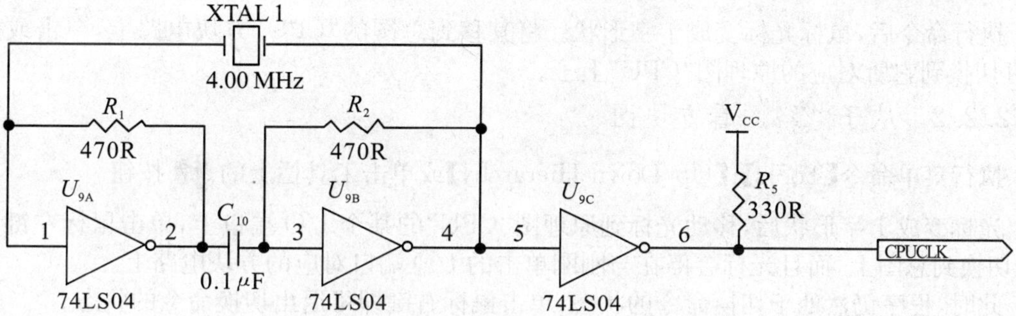

图 3-3　图 3-2 方块图对应的子电路图

3.2　不同层次电路文件之间的切换

3.2.1　利用项目导航树切换

打开 Z80 Microprocessor. ddb 并展开项目导航树，如图 3-4 所示。

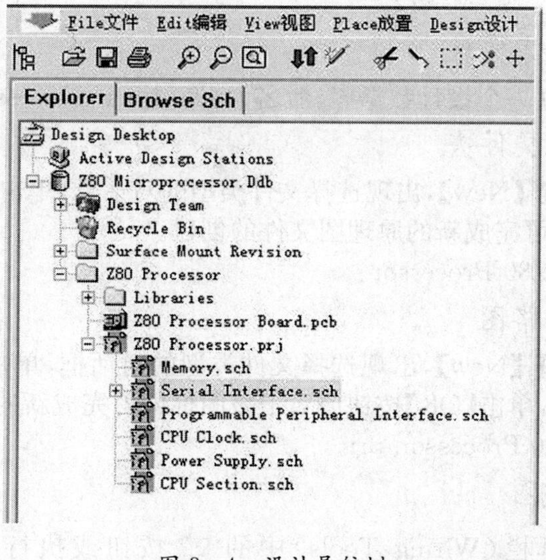

图 3-4　设计导航树

其中 Z80 Processor. prj 是主电路图，也称为项目文件，Z80 Processor. prj 前面的"－"表示该项目文件已被展开。主电路图下面扩展名为". sch"的文件就是子电路图，子电路图文件前面的"＋"表示其下面还有一级子电路图，如图 3－4 中的 Serial Interface. sch。

3.2.2　利用导航按钮或命令切换

3.2.2.1　从方块图看子电路图

① 执行菜单命令【Tools】|【Up/Down Hierarchy】或单击工具栏上的 按钮。

② 执行命令后，鼠标光标变成十字形状。将其移到总图的"CPU"方块电路上，单击或按回车键，就可切换到它所对应的原理图"CPU"上了。

3.2.2.2　从子电路图看方块图

① 执行菜单命令【Tools】|【Up/Down Hierarchy】或单击工具栏上的 按钮。

② 光标变成十字形状后，移动光标到原理图"CPU"的某个 I/O 端口上，单击鼠标左键。这时程序会切换到总图上，而且光标会停在与刚刚单击的 I/O 端口对应的方块电路上。

③ 此时，程序仍然处于切换命令的状态，单击鼠标右键即可退出切换命令的状态。

3.3　自顶向下的设计方法

用自顶向下设计时，首先建立一张总图(Master Schematic)。在总图中，用方块电路代表它下一层的子系统图，接下来就是按顺序将每个方块对应的子图逐步的绘制出来。这样逐步细化，直至整个电路的设计。下面以 Z80 Microprocessor 为例介绍一下层次图自顶向下的设计过程。

3.3.1　设计主电路图

3.3.1.1　建立数据库文件

在 Protel 99 SE 中建立一个设计数据库，命名为 Z80 Microprocessor. ddb。

3.3.1.2　建立项目文件夹

① 执行菜单命令【File】|【New】，出现选择文件类型的对话框，单击【Document Fold】图标单击【OK】按钮或双击该图标即可完成新的原理图文件的创建。

② 将该文件夹命名为 Z80 Processor。

3.3.1.3　建立主电路图

① 执行菜单命令【File】|【New】，出现选择文件类型的对话框，单击【Schematic Document】图标，选中原理图编辑器图标，单击【OK】按钮或双击该图标即可完成新的原理图文件的创建。

② 将该文件命名为 Z80 Processor. prj。

3.3.1.4　绘制方块图

① 单击画原理图工具栏(Wiring Tools)中的 按钮或执行菜单命令【Place】|【Sheet

symbol】，开始绘制方块电路。

② 将鼠标移到原理图上，这时光标变成十字形状，十字右下角有一个缺省大小的方块电路，如图 3－5 所示。移动光标的位置，会发现方块电路会随着光标的移动而移动。

③ 双击鼠标左键，方块电路就会放置在当前位置上。当然，用户很可能对缺省方块电路的大小不满意。其实，可以先单击鼠标左键，这时方块电路的左上角位置就确定了，接着移动鼠标，会发现方块电路的大小随着光标的移动而改变，调整到用户满意的大小，再单击鼠标左键，一个方块电路就放置好了。

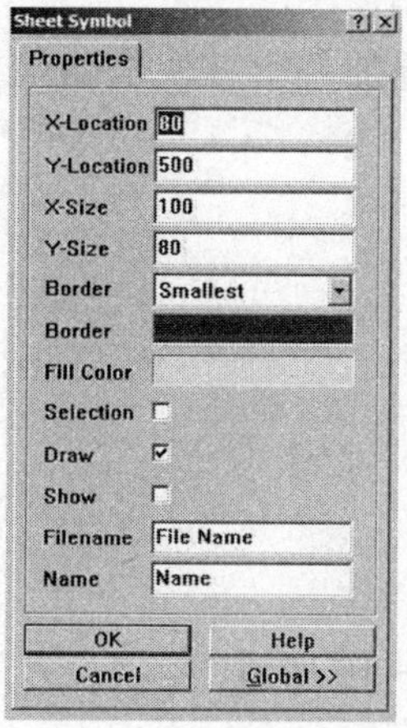

图 3－6　方块电路图属性设置对话框

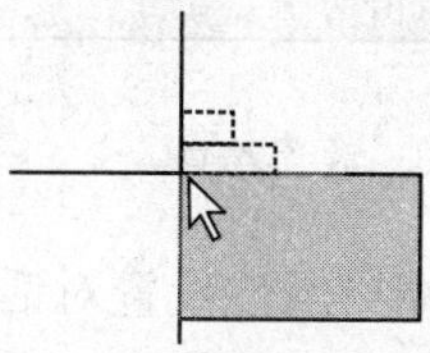

图 3－5　放置方块电路图

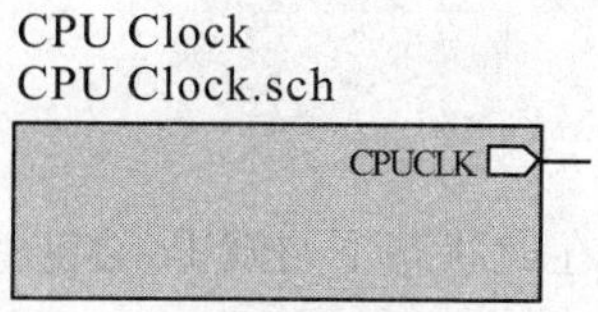

图 3－7　CPU Clock. sch 方块电路图

④ 用鼠标双击刚刚放置好的方块电路，弹出如图3－6所示的对话框。其中【X-Location】选项和【Y-Location】选项决定了方块电路的位置，一般不必修改。【X-Size】和【Y-Size】决定了方块电路的大小，如果用户有特殊的要求，可以按照自己的意愿进行修改。下面的几个选项涉及方块电路的外观，包括边界形式、边界颜色和填充颜色，可以自己根据要求修改。【Filename】选项要确定该方块电路所代表的下层原理图的文件名。

⑤ 在文本框中输入“CPU Clock. sch”。【Name】选项代表了该方块电路的名字。在【Name】文本框中输入“CPU Clock”。设置结束后单击【OK】按钮确认，折实方块电路将变成如图 3－7 所示的样子。

⑥ 用同样的方法完成其他方块电路的绘制，单击鼠标右键或按【Esc】键退出该命令状态，结果如图 3－8 所示。

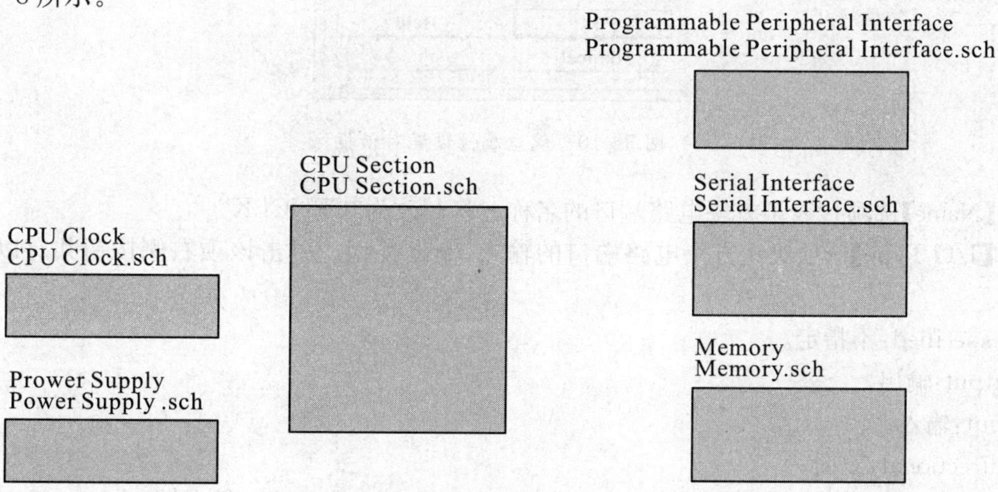

图 3－8　放置完电路图中的各个方块电路

3.3.1.5　放置方块电路端口

① 单击画原理图工具栏上的放置方块电路的端口的 ▣ 按钮或执行菜单命令【Place】|【Add Sheet Entry】，执行放置方块电路端口的命令，这时鼠标光标变为十字形状。

② 将光标移到“CPU”方块电路中，单击鼠标左键，这时十字光标上将叠加一个方块电路端口的形状，它会同光标一起移动，如图 3-9 所示。

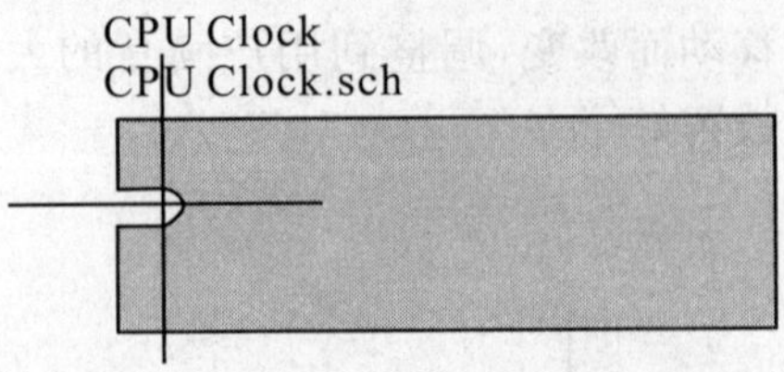

图 3-9　放置端口

③ 在此状态下，按【Tab】键弹出方块电路端口属性设置对话框，如图 3-10 所示。

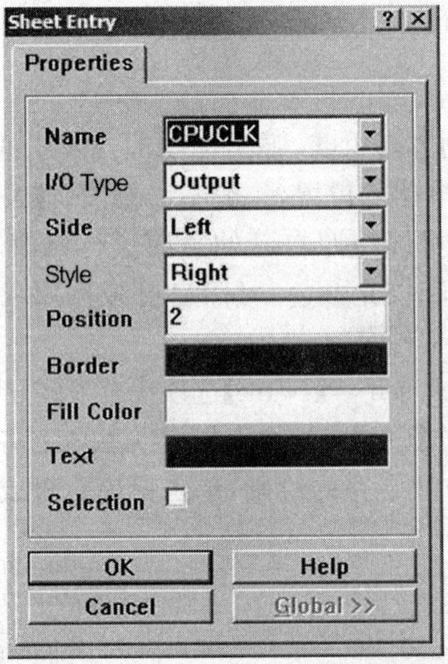

图 3-10　端口属性设置对话框

a. 【Name】选项代表了方块电路端口的名称。将其改为“CPUCLK”。

b. 【I/O Type】选项决定方块电路端口的输入/输出类型。单击该项右侧按钮共有以下 4 种类型：

Unspecified：不指定。

Output：输出。

Input：输入。

Bidirectional：双向。

c. 【Side】选项决定了该方块电路端口是放置在方块电路的左端还是右端。

d.【Style】选项决定方块电路端口符号的形状。在这里将其设为“Right”。通常将端口的尖端与信号传输方向相一致，这样一来，直观明了，非常容易读图。

e.【Position】选项给出端口纵向位置。这两项会随着鼠标移动改变，可不做修改。

【Border】、【Fill Color】、【Text】3 个选项分别用于设置方块电路端口的边界、内部填充以及文字标注的颜色，修改方法与前面一致。【Selection】选项表示该端口是否选中。设置结束后，单击【OK】按钮确认。

④ 移动鼠标，将方块电路端口移到如图所示的位置，单击鼠标左键将其定位。这样第一个方块电路端口就完成了。

⑤ 用同样的方法将所有的方块电路和方块电路端口放好，如图 3－11 所示。

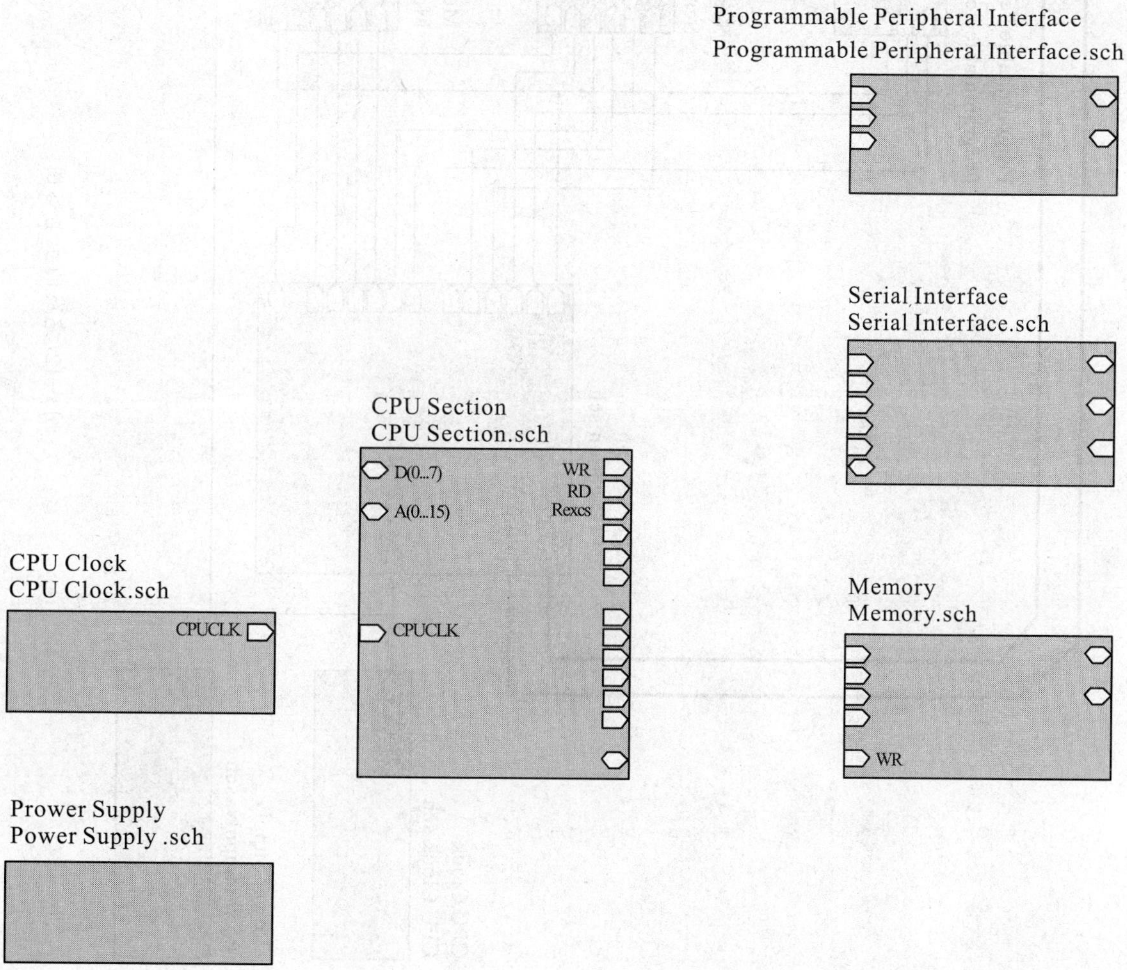

图 3－11 放置好端口后的 CPU 方块电路图

3.3.1.6 连接各方块图

将具有电气连接关系的方块电路端口用导线或总线连接起来，也就是绘制导线。具体的方法在前面的章节中已经介绍过，完成后如图 3－12 所示。

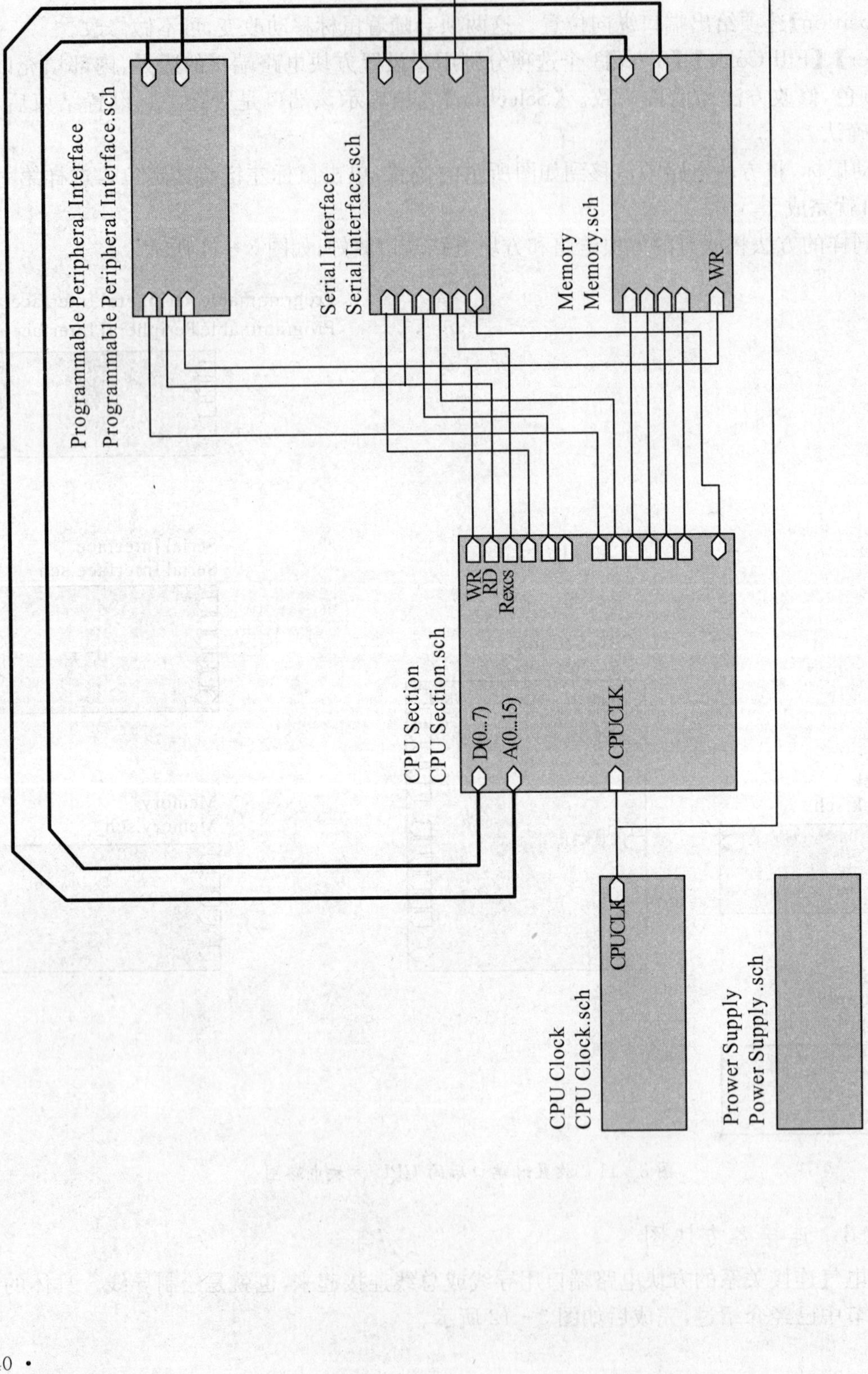

图3－12 完成的主电路图

3.3.2　设计子电路图

通过上面的操作，已经成功地完成了一张层次式原理图的主电路图。下面的工作就是把主电路图中的每一个方块电路对应的子电路图绘制出来。子电路要想与主电路图发生联系就是要靠I/O端口了。子图的I/O端口要与代表它的方块电路端口相对应，这样才能实现正确的关联。下面以生成CPU Clock. sch子电路图为例。

① 执行菜单命令【Design】|【Create Sheet From Symbol】，这时光标变成十字形状。

② 将其移到“CPU Clock”上，单击鼠标左键产生如图3-13所示的转换端口输入/输出方向的对话框。

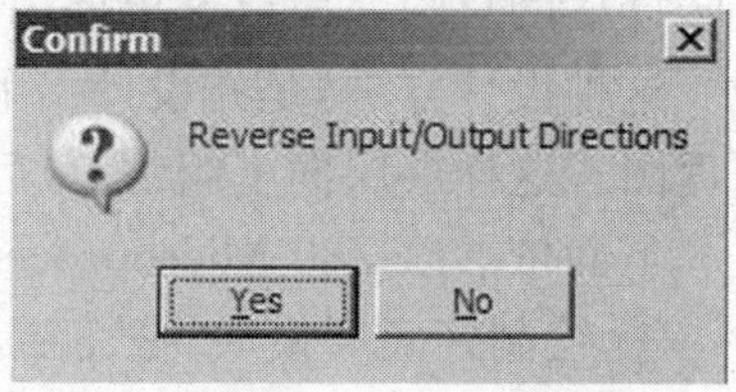

图 3-13　Confirm 对话框

当单击对话框中的【Yes】按钮时，新产生的原理图中I/O端口的输入/输出方向将与该方块电路的相应端口相反，即输出变成输入，输入变成输出。当单击【No】按钮时，新产生的原理图中I/O端口的输入/输出方向将与该方块电路的相应端口相同。这里我们选择【No】。

③ 单击【No】按钮，这时系统会自动产生一个名为“CPU”的原理图文件（与在设置该方块电路属性时所起的方块电路文件名一致）。这个新文件已经布好了与方块电路相对应的I/O端口，这些端口与响应方块电路端口具有相同的名称和输入/输出方向，如图3-14所示。

图 3-14　生成与方块电路图同名的原理图文件

④ 产生了一张原理图子图，用这种方法代替手工产生子图，可以大大提高绘图效率，因为所有需要的I/O端口都是由系统自动画出。下面的工作就是继续添加元件、连线，将这张图完成，如图3-15所示。

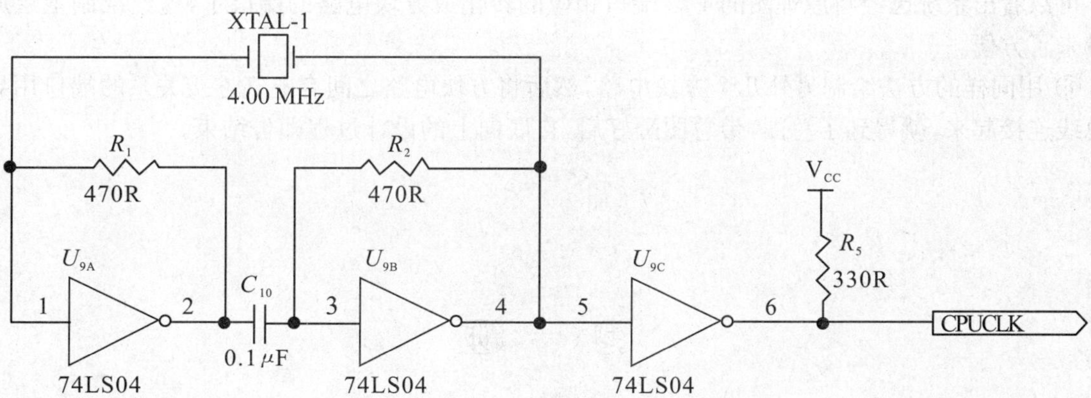

图 3-15　完成的 CPU Clock. sch 子电路图

⑤ 用同样的方法将所有的方块电路全部细化，则整个层次原理图就完成了。

3.4 自底向上的设计方法

在设计层次原理图时，可能会碰到这样的情况，就是在每个模块设计出来之前，并不清楚每个模块到底有哪些端口。这时如果还要用自顶向下的设计方法就显得力不从心了，因为没办法画出一张详尽的总图。所以这里要用自底向上设计的方法。

这种设计方法，是先设计出下层模块的原理图，再由这些原理图产生方块电路，进而产生上层原理图。这样层层向上组织，最后生成总图。

下面依然以 Z80 Microprocessor 为例介绍一下层次图自底向上的设计过程：

① 绘制好底层模块，把需要与其他模块相连的端口用 I/O 端口的形式画出，即绘制好 6 张层次原理子图“Memory. sch”、“Serial Interface. sch”、“Programmable Peripheral Interface. sch”、“CPU Clock. sch”、“Power Supply. sch”和“CPU Section. sch”。

② 在设计数据库中建立一个新的原理图文件，双击这个文件的图标使之处于打开状态。

③ 执行菜单命令【Design】|【Create Symbol From Sheet】，将光标移到名为“CPU Clock. sch”的文件处，单击鼠标使之处于高亮度状态。然后单击【OK】按钮确认，这时系统会自动产生代表该原理图的方块电路。

④ 接下来，程序同样会产生如图 3 - 13 所示的对话框，其意义与前面一样。单击【No】按钮继续。此时按照产生的方块电路符号将出现在光标上。

⑤ 将光标移到适当的位置，单击鼠标左键，就可将方块电路放置在原理图上。这时方块电路的大小、名称等属性都是缺省状态，用户可以按照上面介绍的方法进行修改。

可以看出系统已经将原理图的 I/O 端口相应的转化成方块电路的端口了，这给绘制上层原理图带来了方便。

⑥ 用同样的方法绘制另外几个方块电路，然后将方块电路之间有电气连接关系的端口用导线或总线连接起来，就得到了总图，带总图画好后，自底向上的设计过程即告结束。

习　题

1. 主电路图的扩展名是什么？层次图的设计方法有几种，简单描述一下。

2. 绘制如图 3-16 的层次图，并简单绘制其一个子电路 Analog to Digital Converter. sch，如图 3-17 所示。

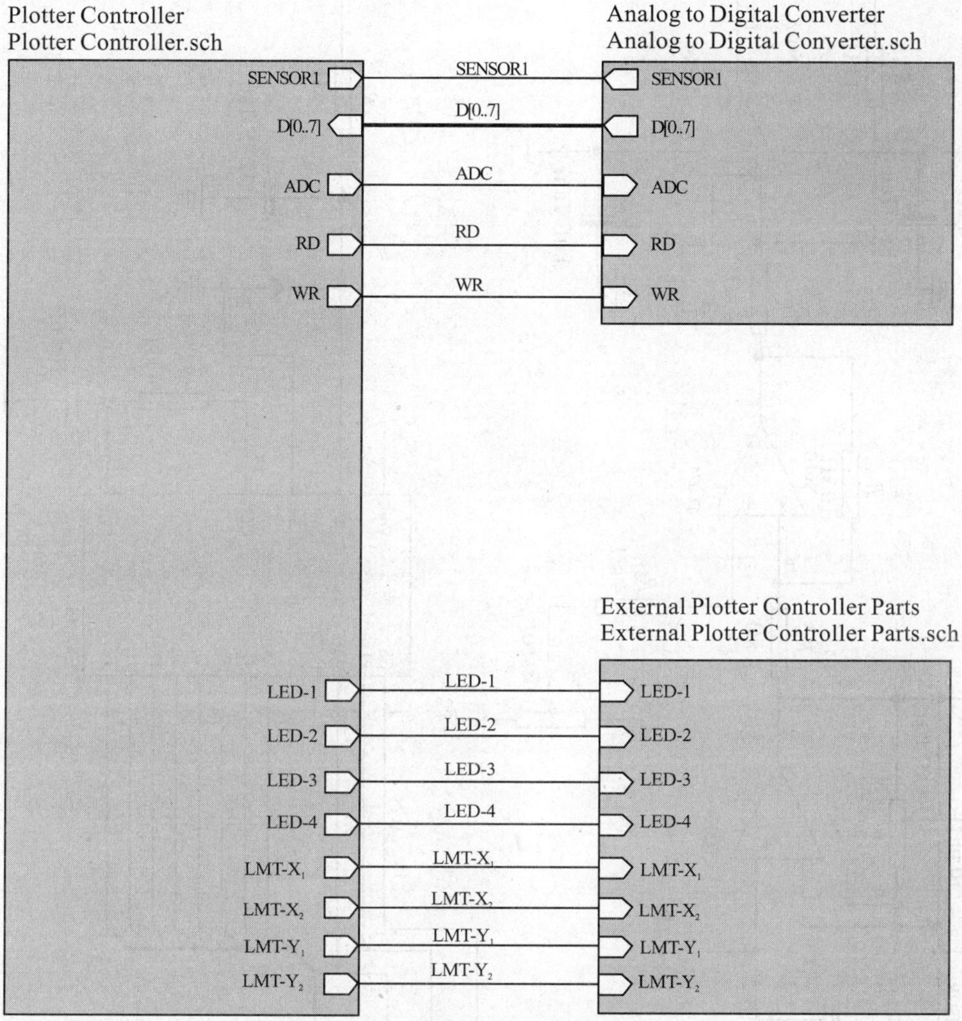

图 3-16　习题 2 主电路

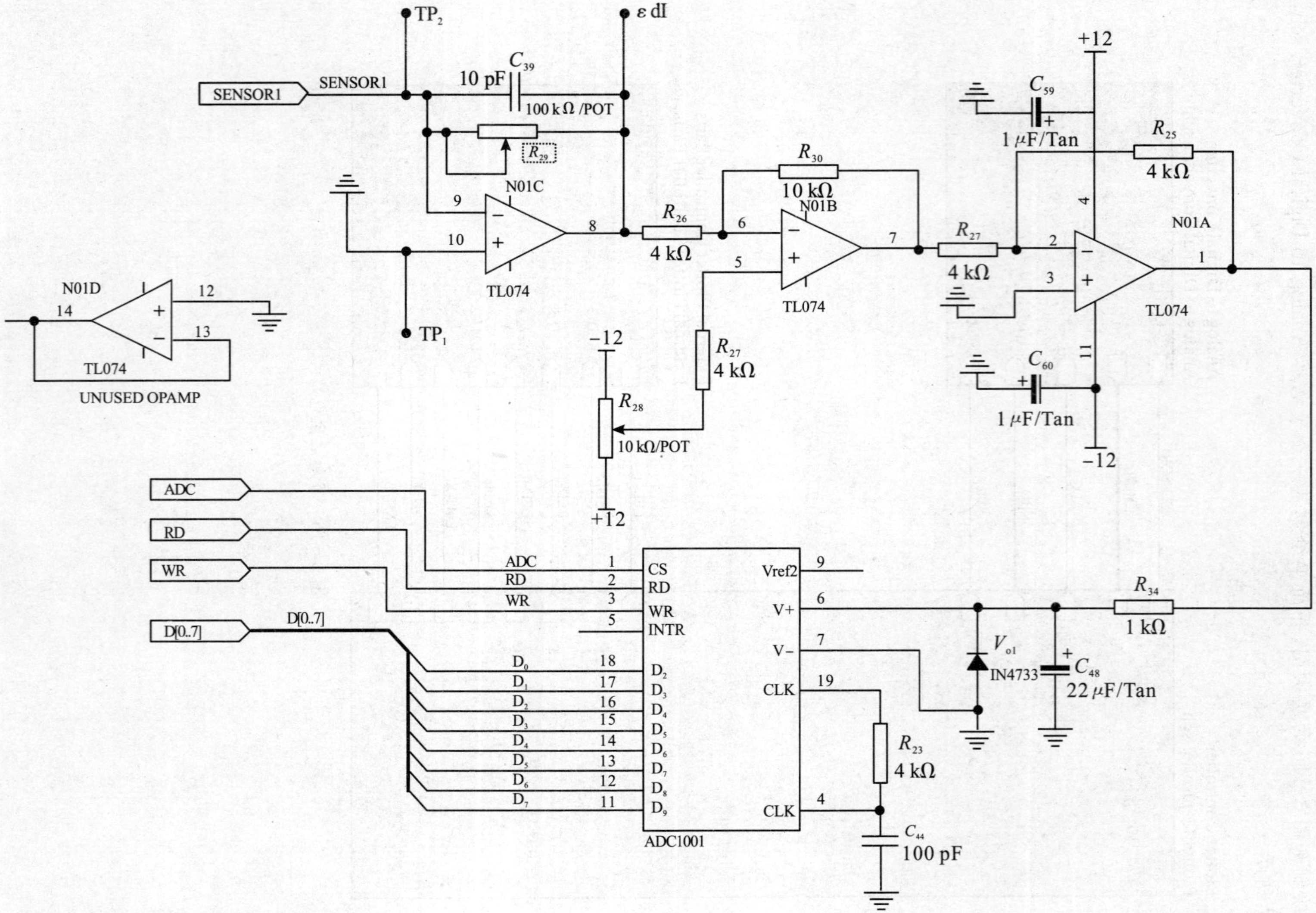
SENSOR1
SENSOR1
TP2
ε dI
C39
10 pF
100 kΩ /POT
R29
N01C
9
10
8
TL074
TP1
N01D
14
12
13
TL074
UNUSED OPAMP
R26
4 kΩ
6
5
R30
10 kΩ
N01B
7
TL074
R27
4 kΩ
−12
R28
10 kΩ/POT
+12
R27
4 kΩ
2
3
4
11
N01A
1
TL074
+12
C59
1 μF/Tan
R25
4 kΩ
C60
1 μF/Tan
−12
ADC
RD
WR
D[0..7]
D[0..7]
ADC
RD
WR
1
2
3
5
CS
RD
WR
INTR
D0
D1
D2
D3
D4
D5
D6
D7
18
17
16
15
14
13
12
11
D2
D3
D4
D5
D6
D7
D8
D9
ADC1001
Vref2
V+
V−
CLK
CLK
9
6
7
19
4
R23
4 kΩ
C44
100 pF
Vo1
IN4733
C48
22 μF/Tan
R34
1 kΩ

图 3-17　习题 2 子电路

第 4 章　原理图报表文件生成与原理图打印

4.1　原理图报表文件生成

Protel 99 SE 有丰富的报表功能，可以方便地生成各种类别的报表，如网络表文件、元件列表文件和电气测试报告等。通过这些报表，设计者可以掌握项目设计中的各种重要的相关信息，以便及时对设计进行校对、比较以及修改等工作，下面来分别介绍这些文件。

4.1.1　生成网络表文件

网络表是原理图和印制电路板之间的桥梁，是印制电路板自动布线的灵魂。它可以在原理图编辑中直接由原理图文件生成，也可以在文本文件编辑器中手动编辑。其实，也可以在 PCB 编辑器中，由已经布线的 PCB 图中导出相应的网络表。总之，网络表把原理图与 PCB 图紧密的联系起来。

生成网络表文件的方法可以执行菜单命令【Design】|【Create Netlist】，将会出现如图 4－1 所示的网络表对话框。

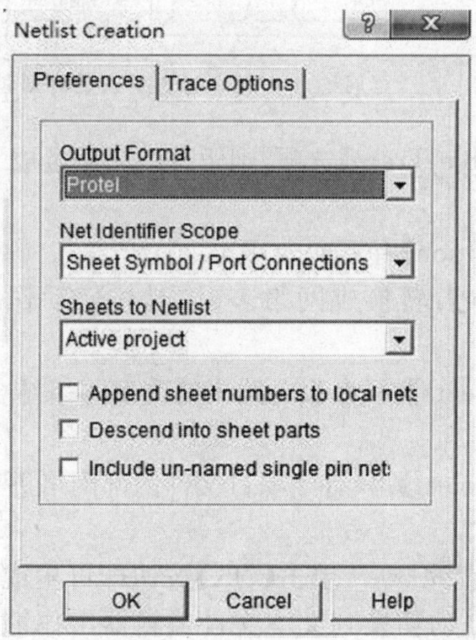

图 4－1　网络表对话框

在对话框中进行设置如下：

【Output Format】:选择输出格式，这里选择【Protel】格式。

【Net Identifier Scope】:选择网络识别范围。

【Sheets to Netlist】:选择生成网络表的图纸。这里选择【Active Project】当前激活的图纸。

【Append sheet numbers to local net name】:将原理图编号附加到网络名称上。这里不选。

【Descend into sheet parts】:细分到单张图纸部分，对于单张图没有实际意义，因此不选中此项。

【Include un-named single pin nets】:包括没有命名的单个引脚网络，这里也不选。

单击图 4-1 所示的【Trace Options】标签，即可进入如图 4-2 所示的选项。

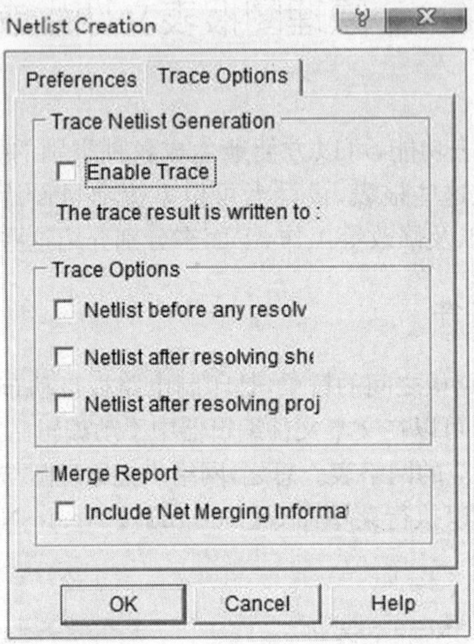

图 4-2　网络表生成跟踪选项设置对话框

该选项卡中如果选中【Enable Trace】选项，则跟踪结果会生成“ *. tng”文件，文件名与原理图文件名相同。

其中跟踪选项中【Trace Option】有下列 3 项：

【Netlist before any resolve】:转换成网络表时，对任何动作都加以跟踪，并形成跟踪文件“ *. tng”。

【Netlist after resolving sheets】:只有当电路中的内部网络结合到项目网络时才加以跟踪，并形成跟踪文件“ *. tng”。

【Netlist after resolving project】:只有当项目文件内部网络进行结合动作时才加以跟踪，并形成跟踪文件“ *. tng”。

这里不使用跟踪功能。设置完毕后，单击【OK】按钮即可生成与原理图文件同名的网络表文件，工作窗口和设计窗口也将自动切换到文本文件编辑器工作窗口文本浏览器(Browse Text)。生成的网络表将显示在当前的工作窗口中，如图 4-3 所示。还可以在文本文件编辑器对网络表文件进行添加、删除和修改等编辑工作。

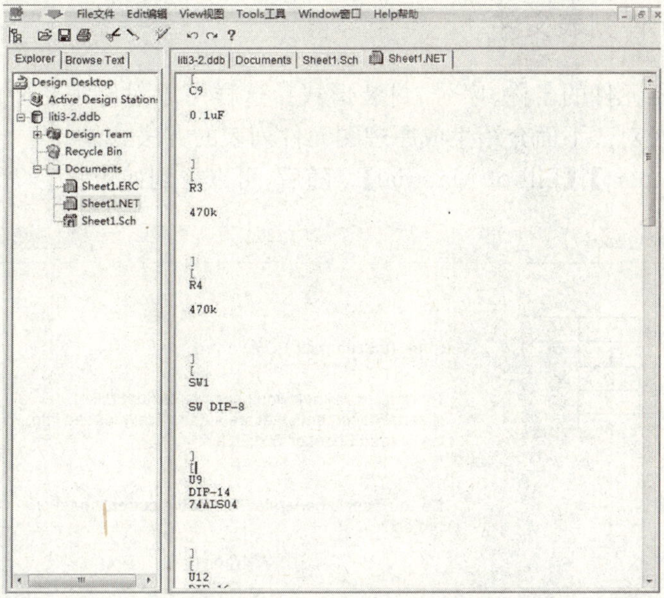

图 4-3　生成的网络表

生成网络表的格式一般有以下两种格式：

1. 元件声明格式

[	元件声明开始
U9	元件序号
DIP-14	元件封装形式
74ALS04	元件注释文字(名称、大小等)
]	元件声明结束

2. 网络的定义格式

(	网络开始定义
NetSW1-16	网络名称
SW1-9	网络的连接点
SW1-10	网络的连接点
SW1-11	网络的连接点
SW1-12	网络的连接点
SW1-13	网络的连接点
SW1-14	网络的连接点
SW1-15	网络的连接点
SW1-16	网络的连接点
)	网络定义结束

从生成的网络表可以发现，网络表文件分为两个部分，首先是元件声明，然后是网络定义。它们

有各自固定的格式与固定的组成部分，缺少其中的任何部分都有可能在PCB自动线时产生错误。

4.1.2 生成元件列表文件

元件列表主要包括元件的名称、序号、封装形式。这样可以对原理图中的所有元件有一个详细的清单，以便检查、校对。下面介绍生成原理图元件列表的方法。

执行菜单命令【Report】|【Bill of Material】。随后，可以看到如图4-4所示的对话框。

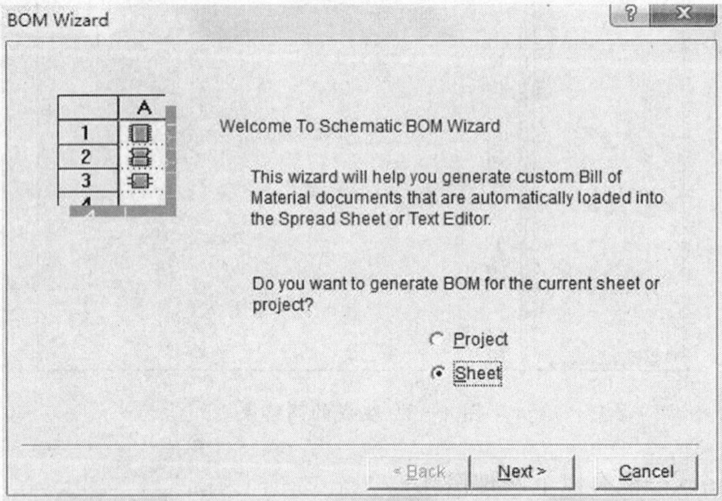

图4-4 元件列表生成向导1

选择【Sheet】单选项，单击【Next＞】按钮即可进入下一步的操作。可以看到如图4-5所示的对话框。

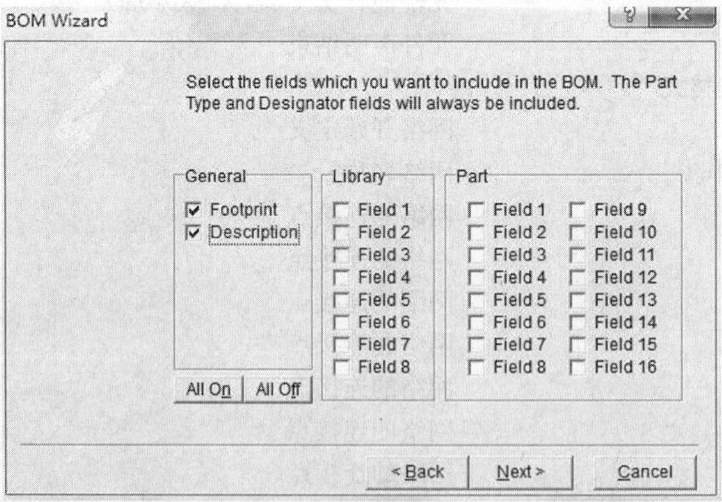

图4-5 元件列表生成向导2

选中复选框中的【Footprint】和【Description】选项，如图 4－5 所示。然后单击【Next>】按钮即可进入如图 4－6 所示的对话框。

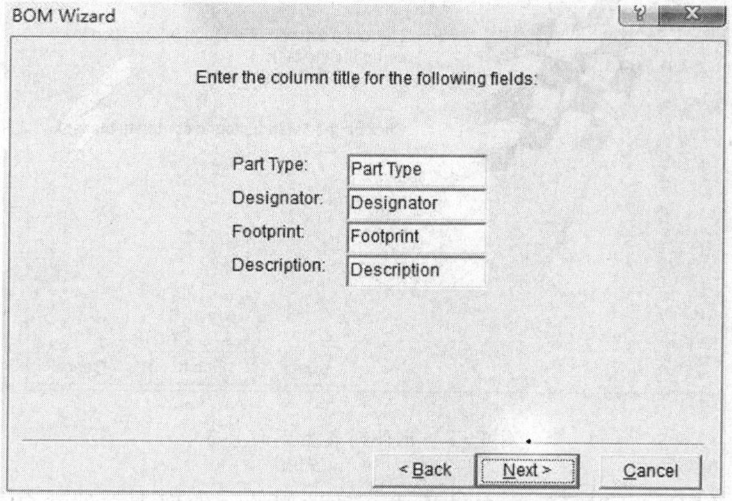

图 4－6　元件列表生成向导 3

在该对话框中定义元件列表中各列的名称，定义结束后，单击【Next>】按钮即可进入如图 4－7所示的对话框。

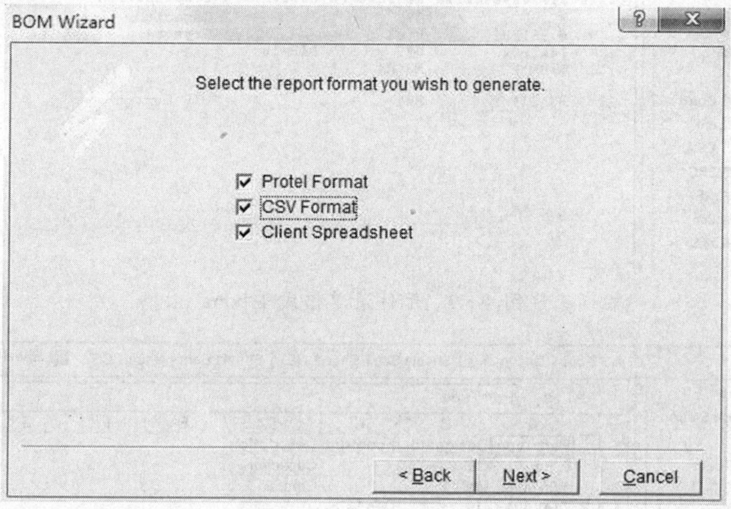

图 4－7　元件列表生成向导 4

在这个对话框中，可以选择元件列表文件的类型。这里，将复选框中的 3 种类型全部选中，这 3 种列表元件定义格式分别为：Protel 格式，文件后缀名为“. bom”；电子表格可调用格式，文件后缀名为“. csv”；Protel 99 的表格格式，文件后缀名为“. xls”。然后，单击【Next>】按钮可进入如图 4－8所示的对话框。

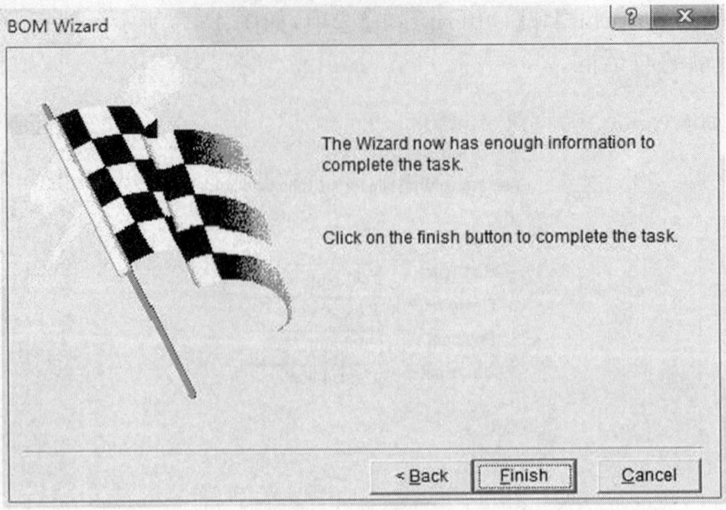

图 4－8　元件列表生成向导 5

在对话框中单击【Finish】按钮，会自动生成 3 种类型的元件列表文件并自动进入表格编辑器。3 种元件列表分别如图 4－9、图 4－10、图 4－11 所示。

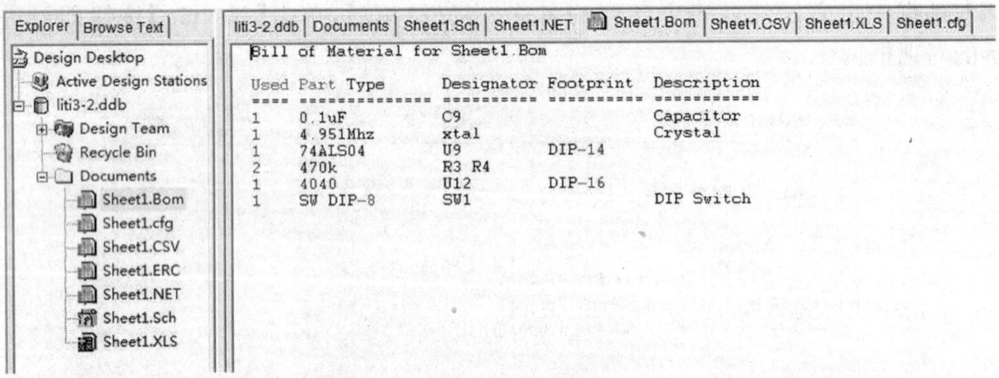

图 4－9　元件清单格式 1-bom

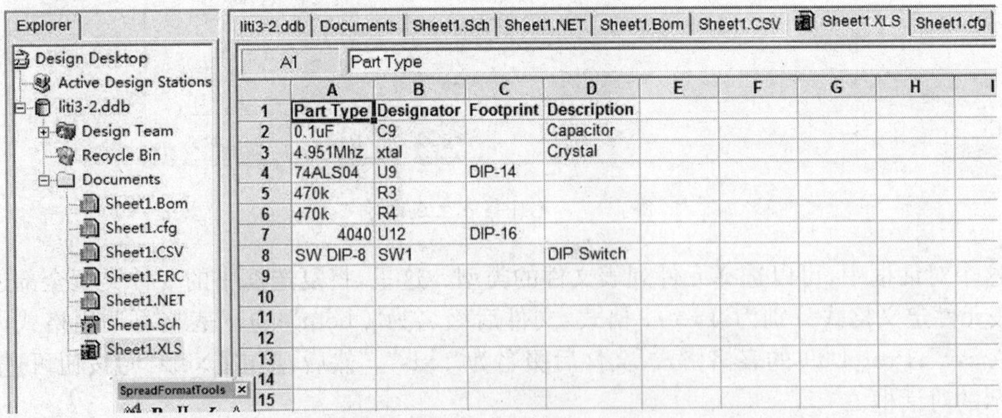

图 4－10　元件清单格式 2-xls

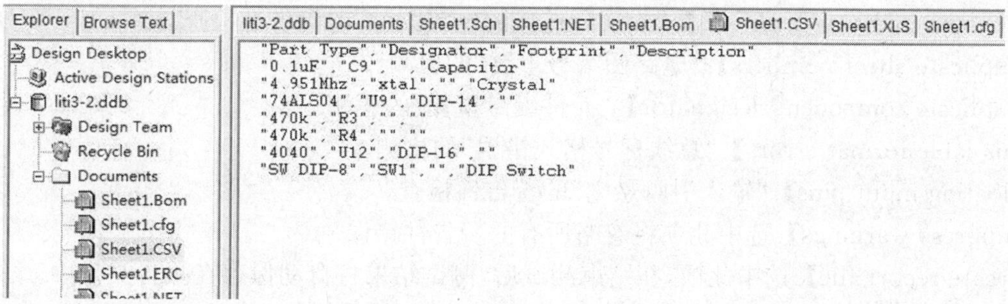

图 4-11　元件清单格式 3-csv

4.1.3　生成电气规则测试报告

一般，在完成原理图的绘制后，都要对原理图进行检查，防止原理图中存在一些错误，使后面的工作无法正常进行。检查的方法通常是设计者自己通过观察或是采用电气规则检测。电气规则检测的速度比较快，可以输出相关的物理逻辑冲突报告。

测试电气规则可以执行菜单命令【Tools】|【ERC...】或在工作区单击鼠标右键选择【ERC】，会出现如图 4-12 所示的对话框。

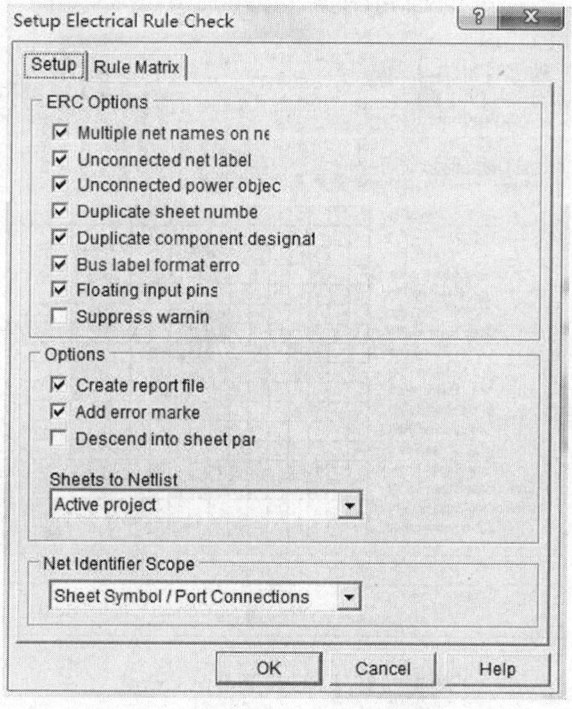

图 4-12　ERC 设置对话框

在对话框中根据自己的要求进行设定。各个选项的定义如下：

【Multiple net names on net】："同一网络命名多个网络名称"的错误检查。

【Unconnected net labels】："未实际连接的网络标号"的警告性检查。

【Unconnected power objects】:“未实际连接的电源图件”的警告性检查。

【Duplicate sheet numbers】:“电路图编号重复”的检测。

【Duplicate component designator】:“元件编号重复”的检测。

【Bus lable format errors】:“总线标号格式错误”的检测。

【Floating input pins】:“输入引脚悬空”的警告性检查。

【Suppress warnings】:选中此项将忽略所有的警告性错误。

【Create report file】:选中此项,在结束测试后,测试结果将自动保存在报告文件中。

【Add error markers】:选中此项,在结束测试后,会自动在错误位置放置错误标号。

【Descend into sheet parts】:选中此项,在结束测试后,会将测试结果分解到每个原理图中去,这主要针对层次图。

【Sheets to Netlist】:在该下拉列表中可以选择所要进行测试的原理图的范围。

【Net Identifier Scope】:在该下拉列表中可以选择网络识别器的范围。

单击图中的【Rule Matrix】标签,即可进入电气规则测试设置数组对话框,如图 4-13 所示。

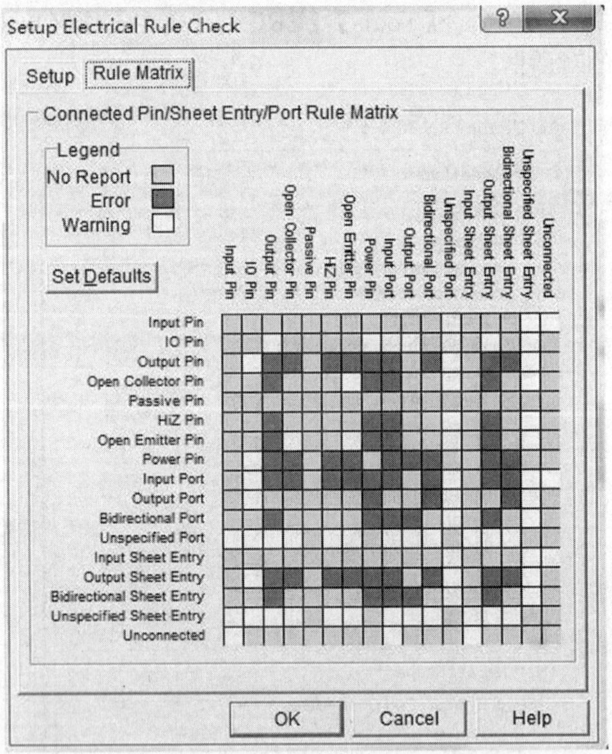

图 4-13　ERC设置数组对话框

数组中每个小方块都是按钮,用户可以根据自己的要求点击切换,具体颜色代表的意义在对话框左上角的【Legend】选项说明了各种颜色所代表的意义。

【No Report】:绿色,表示不做该项测试。

【Error】:红色,表示发生这种情况时,以“Error”为测试报告列表的前串字符串。

【Warning】:黄色,表示发生这种情况时,以“Warning”为测试报告列表的前串字符串。

如果用户想要恢复系统缺省的设置,则可单击【Set Defaults】按钮。

设置结束后单击【OK】按钮确认,系统会自动按照设置的规则开始对原理图进行电气规则测试,测试完毕后,自动进入系统文本编辑器,并生成相应的测试报告,如图 4-14 所示。

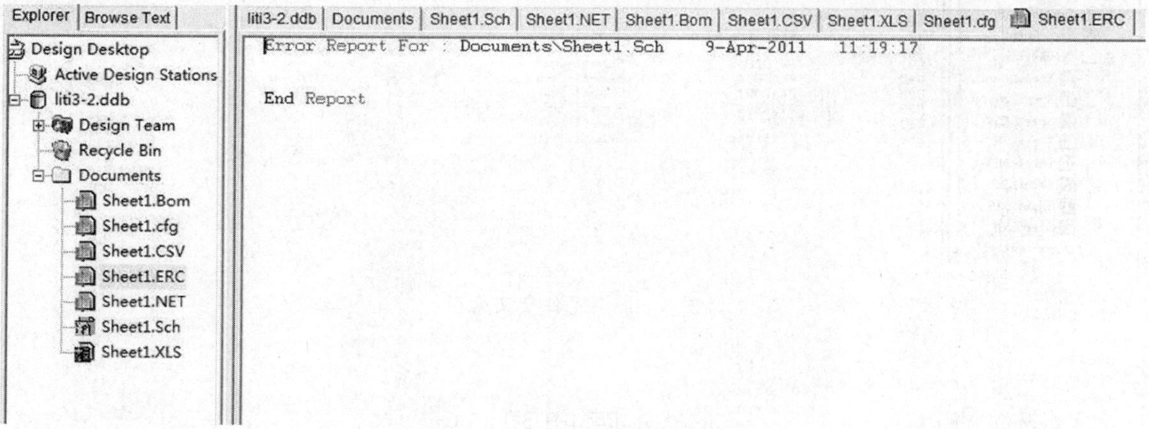

图 4-14　ERC 检查测试报告

如果在测试的过程中有警告,但是不想让它显示,可以利用放置“No ERC”符号的办法加以解决。在原理图上警告出现的位置放置“No ERC”符号,便可避开 ERC 测试。具体的方法为执行菜单命令【Place】|【Directives】|【No ERC】或单击原理图工具栏中的  按钮。

进行了上面的操作后,十字光标会带着一个“No ERC”符号出现在工作区,将“No ERC”符号依次放置到警告出现的位置上,然后单击鼠标右键即可退出该命令状态,再次进行检测时,放置“No ERC”符号的地方警告就不会再出现了。

4.1.4　其他报表文件

还可以生成该设计的所有内部文件的列表,生成的方法可以执行菜单命令【Reports】|【Design Hierarchy】,之后会生成后缀为“.rep”的文件并在当前的窗口中自动打开。在该设计系统中可以看到如图 4-15 所示的文件。

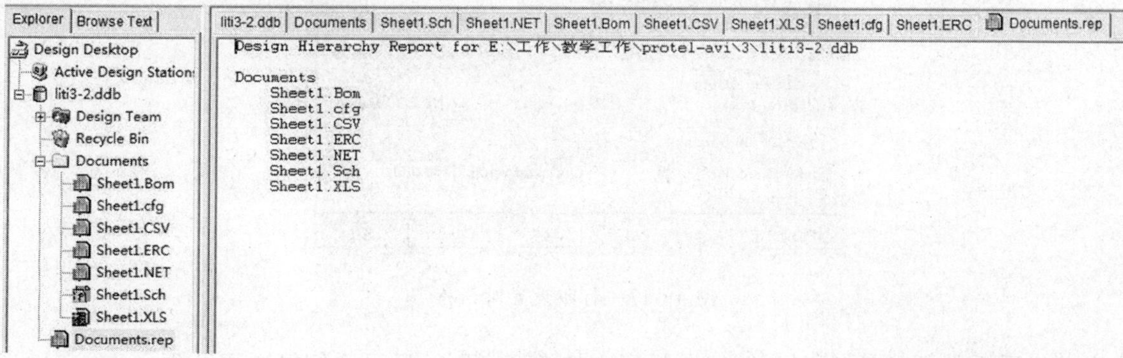

图 4-15　文档报告

还可以执行【Reports】|【Cross Reference】生成如图 4－16 所示的"*.xrf"文件。

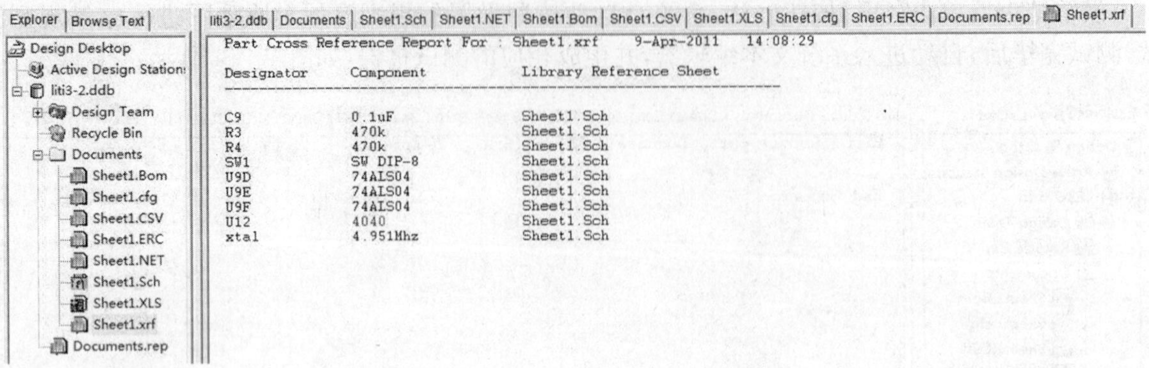

图 4－16　元件交叉索引

4.2　原理图打印

要想打印出 Protel 99 SE 环境下的原理图，首先要设置打印机，设置打印机的方法为执行菜单命令【File】|【Setup Printer】，或直接在主工具栏中单击 按钮会弹出打印机设置对话框，如图 4－17 所示。

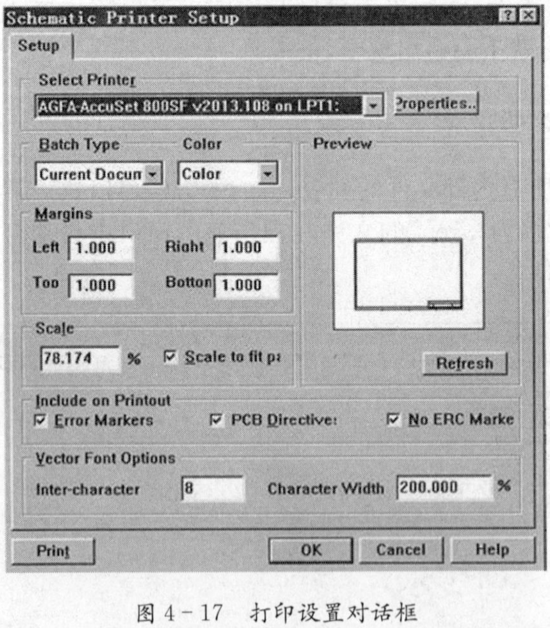

图 4－17　打印设置对话框

在此对话框中可以对打印机的类型、目标文件类型、颜色、显示比例等进行设置。

4.2.1　选择打印机(Select Printer)

当用户的 Windows 操作系统中安装了多种打印机,用户可以在该下拉列框中对打印机的类型及输出接口进行选择。

4.2.2　选择输出的目标图形文件(Batch Type)

在下拉列框中有两种目标图形文件可供用户进行选择:

【Current Document】:当前正在编辑的图形文件。

【All Document】:整个项目中全部的图形文件。

这里选择【Current Document】,即只打印输出当前正在编辑的图形文件。

4.2.3　设置输出颜色(Color)

颜色的设置有两种选择:

【Color】:彩色。

【Monochrome】:单色。

单色输出即以黑白两色输出,我们选择【Monochrome】即单色输出。

4.2.4　设置页边距(Margins)

页边距的设置包括:左边(Left)、右边(Right)、上边(Top)、下边(Bottom)4 种。页边距的单位是英寸(Inch)。设置页边距应留出装订的位置。

4.2.5　设置缩放比例(Scale)

由于工程图纸的规格与普通打印纸的尺寸规格不同,当图纸的尺寸大于打印纸的尺寸时,用户可以在打印输出时对图纸进行一定的比例缩放,以便图纸能在一张打印纸中完全显示,缩放的比例可以取 10%～500%之间的任意值。

对于图形的输出,用户还可以选择【Scale to fit page】,即选择充满整页的缩放比例。如果用户设置了该项,则无论原理图的图纸种类是什么,程序都会自动根据当前打印纸的尺寸计算出合适的缩放比例,使打印输出时原理图充满整页打印纸。选择【Scale to fit page】后,前面缩放比例的设置都将无效。

4.2.6　预览(Preview)

当设置好页边距和缩放比例后,单击该项中的【Refresh】按钮,即可预览到实际打印输出时的效果。

4.2.7　向量字体选项(Vector Font Option)

设置向量字体的类型。

4.2.8 其他项目设置

其他项目包括设置打印机的分辨率、打印纸的类型、纸张方向和打印品质等。

设置好打印机后用户就可以打印输出了。用户可以执行菜单命令【File】|【Print】，或者在设置打印机的对话框中单击【Print】按钮，程序就会按照上述设置进行打印。

习 题

1. 选择前面练习的电路产生网络表和元件清单。
2. 打印前面练习电路及网络表和元件清单。

第 5 章　原理图原件库

5.1　原理图原件库的打开

在实际绘制原理图过程中，有时会在元件库中找不到自己需要的元件，在这种情况下就需要自己创建新的元件，当然实际绘制原理图过程中还有可能对已有的元件库添加新的元件，或者是修改已有的元件库中的某一元件。在这一章中，将介绍原理图库元件的创建过程。

首先，要启动原理图元件库编辑器。单击【Document】标签，进入设计文件夹【Document】，执行菜单命令【File】|【New】或在工作区单击鼠标右键选择【New】命令，出现【New Document】对话框，双击对话框中的【Schematic Library Document】图标，即可创建一个新的元件库文件。默认的文件名为“Schlib1. lib”，在工作窗口中该文件的图标上双击或在设计浏览器中该文件的文件名上单击鼠标左键，即可进入如图 5－1 所示的原理图元件库编辑器。原理图库文件的图标为，文件的扩展名为“. lib”。

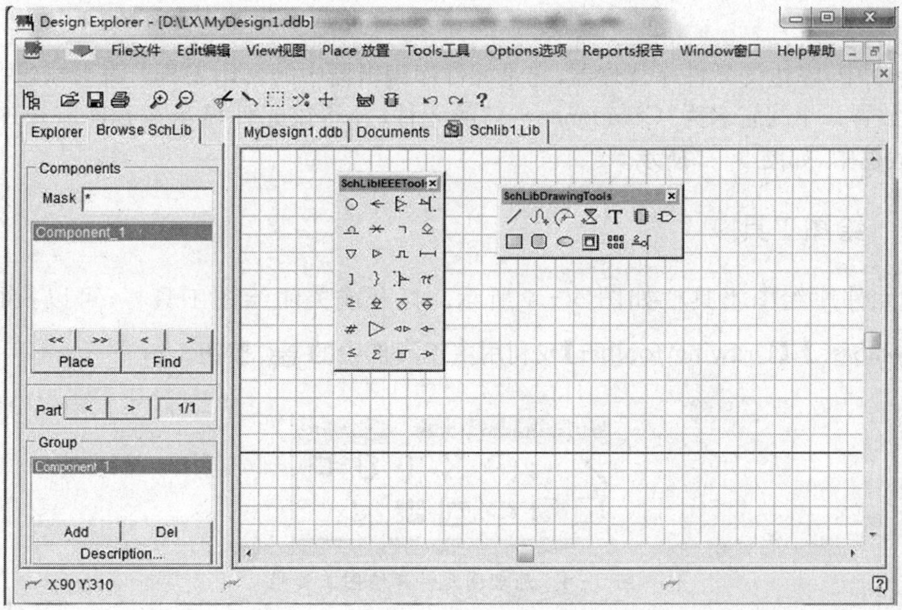

图 5－1　原理图元件库编辑器

图 5-1 所示的为一个新的原理图库文件的窗口,左边的浏览器窗口已经自动放置了一个名为"Component_1"的元件。

如果想改变该元件的名称,可以执行菜单命令【Tools】|【Rename Component】,屏幕上将会出现如图 5-2 所示的对话框。

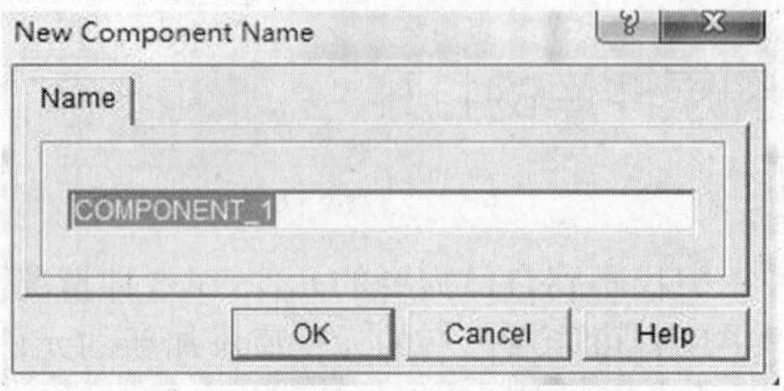

图 5-2　元件名称设置对话框

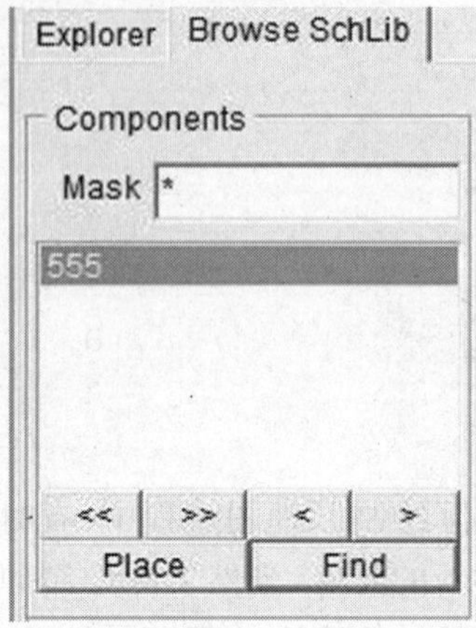

图 5-3　更改元件名称

在这个对话框中输入 555,接着单击【OK】按钮,就改变了元件原有的名称。随后,会发现元件管理器中的 Components 框中的元件名变成了 555,如图 5-3 所示。

5.2　原理图原件库的界面介绍

在图 5-1 中,左边为元件库管理器,它是元件库编辑器中的常用工具。每当新建一个件库时,元件库就会放置一个缺省名为"Component_1"的元件,并将该元件显示在元件库管理器的 Components 列表框中,如图 5-1 所示。

5.2.1　绘图工具

原理图元件库绘图工具栏如图 5-4 所示。打开或关闭绘图工具栏,可以执行菜单命令【View】|【Toolbars】|【Drawing toolbar】或利用主工具栏中的  按钮。

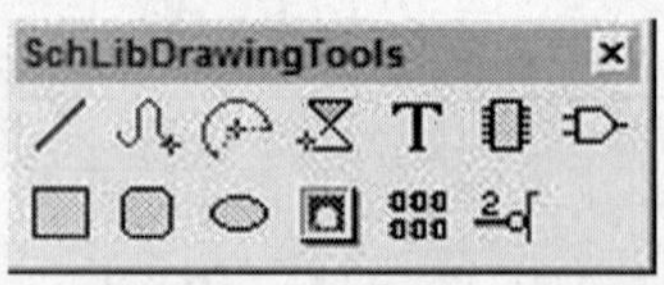

图 5-4　原理图元件库绘图工具栏

绘图工具栏中各个按钮的功能如下:

：画直线。

：画贝塞尔曲线。

：画椭圆。

：画多边形。

T：填写文字。

：画新增元件。

：新增部分元件。

：画矩形。

：画圆弧角。

：画椭圆。

：粘贴图片。

：数组式复制工具。

：画引脚。

部分按钮的功能可以通过执行菜单命令【Place】中的相应按钮来实现。如图 5-5 所示为执行填写文字的命令，与之对应的按钮为 T 。

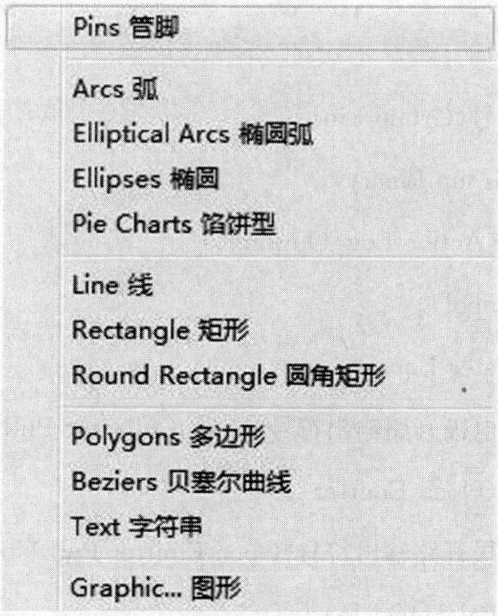

图 5-5　原理图绘图功能菜单

5.2.2　符号工具

图 5－6 所示的是 IEEE 符号工具栏，打开或关闭 IEEE 符号工具栏，可以执行菜单命令【View】|【Toolbars】|【IEEE Toolbar】或利用主工具栏中的按钮。

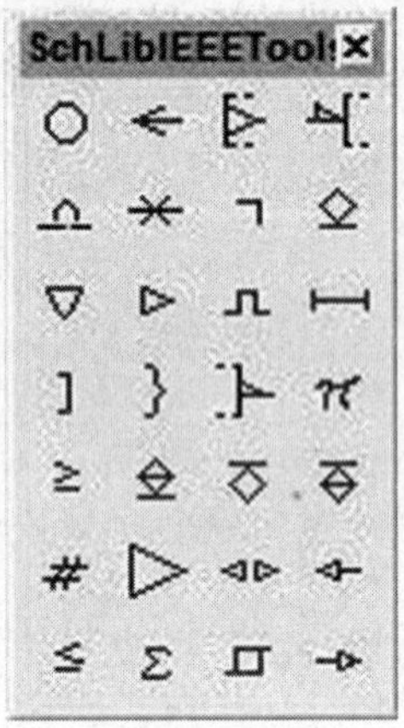

图 5－6　IEEE 符号工具栏

IEEE 符号各工具栏中各个按钮的功能如下：

○：放置小圆点(Dot)。

：从右到左的信号流(Right Left Signal Flow)。

：时钟信号符号(Clock)。

：低态动作输入符号(Active Low Input)。

：模拟信号输入符号(Analog Signal In)。

：无逻辑性连接符号(Not Logic Connection)。

：延时输出符号(Postponed Output)。

：集电极开路输出符号(Open Collector)。

：高阻抗状态符号(Hiz)。

：高扇出电流符号(High Current)。

：脉冲符号(Pulse)。

：延时符号(Delay)。

]：多条 I/O 线组合符号(Group Line)。

}：二进制组合符号(Group Binary)。

：低态动作输出符号(Active Low Output)。

：圆周率符号(Pi Symbol)。

≥：大于等于符号(Greater Equal)。

：内置上拉电阻的集电极开路输出符号(Open Collector Pull Up)。

：射极开路输出符号(Open Emitter)。

：内置下拉电阻的射极开路输出符号(Open Emitter Pull Up)。

#：数字信号输入(Digital Signal In)。

：反向器符号(Inverter)。

:双向信号流符号(Input Output)。

:数据左移符号(Shift Left)。

≤ :小于等于符号(Less Equal)。

Σ :加和符号(Sigma)。

:施密特触发输入特性符号(Schmitt)。

:数据右移符号(Shift Right)。如寄存器中数据由左向右移的情形。

IEEE 符号工具栏中的各个按钮的功能,也可以通过执行菜单命令【Place】|【IEEE Symbols】中对应命令来实现,如图 5-7 所示。

图 5-7　IEEE 符号功能菜单

5.3 创建新的元件

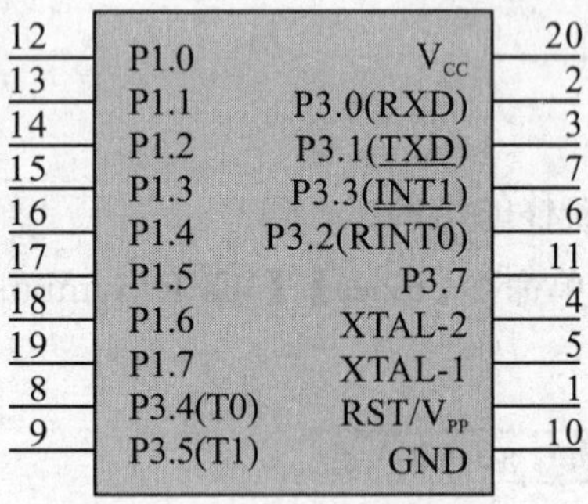

图 5-8 绘制 2051 元件符号

下面以 2051 元件符号为例来介绍绘制元件的具体过程，如图 5-8 所示。

① 新建并打开一个原理图元件库文件，如 Schlib1. Lib。

② 单击工具栏 按钮，或执行菜单命令【Tools】|【New Component】，屏幕上将会出现如图 5-2 所示的对话框。

③ 对话框中的 COMPONENT_1 是默认文件名，将其更改为 2051 后单击【OK】按钮，屏幕将出现一个新的带十字光标的画面。

④ 进入工作环境后，首先就是设置工作环境。具体设置方法是，单击菜单栏中的【Options】菜单，从中选择【Document Options】选项或者在工作区单击鼠标右键，选择【Document Options 】选项，就会弹出如图 5-9 所示的对话框。

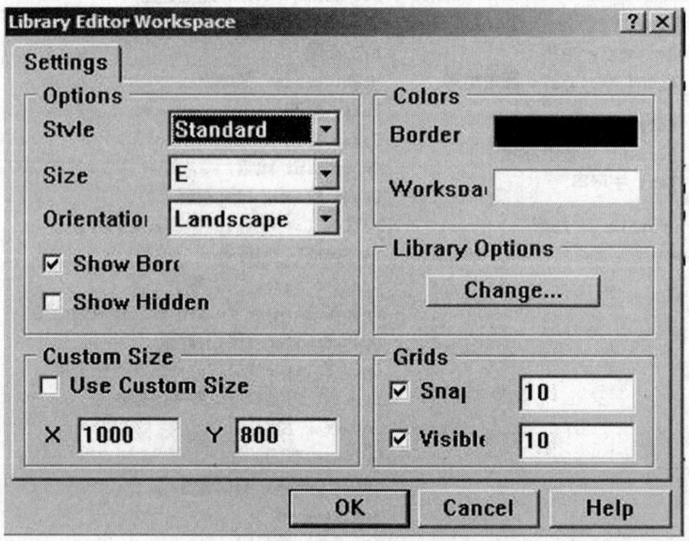

图 5-9 工作环境设置对话框

【Size】下拉列表框：这个下拉列表框用于设置图纸的大小，下拉列表框中列出了 Protel 99 SE 提供的各种标准图纸。

【X】编辑框：可以在图纸中设置自定义图纸的宽度。

【Y】编辑框：可以在图纸中设置自定义图纸的高度。

【Border】编辑框：用于设置图纸边框的颜色，包括坐标轴的颜色。

【Workspace】 编辑框：该栏用于设置工作区的颜色，方法与【Border】编辑框一样。

【Change】按钮：该按钮用于设置元件库的说明文字。

【Snap】复选框：如果选中这个复选框，就可以在右边的框中设置栅格点的间距。

【Visible】复选框：如果选中这个复选框，就可以在右边的框中设置在图纸上显示栅格的点间距。

⑤ 为了更清楚地观察元件在图纸中的位置，可以提高工作区的分辨率，将光标移到元件库文件的坐标圆点处，然后按【PgUp】键，直到自己满意为止。

⑥ 接下来正式进入绘制元件的工作。单击原理图上的绘图工具按钮，移动光标绘制出“2051”的外形，如图 5－8 所示。

⑦ 单击绘图工具栏中的按钮，出现十字光标后，按下【Tab】键，会出现如图 5－10 所示的对话框。

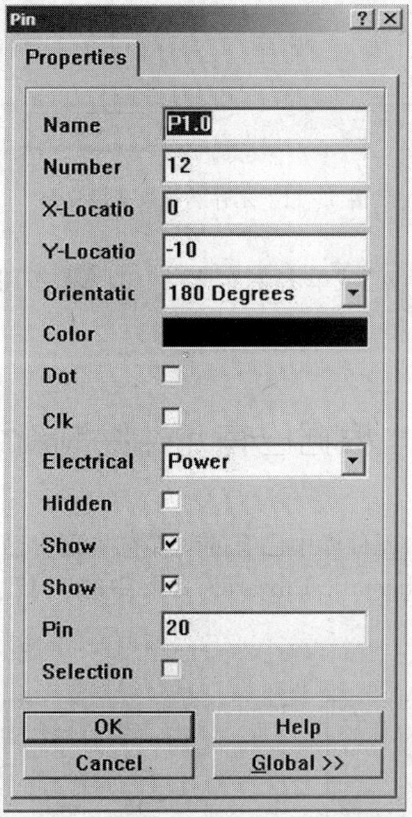

图 5－10　管脚属性设置对话框

在该对话框中，将【Name】设置为“P1. 0”，【Number】设置为“12”，【Electrical】设置为“Power”，选中【Show】名称和【Show】个数功能，将【Pin】设置为“20”，单击【OK】按钮确认即可。

将引脚移到适当的位置，并按空格键调整引脚方向，调整好后，单击鼠标左键即可。按照上面的方法，依次放置好其他 19 个引脚。其中第 6、7 引脚中反向符号的输入方法是在每个需要进行反向表示的字母后面输入一个“\”号。

⑧ 定义元件属性，单击浏览器的【Description...】按钮或执行菜单命令【Tools】|【Description】，在弹出的图 5－11 所示的对话框中，将【Default】栏设置为“U?”，将【Description】栏设置为“2051”，将封装形式也设置为“DIP20”，然后单击【OK】按钮确认即可。

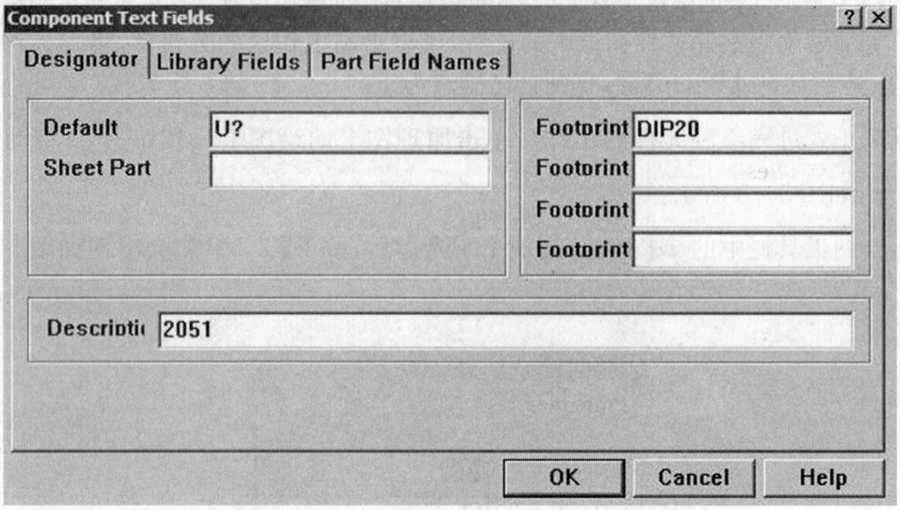

图 5－11　元件属性设置对话框

⑨ 执行菜单命令【File】|【Save】或单击主工具栏中的 按钮，就可将新建的元件“2051”保存在当前的元件库文件中了。

5.4　根据已有元件绘制新元件

这个方法的思路是复制一个元件库中已有的元件符号到自己建立的元件库中，进行修改和改名。下面我们以 Protel DOS Schematic Libraries. ddb 中的 4017 为例来绘制一个新的元件，如图 5－12 所示。

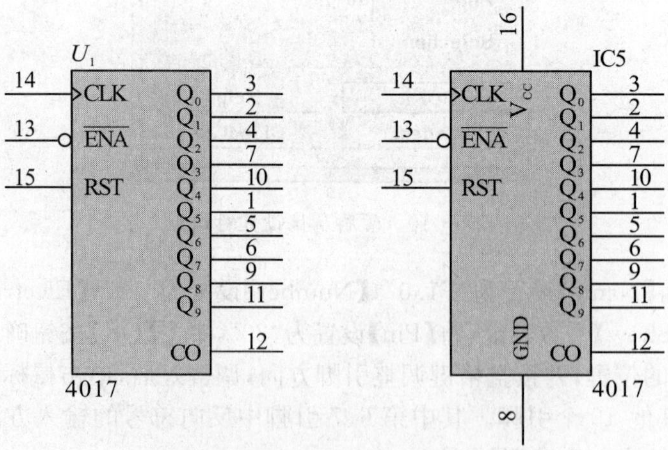

图 5－12　修改 4017 元件

① 新建并打开一个原理图文件，如 Sheet1. Sch。

② 加载 Protel DOS Schematic Libraries. ddb 元件库，并找到 4017，如图 5－13 所示。

③ 单击图 5－13 中【Edit】按钮，打开 4017 的编辑画面。然后执行菜单命令【Edit】|【Copy】进行复制操作，将元件复制到自己建立的元件库文件中，然后撤销选中状态。将 Protel DOS Schematic Libraries. ddb 元件库关闭。

④ 按照图 5－12 进行修改，单击绘图工具栏中的 按钮添加 8、16 引脚。

⑤ 定义元件属性，单击浏览器的【Description...】按钮或执行菜单命令【Tools】|【Description】，在弹出的图 5－11 所示的对话框中，将【Default】栏设置为“U?”，将【Description】栏设置为“4017”，将封装形式也设置为“DIP16”，然后单击【OK】按钮确认即可。

⑥ 执行菜单命令【File】|【Save】或单击主工具栏中的 按钮，即可将新建的元件“4017”保存在当前的元件库文件中了。

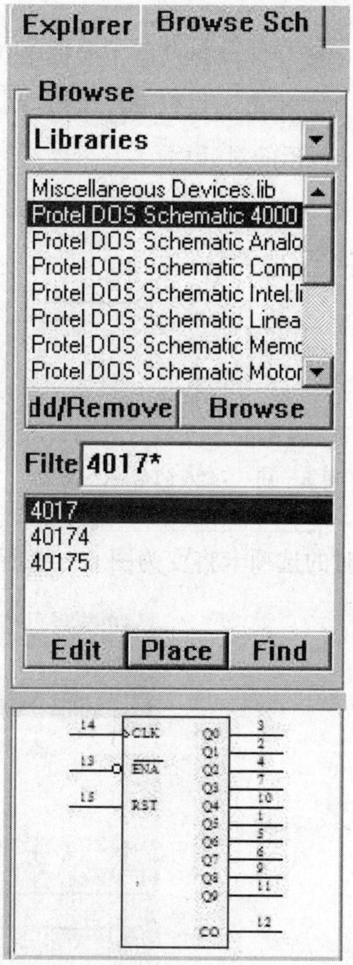

图 5－13　选择 4017 元件

5.5　创建复合元件

复合元件中各单元的文件名相同，图形相同，只是引脚不同，系统通过自动添加 A、B、C、D 来分别表示不同的单元，如图 5－14 所示。

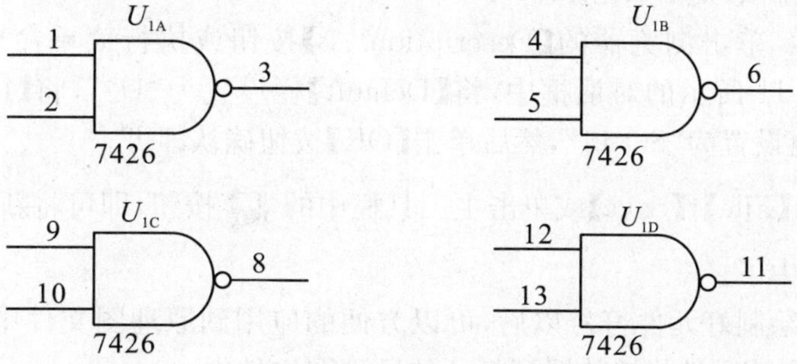

图 5－14　绘制符合元件 7426

① 新建并打开一个原理图元件库文件，如Schlib1. Lib。

② 单击工具栏 按钮，或执行菜单命令【Tools】|【New Component】，屏幕上将会出现如图5-2所示的对话框。

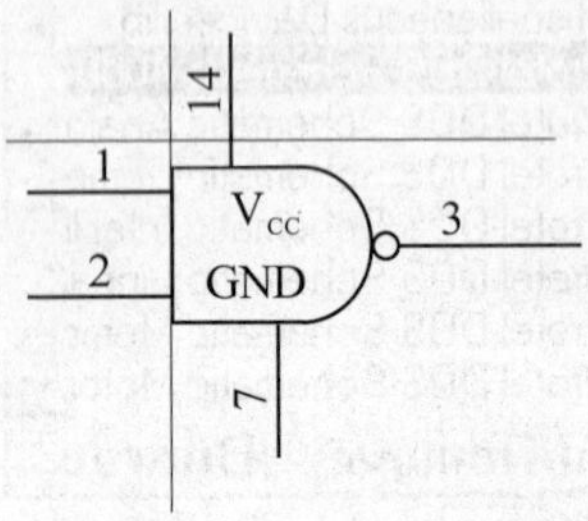

图5-15　7426的第一个单元

③ 对话框中的“COMPONENT_1”是默认文件名，将其更改为7426后单击【OK】按钮，屏幕将出现一个新的带十字光标的画面。

④ 进入工作环境后，设置好工作环境。

⑤ 根据前面所学习的知识绘制好7426的第一个单元，如图5-15所示。

⑥ 单击工具栏 按钮，或执行菜单命令【Tools】|【New Part】，将出现一个新的编辑窗口，按第五步方法绘制第二单元，此时的选项卡将变为图5-16所示，这个时候7426已拥有两个单元，现在显示的是第2单元。

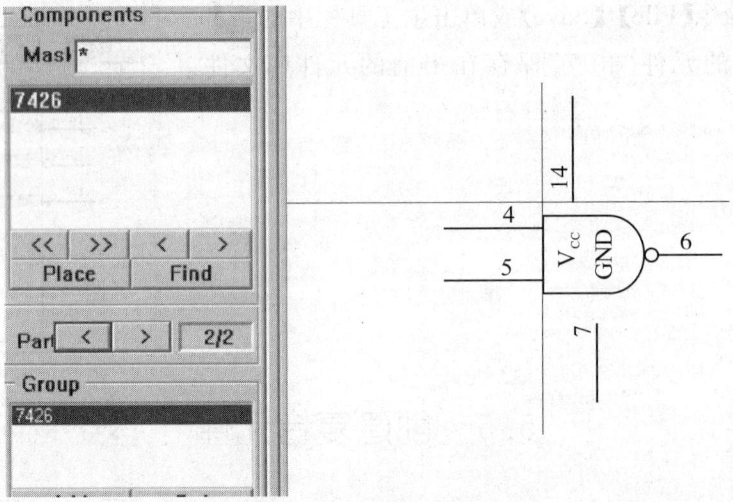

图5-16　7426的第二个单元

⑦ 重复第6步绘制第3、4单元。

⑧ 定义元件属性，单击浏览器的【Description...】按钮或执行菜单命令【Tools】|【Description】，在弹出的图5-11所示的对话框中，将【Default】栏设置为“U?”，将【Description】栏设置为“7426”，将封装形式也设置为“SO-14”，然后单击【OK】按钮确认即可。

⑨ 执行菜单命令【File】|【Save】或单击主工具栏中的 按钮，即可将新建的元件“7426”保存在当前的元件库文件中了。

在元件库文件中绘制好元件符号以后，可以方便的应用到原理图文件中，在【Browse】选项卡中单击【Place】按钮，则该元件将被放置到打开的原理图文件中。

习　题

1. 原理图元件库文件的文件扩展名是什么？
2. 原理图元件库文中绘制元件的方法有几种？简单叙述一下。
3. 试自行绘制 74LS00 这个复合元件，如图 5-17 所示。

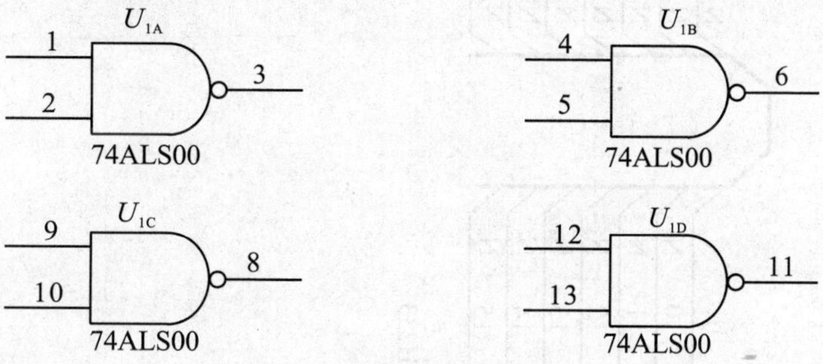

图 5-17　习题 3 图

4. 试画图 5-18 所示的电路，图 5-18 所示电路的元件见表 5-1。

表 5-1　习题 4 元件属性列表

Lib Ref	Part Type	Designator	Footprint
CAP	0.1 μF	C_3	
RES2	100 kΩ	R_3	
4017	4017	IC5	
CH233	CH233	IC6	
DPY_7-SEG	DPY_7-SEG	DS1	
DIODE	IN4148	D_1	

注：其中 4017 和 CH233 需要自行在“.lib”库中新建，其余元件在 Miscellaneous Devices.ddb 中

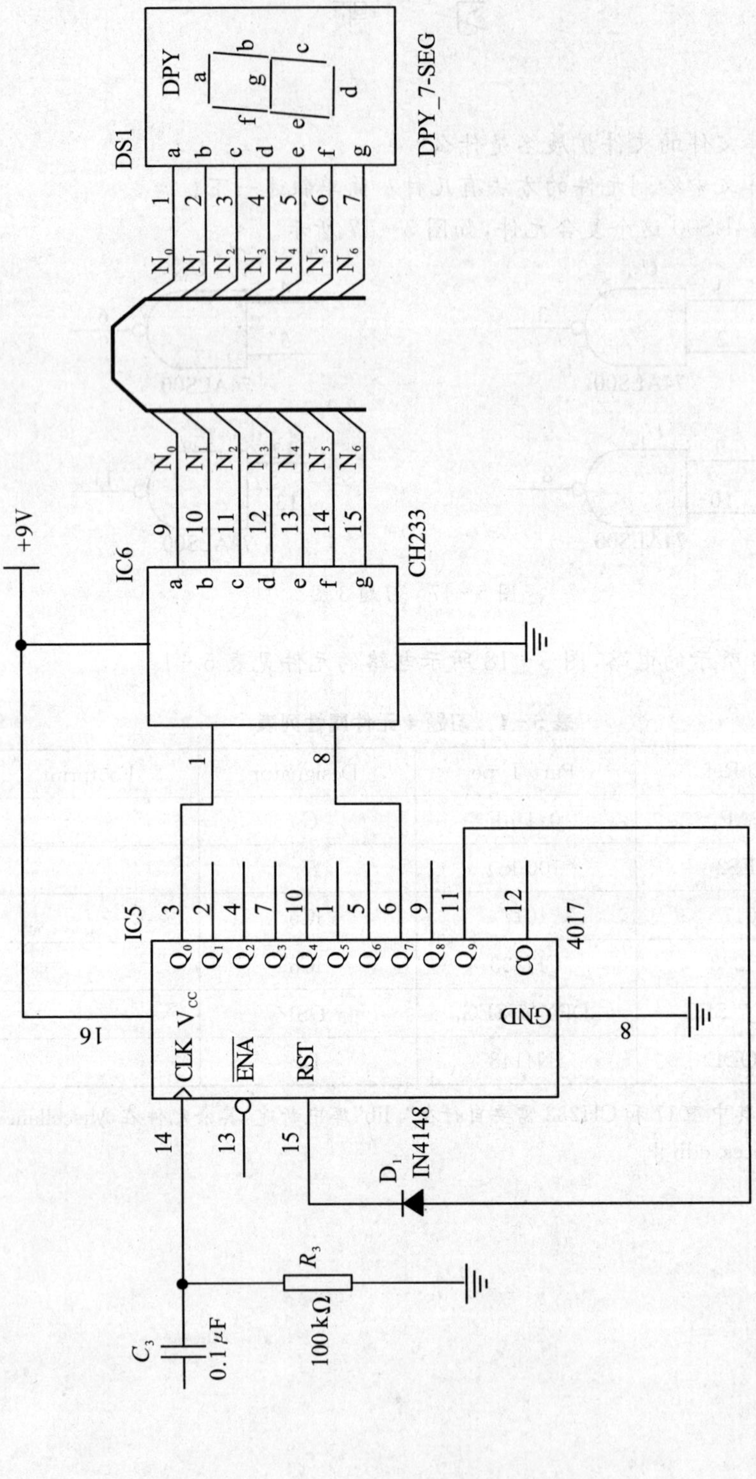
DS1
DPY
DPY_7-SEG
IC6
CH233
+9V
IC5
4017
CLK
ENA
RST
GND
CO
D1
IN4148
R3
100 kΩ
C3
0.1 μF

图 5-18　习题 4 图

第 6 章　PCB 设计

我们知道电子产品中最重要的部件之一是印制电路板(Printed Circuit Board,PCB)。1936年,奥地利人保罗爱斯勒(Paul Eisler)在一个收音机产品中采用了印刷电路板,成为印刷电路板(Printed Circuit Board,PCB)的发明者。1943年,美国人将该技术大量用于军用收音机。美国于1948年正式认可将这个发明用于商业用途。完成电路原理图以后,还要设计印制电路板图,这样才能由印刷电路板厂家根据我们所设计的印制电路板图制作出印制电路板产品。

6.1　PCB 设计基础

印刷电路板技术自20世纪50年代中期起才开始被广泛采用。现在几乎每一种电子仪器、仪表、设备当中都有印刷电路板,例如:宇宙飞船、电视机、电话机、手机、打印机、计算机以及火箭等等。印刷电路板是电子元器件的支撑体,是重要的电子部件,PCB的主要功能是实现电子元器件的相互连接。PCB印刷电路板在电子工业中已经占据了绝对统治的地位。PCB印刷电路板设计和制造将越来越重要。我们先来了解一下PCB的基本概念、结构和设计步骤。

6.1.1　PCB 的结构

印刷电路板能够提供装配阻焊标志,为元器件插装、检查、维修提供识别字符和轮廓图形,便于插件、检查及调试。主要用来放置电子元器件和进行电气连接导线功能的电路板,还能够实现各种电子元器件(包括集成电路)之间的布线和电气连接(譬如信号传输)。PCB印刷电路板的设计过程要先经软件做基础电路设计,再将设计印制电路板图处理成底片,然后在铜箔板上经过图形显影、钻孔、电镀、蚀刻、防焊、镀锡、镀金等,最后才能在完整的印刷电路板显现出电子元器件之间的连接关系,在电子产品中,提供集成电路等各种电子元器件固定、装配的机械支撑。

根据一块电路板上的导电图形的层数,可以将印刷电路板分为以下3种。

6.1.1.1　单面板

只有一面有导电图形的电路板称为单层板,我们也称之为单面板。单层板的最大特点是成本低,特别适用于类似收音机、电视机等比较简单的电路设计。一些比较复杂的电路,如果采用单面板会比较困难,如果采用双面板或多层板进行设计则比较方便。

6.1.1.2　双面板

两面都有导电图形的电路板称为双层板,我们也称之为双面板,是目前最广泛采用的电路板结构。两面的导电图形之间的电气连接是通过过孔来实现的。双层板的最大特点是其布线比单面板布线的布通率高。由于双层板的两面均可以布线,适用于比较复杂的电路设计。

6.1.1.3　多层板

随着社会的发展,自动化设备越来越复杂,需要的电子元器件数目剧增,PCB上的元器件与电气线路更加密集,单层板、双面板已经不能适用了,多面板应运而生。一些交替的导电图形层和绝缘材料层互相叠压黏合而形成的电路板称为多层板。不仅电路板两个表面有导电图形,而且电路板内部还有一层或多层相互绝缘的导电层,各层之间电气连接也是通过金属化过孔实现。多层板的最大特点适用于复杂的电路设计,如我们使用的电脑,其主板和内存条的PCB电路板就是采用了4～6层电路板。

6.1.2　元件的封装(Footprint)

把硅片上的电路引脚,用导线接引到外部接头处,方便与其他电子元件连接,我们称之为封装。封装形式是指安装电子元器件、半导体集成电路芯片等所用的外观形状。

元件封装是指实际元件焊接到电路板时所指示的外观和焊点的位置。是纯粹的空间概念。不同的元件可共用同一元件封装,同种元件也可有不同的元件封装。像电阻,有传统的针插式。由于封装技术的好坏还直接影响到芯片自身性能的发挥和与之连接的PCB(印制电路板)的设计和制造,因此它是至关重要的。

6.1.2.1　元件封装的分类

1. 针脚式元件封装

一般元件体积较大,电路板必须钻孔才行,完成钻孔后,插入元件,再进行焊接。我们常用的电容、电阻、三极管、部分集成电路的封装。元件的引脚从电路板的顶层插入焊盘孔,在电路板的底层进行焊接。可见针脚式元件的焊盘孔贯通整个电路板,我们常设焊盘的层(Layer)的属性设置为多层(Multi Layer)。

2. 表面粘贴式元件封装

一般这种元器件体积小。表面贴片式元件(SMD)不必钻孔,只要用铜膜将半融态锡膏倒入电路板,再把SMD元件放上,就可以焊接在电路板上了。焊接和放置元器件在电路板同一层,我们常将焊盘的Layer属性设置为单一板层(Top layer)或(Bottom layer)。

6.1.2.2　元件封装的编号

元件封装的编号具有一定的规则,我们常见的是元件类型＋焊盘距离(或焊盘数)＋元件外形尺寸。区别元件封装的规格可以看元件的封装编号。如AXIAL-0.7表示该元件封装为轴状,两个管脚焊盘的间距为0.7英寸(1英寸＝2.54厘米);RB.2/.4表示极性电容类元件封装,两个引脚焊盘的间距为0.2英寸,元件直径为0.4英寸;DIP 24表示双列直插式元件的封装,两列共24个引脚。

6.1.2.3　常见的元件封装

常见封装如图6－1所示。

1. 电阻类

常见的有RES1～RES4 (AXIAL系列):后缀数字代表两焊盘的间距例如从AXIAL-0.3到

AXIAL-1.0。

2. 电容类

有极性电容(ELECTRO)：RB.2/.4 到 RB.5/1.0；瓷片电容：RAD-0.1 到 RAD-0.3；无极性电容(CAP)：RAD-0.1 到 RAD-0.4；电解电容：RB.1/.2 到 RB.4/.8。

3. 电位器类

电位器常见的有 POT-1 和 POT-2，VR-1 到 VR-5。

4. 二极管类

稳压二极管、变容二极管、普通二极管、肖特基二极管、隧道二极管(DIODE)有：DIODE-0.4 和 DIODE-0.7；发光二极管 RB.1/.2。

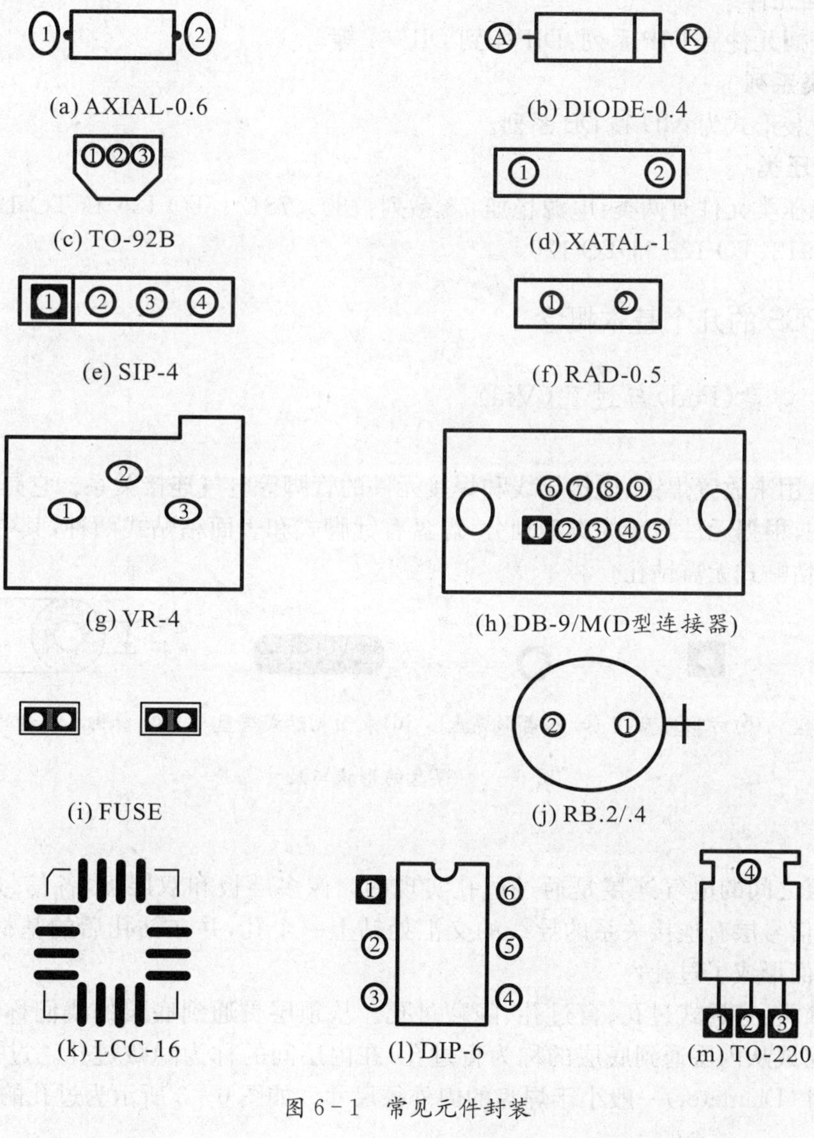

图 6-1　常见元件封装

5. 三极管类

三极管 NPN、PNP:TO-18;场效应管:TO-18;普通三极管:TO-92A;大功率三极管:TO-220;大功率达林顿管:TO-3;

6. 整流硅桥

整流硅桥:D-46、D-44、D-37 等。

7. 单排直插元件

常见直插元件有两种,单排插座(CON):从 CON-1 到 CON-60;封装形式为 SIP 系列:从 SIP-2 到 SIP-20。

8. 双列直插元件

常见双列直插元件有 DIP 系列:DIP-4 到 DIP-64 等。

9. 串并口类系列

常见引脚封装形式为 MD 和 DB 系列。

10. 电源稳压类

常见电源稳压类元件有两类:电源稳压 78 系列:7805、7812、TO-126 和 TO-126;电源稳压块 79 系列:7905、7912、TO-126 和 TO-126。

6.1.3 PCB 的几个基本概念

6.1.3.1 焊盘(Pad)与过孔(Via)

1. 焊盘

焊盘作用是用来放置焊锡、连接导线和焊接元件的管脚等电气连接关系。它是 PCB 设计中最重要的概念之一,根据元件封装的类型划分,焊盘有针脚式和表面粘贴式两种,其中针脚式焊盘必须钻孔,而表面粘贴式无需钻孔。

(a) 圆形焊盘 (b) 方形焊盘 (c) 八角形焊盘 (d) 表面粘贴式焊盘 (e) 针脚式焊盘的尺寸

图 6-2 焊盘的形状与尺寸

2. 过孔

不同导电层之间的电气连接是通过过孔实现的。像多层板和双层板,各信号层之间是绝缘的,往往要在各信号层有连接关系的导线的交汇处钻上一个孔,并在钻孔后的基材壁上淀积金属(也称电镀),从而形成了过孔。

过孔分为 3 类:穿透式过孔、盲过孔、隐藏过孔。从顶层贯通到底层的我们称为穿透式过孔;从顶层通到内层或从内层通到底层的称为盲过孔;在内层间的称为隐藏过孔。过孔的内径(Hole size)与外径尺寸(Diameter)一般小于焊盘的内外径尺寸。如图 6-3 所示为过孔的尺寸与种类。

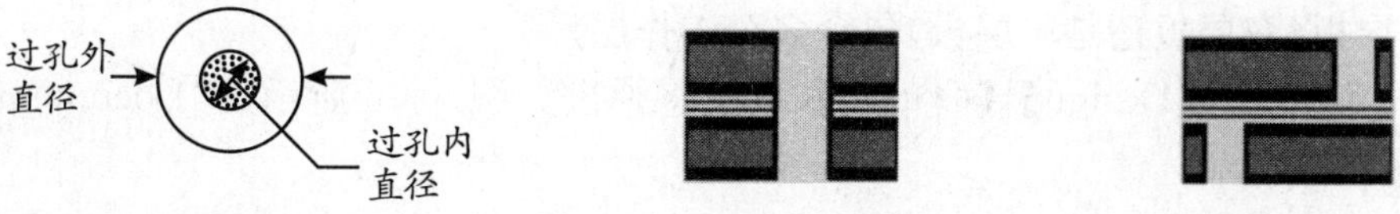

(a) 过孔的尺寸　　(b) 穿透式过孔　　(c) 盲过孔

图 6-3　过孔的尺寸与类型

6.1.3.2　铜膜导线(Track)

在 PCB 印刷电路板上，是通过铜膜导线将焊盘与焊盘进行电气连接的，简称导线(Track)。过孔也可以把一个导电层和另一个导电层连接起来。

6.1.3.3　安全间距(Clearance)

我们在进行印刷电路板设计时，必须要考虑导线、过孔、焊盘及元件间的距离，过近的距离会导致相互干扰，因此必须将它们之间留出一定的距离，这个距离叫安全间距。图 6-4 所示为安全间距示意图。

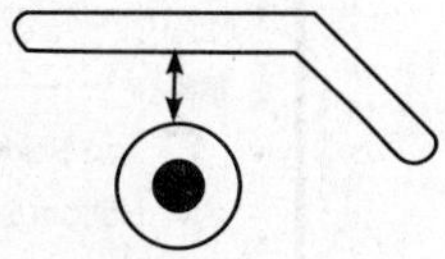

图 6-4　安全间距

6.1.3.4　导线和飞行

1. 导线

我们常常称 PCB 导线为铜膜导线，就是电路板上的敷铜经过蚀刻处理而形成的导线，主要作用是实现电路板上各个元件之间的电气连接。在 SCH 原理图中，是实际已经连接上的导线，有电器特性。在 PCB 电路板中，导线是铜膜导线，有电气特性。

2. 飞线

飞线是用来表示各个焊盘的连接关系的线，并不是物理上的具有电气连接关系的导线。飞线是在 PCB 设计时，由软件自动生成的。飞线是在 SCH(原理图)转到 PCB 电路板的时候，在装入网络表面形成的预拉线，没有电气特性。

3. 飞线与导线有本质的区别

飞线只是形式上表示出各个焊盘间的连接关系，它只是一种形式上的连线，没有电气的连接意义。导线则是遵循飞线指示的焊盘间的连接关系而布置的铜膜导线，是具有电气连接意义的连接线路。

6.1.3.5　助焊膜和阻焊膜

助焊膜是涂于焊盘上，提高可焊性能的薄膜，即是我们在电路板子上常见的比焊盘略大的各浅色图斑形状。阻焊膜与之正好相反，为了适应焊接形式(波峰焊)，板子上非焊盘处的铜箔不能粘锡，要在焊盘以外的各部位涂覆一层涂料薄膜，用于阻止这些部位上锡。

6.1.3.6　计量单位

我们常见的有公制(Metric)和英制(Imperial)两种计量单位，Protel 99 SE 系统默认为英制。英制的默认单位为 mil(毫英寸)；公制的默认单位为 mm(毫米)，1 mil＝0. 025 4 mm，100 mil＝2. 54(mm)。

6.1.3.7　工作层

实际上在 PCB 编辑器中，采用层管理模式。不同的工作层具有不同的用途，并采用不同的颜色加以区分,层板(双层板还是单层板)包含多个工作层。

可以选择菜单命令【Design】|【Option】,系统将弹出如图 6-5 所示的"Document Options"对话框。

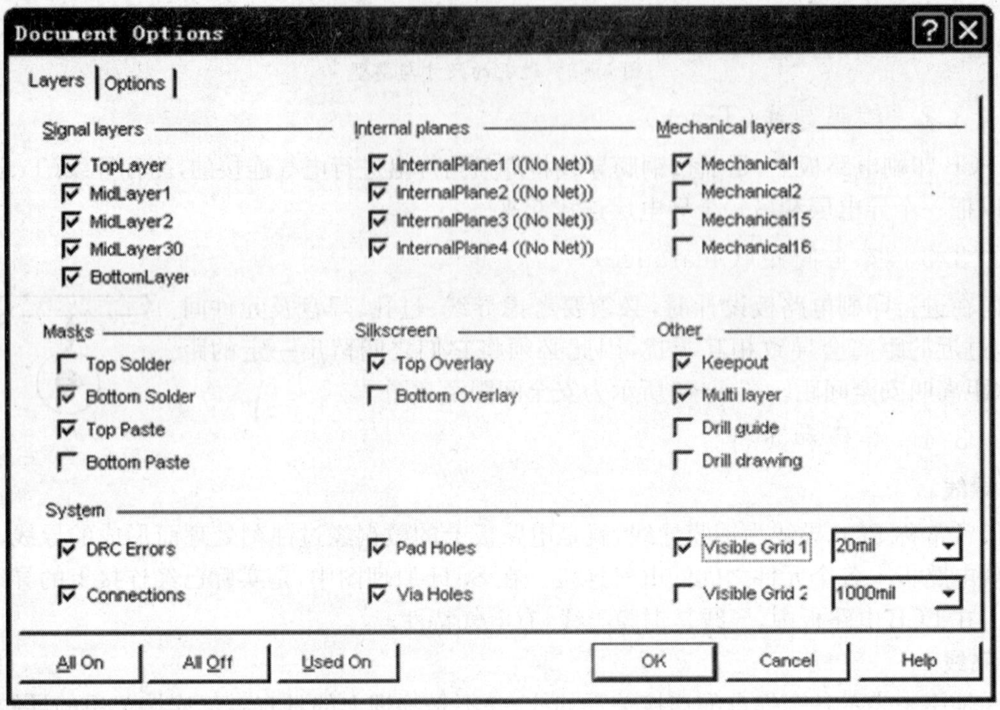

图 6-5 "Document Options"对话框

1. 信号层(Signal Layer)

信号层主要用于布置电路板上的导线,用于连接各个元器件之间的电气连接。Protel 99 SE 提供了 32 个信号层,包括 Top Layer(顶层)、Bottom layer(底层)和 30 个 Mid Layer(中间层)。

2. 内部电源/接地层(Internal Plane Layer)

Internal Plane Layer 层仅用于多层板,主要用于布置电源线和接地线。Protel 99 SE 提供了 16 个内部电源层/接地层。"双层板"、"四层板"、"六层板"是根据信号层和内部电源/接地层的数目命名的。

3. 机械层(Mechanical Layer)

Mechanical Layer 用于设置电路板的数据标记、对齐标记、外形尺寸、装配说明以及其他的机械信息。Protel 99 SE 提供了 16 个机械层,机械层可以附加在其他层上一起输出显示。

4. 阻焊层(Solder Mask Layer)

电路板共有 Top Solder(顶层)和 Bottom Solder(底层)两个阻焊层。

5. 锡膏防护层(Paste Mask Layer)

电路板共有 Top Paste(顶层)和 Bottom Paste(底层)两个锡膏防护层。

6. 禁止布线层(Keep Out Layer)

禁止布线层用于定义在电路板上能够有效放置元件和布线的区域。在该层绘制一个封闭区域作为布线有效区，在该区域外是不能自动布局和布线的。

7. 丝印层(Silkscreen Layer)

丝印层 Silkscreen Layer 主要用于放置元件的轮廓和标注、各种注释字符等印制信息。电路板共有 Top Overlay 和 Bottom Overlay 两个丝印层。

8. 多层(Multi Layer)

实际上焊盘和穿透式过孔要穿透整个电路板，与不同的导电图形层建立电气连接关系，Protel 99 SE 提供了一个抽象的层，称为多层。因此焊盘与过孔都要设置在多层上，打开此层，焊盘与过孔就可以显示出来。

9. 钻孔层(Drill Layer)

钻孔层提供电路板制造过程中焊盘、过孔的钻孔信息。电路板共有 Drill Guide(钻孔指示图)和 Drill Drawing(钻孔图)两个钻孔层。

6.1.4 PCB设计流程

印制电路板 PCB 图设计的操作步骤如下：

6.1.4.1 绘制原理图及生成网络表

电路原理图设计在前面的章节我们已经讲解过。印刷电路板设计的基础是原理图设计。在原理图编辑器工作环境中绘制电路原理图，检查无误后，生成网络表，在 PCB 设计中，自动布局和自动布线将用到此网络表。如果电路简单，我们可以直接进行 PCB 设计，不必绘制电路原理图网络表的生成。

6.1.4.2 启动 PCB 编辑器

启动 PCB 编辑器。

6.1.4.3 规划电路板

在印刷电路板设计中，我们会遇到几个问题：比如电路板采用多大尺寸？采用单面板、双面板还是几层电路板？各元器件采用何种封装形式？各元器件安装位置等等。规划电路板，就是根据电子电路中元器件的数量以及设计的要求，具体确定所需制作电路板的电气边界和物理外形尺寸。

物理尺寸边界是指一块印刷电路板的实际物理尺寸，而电气边界是指在印刷电路板上可以布线和放置元器件的区域，所以电气边界的尺寸一定要小于物理边界，在满足设计要求的前提下，尽量美观且便于后面的布线工作。

6.1.4.4 加载封装库

在安装目录下，元件封装为电容、三极管、电阻、二极管、串并口、熔丝(FUSE)、电位器，放在"\Design Explorer 99 SE\Library\Pcb\Generic Footprints\advpcb. lib"库中。

DIP系列，CFP系封装在"\Design Explorer 99 SE\Library \Pcb\Generic Footprints\General IC. ddb"库中。整流桥 D-37、D-37R、D-38、D-44、D-46 放在"\Design Explorer 99 SE\Library\Pcb\Generic Footprints\International Rectifiers. ddb"中。

6.1.4.5 装入网络表

网络表是连接电气原理图和 PCB 板图的桥梁。网络表是原理图中各元件之间的电气连接定义,是根据原理图中的元件连接而产生网络的文字表达方式,是设计PCB过程中产生的重要文件。通过网络表的传递,在PCB中可以自动得到与原理图中完全相同的各元件之间的连接关系。

6.1.4.6 设置布线规则及其参数

设置布线规则及其参数,根据常识我们知道PCB板中:导线应尽可能少、短、不交叉;导线宽度≥0.2 mm,而且导线不宜过细;布线时,遇到折线要走45°;导线间距,一般≥ 0.2 mm ;电源线和地线尽量粗;对于双面板,正反面的走线不要平行,应垂直布设;避免导线、过孔、焊盘及元件间的距离过近而造成相互干扰,在它们之间留出一定的安全间距。PCB布线设置要合理,PCB参数设置要适当,系统才能进行自动布线。

6.1.4.7 布局元件

布局元件分自动布局和手动布局。元器件的布局要求:要保证电路功能和性能指标的实现,满足工艺性、检测、维修方面的要求。

6.1.4.8 文件保存与输出

绘制好的印刷电路板PCB图可以存盘保存,也可以通过电子邮件E-mail寄送厂家去加工制板,也可以输出打印。

6.1.5 PCB编辑器

6.1.5.1 PCB编辑器的启动与退出

选择菜单命令【File】|【Open】或【File】|【New】都可以进入PCB编辑器。操作方法如下:

1. 启动PCB编辑器

(1) 选择打开已存在的设计数据库文件

a. 选择菜单命令【File】|【Open】或单击打开图标  ,在弹出的对话框中的对应路径下找到要打开的设计数据库文件,如:"电源电路.pcb",单击打开按钮。

b. 利用设计导航树,双击"Documents"文件夹,找到扩展名为".PCB"的文件,单击该文件,也可启动PCB编辑器,将PCB图纸加载到工作窗口。

(2) 利用新建一个设计数据库文件进入

a. 选择菜单命令【File】|【New】,弹出对话框(新建设计数据库)。在Database File Name文本框中直接输入设计数据库文件名,扩展名为".ddb",单击按钮【OK】,即可建立一个新的设计数据库文件。

b. 打开新建立的设计数据库中的文件夹"Documents",再次选择菜单命令【File】|【New】,弹出如图6-6所示的"New Document"(新建设计文档)对话框,选取其中的PCB Document图标,单击按钮【OK】,即在"Documents"文件夹中建立一个新的PCB文件,系统默认名为"PCB1",扩展名为".PCB",文件名可以更改。

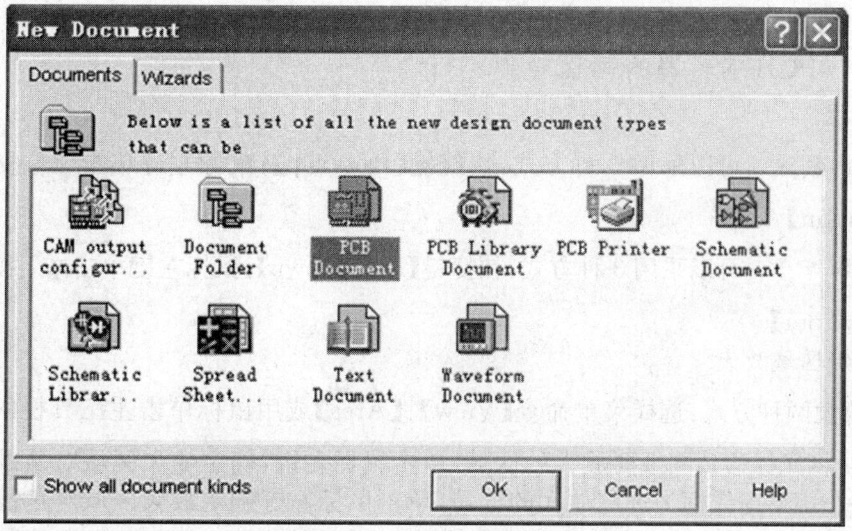

图 6－6　【New Document】对话框

c. 双击工作窗口中的或单击设计导航树中的 PCB1. PCB 图标文件，则启动 PCB 编辑器，如图 6－7 所示。图中右边是工作窗口，左边是 PCB 管理窗口。

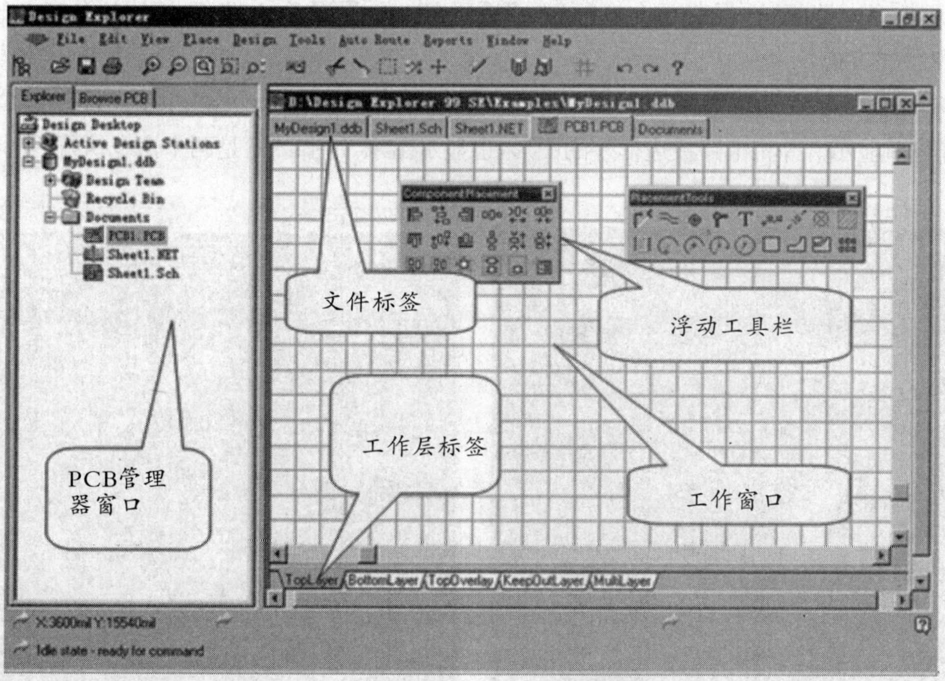

图 6－7　PCB 编辑器

2. 退出 PCB 编辑器

在 PCB 编辑器状态下，退出 PCB 编辑器方法有：

① 选择菜单命令【File】|【Close】。

② 在PCB管理器中，用鼠标右键单击要关闭的PCB文件，在弹出的快捷菜单中，单击命令【Close】。

6.1.5.2 PCB编辑器的画面管理

1. 画面显示

(1) 画面的放大　可以采用3种方式：快捷键【Page Up】；鼠标左键单击按钮；菜单命令【View】|【Zoom in】。

(2) 画面的缩小　可以采用3种方式：快捷键【Page Down】；鼠标左键单击按钮；菜单命令【View】|【Zoom out】。

(3) 对选定区域放大

a. 区域放大两种方式：选择菜单命令【View】|【Area】或用鼠标单击主工具栏的图标，光标变为十字形，将光标移到图纸要放大的区域，单击鼠标左键，确定放大区域对角线的起点，再移动光标拖出一个矩形虚线框为选定放大的区域，单击鼠标左键确定放大区域对角线的终点，可将虚线框内的区域放大。

b. 中心区域放大：选择菜单命令【View】|【Around Point】，光标变为十字形，移到需放大的位置，单击鼠标左键，选择要放大区域的中心，拖动光标拖出一个矩形区域后，单击鼠标左键确认，将所选区域进行放大。

(4) 显示整个电路板/整个图形文件

a. 显示整个电路板：选择菜单命令【View】|【Fit Board】，整个电路板将在工作窗口显示，并不显示电路板边框外的图案。

b. 显示整个图形文件两种方法：选择菜单命令【View】|【Fit Document】或单击图标，整个图形文件将在工作窗口显示。并将电路板边框外的图形，也显示出来。图6-8是两个命令执行后的情况。

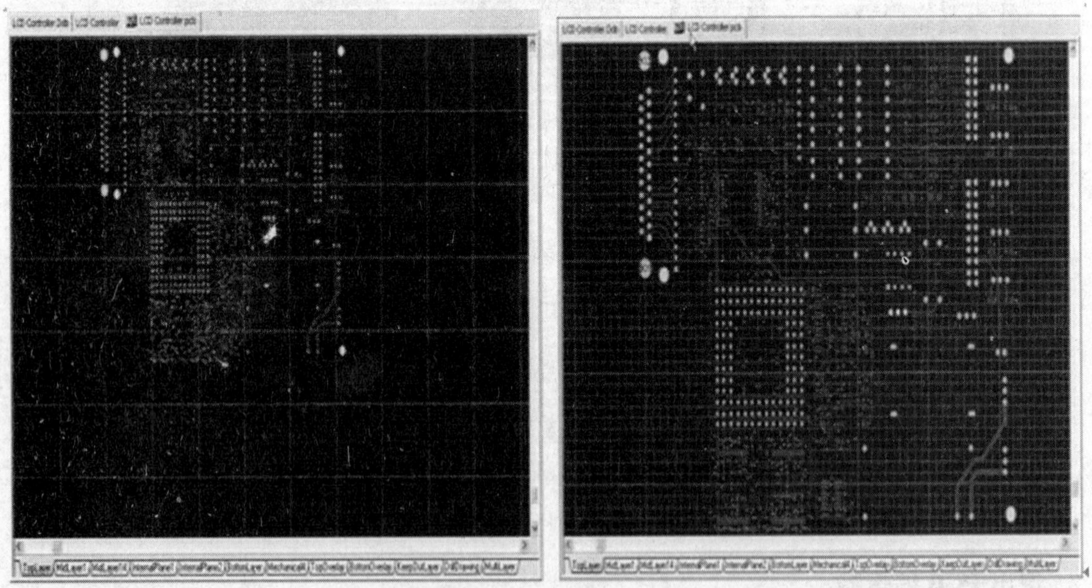

(a) 执行菜单命令【View】|【Fit Board】　　(b) 执行菜单命令【View】|【it Document】

图6-8　两条命令的效果对比

（5）采用上次显示比例显示　选择菜单命令【View】|【Zoom Last】，恢复画面至上一次的显示效果。

（6）画面刷新　画面刷新两种方法：快捷键【END】键或菜单命令【View】|【Refresh】。画面刷新，用于某种操作而屏幕上留下的残痕的清除。

2. 窗口管理

（1）多窗口的管理　以同时打开两个设计数据库文件为例，在菜单栏的 Windows 菜单中有 6 项命令：

a. 【Title】命令：窗口平铺显示。

b. 【Cascade】命令：窗口层叠显示。

c. 水平分割平铺：所有打开的文件窗口以水平分割平铺的方式显示在工作窗口中使用【Title Horizontally】命令。

d. 垂直分割平铺：所有打开的文件窗口以垂直分割平铺的方式显示在工作窗口中使用【Title Vertically】命令。

e. 图标在工作窗口底部有序排列：打开的文件窗口最小化时的图标在工作窗口底部有序排列使用【Arrange Icons】命令。

f. 关闭所有窗口：关闭所有窗口可运行【Close All】命令。

（2）单窗口的管理　位于当前工作窗口顶部显示的文件标签，用鼠标右键单击某一文件，弹出快捷菜单，如下为各菜单命令的功能：

a. 关闭：关闭该文件运行菜单【Close】命令。

b. 垂直分割显示：菜单【Split Vertica】命令将该文件与其他文件垂直分割显示。

c. 水平分割显示：菜单【Split Horizontal】命令将该文件与其他文件水平分割显示。对所有文件都执行该命令，则所有文件窗口都会进行水平分割显示。

d. 平铺显示：所有窗口平铺显示运行菜单【Title All】命令。

e. 标签的形式显示：隐藏所有文件运行菜单【Merge All】命令。文件以标签的形式显示，单击某标签即可显示相应的文件的内容

6.1.5.3　打开与关闭 PCB 的工具栏、状态栏、管理器

1. 打开与关闭工具栏

选择菜单命令【View】|【Toolbars】，弹出如图 6-9 所示一个子菜单。选择子菜单中相应工具栏名称。

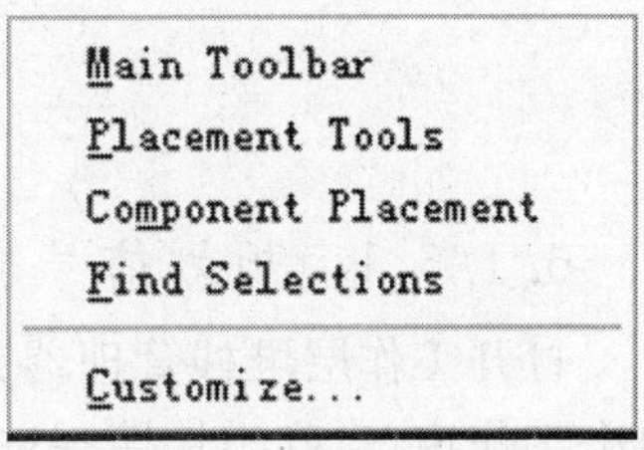

图 6-9　弹出的子菜单

2. 打开与关闭状态栏与命令栏

打开和关闭状态栏可以选择菜单命令【View】|【Status Bar】。打开与关闭命令栏可以选择菜单命令【View】|【Command Status】。

3. 打开与关闭 PCB 管理器

打开与关闭 PCB 管理器两种方法：选择菜单命令【View】|【Design Manager】或用鼠标单击主工具栏的图标。

6.1.5.4 管理PCB文件

PCB文件管理方法有以下几种：新建PCB文件，保存PBC文件、打开已有PCB文件、关闭PCB文件、操作文件方法同设计数据库中的文件操作方法。

6.1.6 设置工作层面

一定规律的层状结构构成PCB板。不同的电路板具有不同的工作层面。单面板并不是电路板只有一个工作层面，同样双面板也并不是电路板仅有两个工作层面。对话框“Document Options”如图6-5所示。

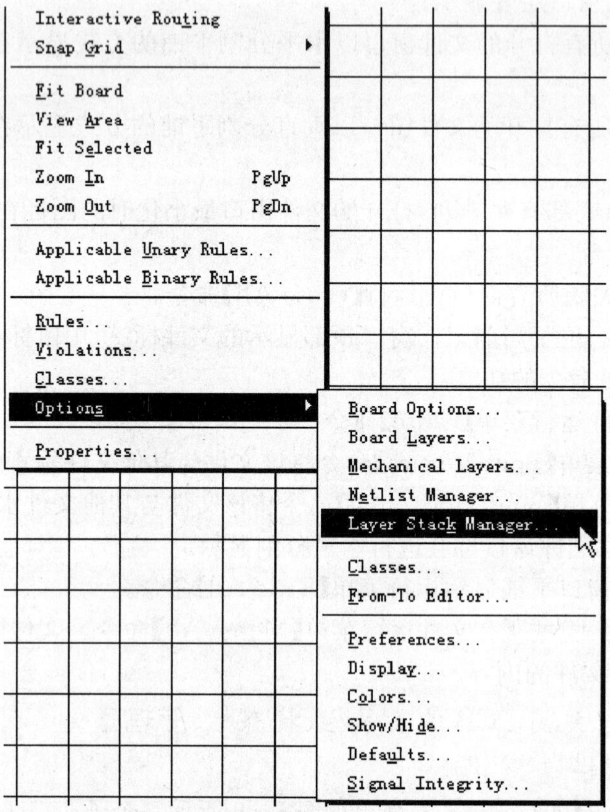

图6-10 鼠标右键快捷键方式

6.1.6.1 规划信号层(Signal Layer)和内部电源/接地层(Internal Plane Layer)

打开工作层堆栈管理器方法是选择菜单命令【Design】|【Layer Stack Manager】，或鼠标右键单击工作窗口，弹出快捷键选择【Options】|【Layer Stack Manager】(图6-10)，可弹出图6-11所示的“Layer Stack Manager”对话框。

1. 层的添加操作

选取【Top Layer】，用鼠标单击对话框右上角的按钮【Add Layer】，就可在顶层之下添加一个信号层的中间层【Mid Layer】，如此重复最多添加30个中间层。单击按钮【Add Plane】，可添加一个内部电源/接地层【Interna Plane】，如此重复操作最多添加 16 个内部电源/接地层。

2. 层的删除操作

先选取要删除的中间层或内部电源/接地层，单击删除按钮【Delete】，在确认后，该工作层被删除。

3. 层的移动操作

改变各工作层间的上下关系，选取要移动的层，单击【Move Up】向上移动或向下移动按钮【Move Down】。

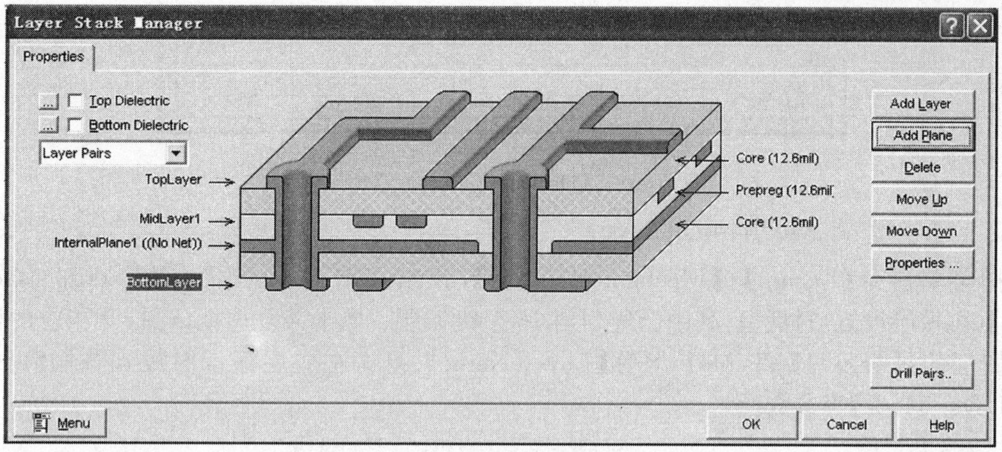

图 6－11　【Layer Stack Manager】对话框

4. 层的编辑操作

单击要编辑的层，再单击【Properties】(属性)按钮，弹出如图 6－12 所示的【Edit Layer】对话框，可设置该层的【Name】和【Copper Thickness】(覆铜厚度)。

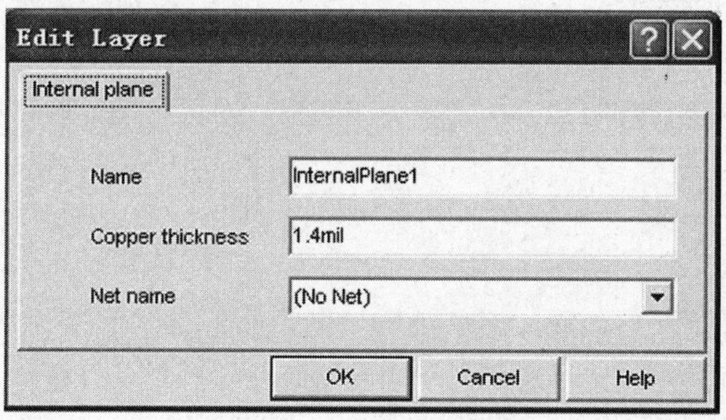

图 6－12　【Edit Layer】对话框

5. 钻孔层的管理

单击图 6－11 中右下角的按钮【Drill Pairs】，弹出钻孔层管理对话框“Drill-Pair Manager”，如图 6－13 所示，列出了已定义的钻孔层的起始层和终止层。分别单击按钮【Add】、【Delete】、【Edit】，执行添加、删除和编辑功能。

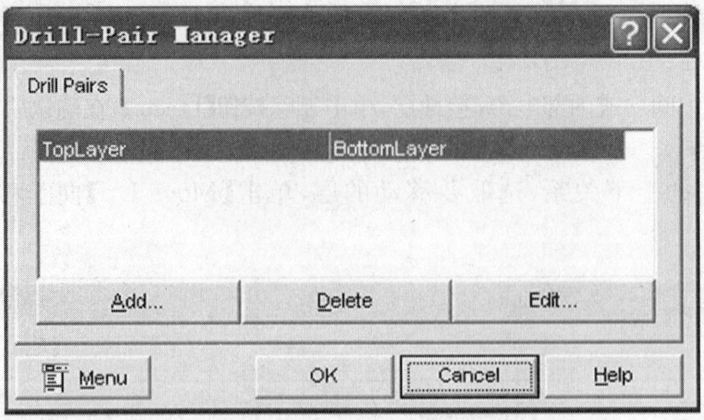

图 6-13 【Drill-Pair Manager】对话框

6.1.6.2 设置 Mechanical layer

选择菜单命令【Design】|【Mechanical Layer】，弹出如图 6-14 所示的【Setup Mechanical Layers 】(机械层设置)对话框，其中已经列出 16 个机械层。单击某复选框，可打开相应的机械层，并可设置层的是否可见【Visible】、名称【Layer Name】、是否在单层显示时放到各层【Display in Single Layer Mode】等参数。

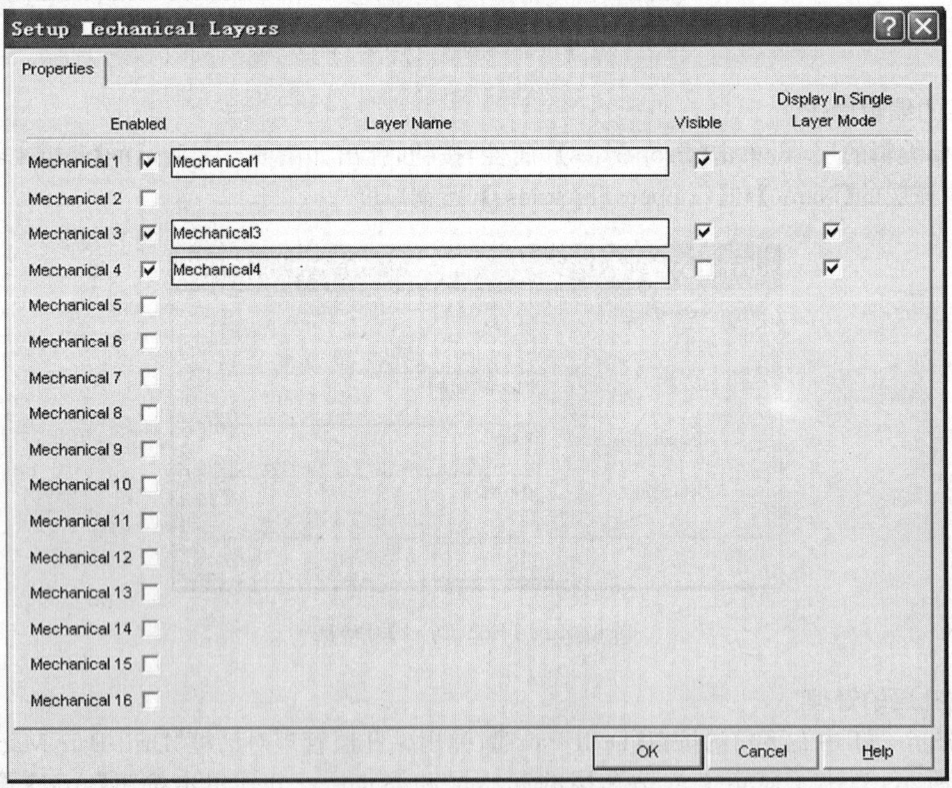

图 6-14 【Setup Mechanical Layers】对话框

6.1.6.3　打开与关闭工作层

1. 工作层的打开与关闭

在如图 6－5 所示的"Document Options"对话框中，单击标签【Layers】，可以发现每个工作层前都有一个复选框。如果相应工作层前的复选框被选中(√)，则表明该层被打开，否则该层处于关闭状态。

打开所有的层，用鼠标左键单击按钮【All On】；所有的层将被关闭则单击【All Off】按钮；打开常用的工作层单击【Used On】按钮。

2. 设置栅格和计量单位

单击"Document Options"对话框中的【Options】标签，打开如图 6－15 所示的对话框。

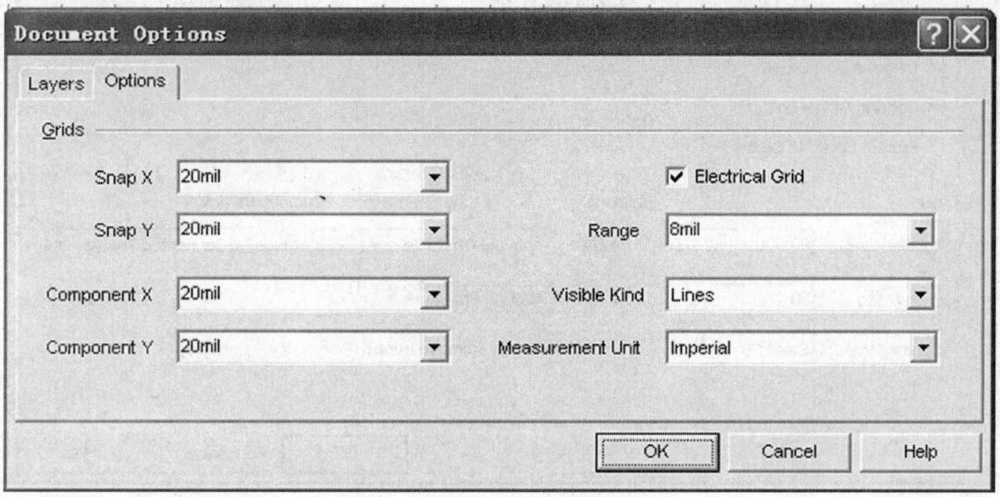

图 6－15　栅格和计量单位设置

(1) 设置捕获栅格　设置光标移动的间距可以采用两个下拉框【Snap X】和【Snap Y】，分别在 *X* 和 *Y* 方向设置捕获栅格的间距 。

(2) 设置元件栅格　设置元件移动的间距采用两个下拉框【Component X】和【Component Y】，分别在 *X* 和 *Y* 方向的设置元件移动间距。

(3)电气栅格　电气栅格(Electrical Grid)主要是为了支持 PCB 的布线功能而设置的特殊栅格。如果有任何导电对象(如导线、过孔、元件等)没有定位在捕获栅格上，就该启动电气栅格功能。只要将某个导电对象移到另外一个导电对象的电气栅格范围内，就会自动连接在一起。选中【Electrical Grid】复选框表示启动电气栅格的功能。

【Range】(范围)用于设置电气栅格的间距，一般比捕获栅格的间距小一些才行。

(4) 可视栅格的类型　通常可视栅格的间距为一个捕获栅格的距离或是其数倍。Protel 99 SE 提供 Dots(点状)和 Lines(线状)两种显示类型。可视栅格是系统提供的一种在屏幕上可见的栅格。

(5) 设置计量单位　Protel 99 SE 提供 Metric(公制)和 Imperial(英制)两种计量单位，系统默认为英制。英制的默认单位为毫英寸；公制的默认单位为毫米。按下快捷键【Q】，可在公制与英制之间切换计量单位。

6.1.7 设置 PCB 工作参数

弹出如图 6－16(a)所示的“Preferences”对话框，可以采用快捷菜单【Options】|【Preferences】或菜单命令【Tools】|【Preference】。

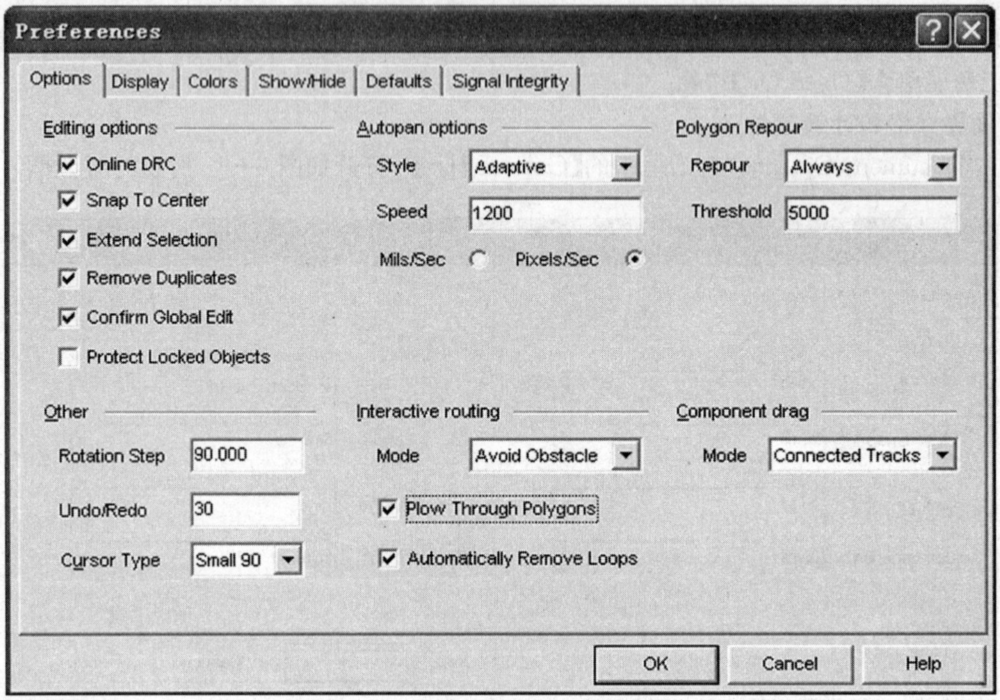

图 6－16(a) 【Preference】对话框

6.1.7.1 设置 Options

1.【Editing Options】区域

①【Online DRC】:进行在线的 DRC 检查。

②【Snap To Center】:若用光标选取元件时，则光标移动至元件的第 1 脚的位置上；若用光标移动字符串，则光标自动移至字符串的左下角。

③【Extend Selection】:执行选取操作时，可连续选取多个对象；否则只有最后一个对象被选中，在连续选取多个对象时，只有最后一次的选取操作有效。

④【Remove Duplicate】:可自动删除重复的对象。

⑤【Confirm Global Edit】:进行整体编辑操作时，将出现要求确认的对话框。

⑥【Protect Locked Object】:保护锁定的对象，使之不能执行如移动、删除等操作。

2. 自动移边区域(Autopan Options)

①【Style】:设置自动移边功能模式，共 7 种。

②【Speed】:默认值 1200，移动速率。

③【Mils/Sec】: 毫英寸/秒，移动速率单位。

④【Pixels/Sec】:另一个移动速率单位,像素/秒。

3. 多边形填充的绕过区域(Polygon Repour)

①【Repour】:操作时是否出现对话框,有 3 个选项。

②【Threshod】:绕过的临界值。

4. 交互式布线的参数设置区域(Interactive Routing)

①【Mode】:设置交互式布线的模式。

②【Plow Through Polygons】选项:如有效,则多边形填充绕过导线。

③【Automatically Remove Loops】:如有效,自动删除形成回路的走线。

5. 元件拖动模式区域(Component Drag)

【Mode】:选择“None”,在拖动元件时,只拖动元件本身;选择【Connected Track】,则在拖动元件时,该元件的连线也跟着移动。

6. 【Other】其他区域

①【Rotation Step】:默认值为 90°,设置元件的旋转角度。

②【Undo/Redo】:默认值为 30 次。设置撤销/重复命令可执行的次数。

③【Cursor Type】:设置光标形状。

6.1.7.2　设置【Display】选项卡

设置【Display】选项卡,如图 6-16(b)所示。

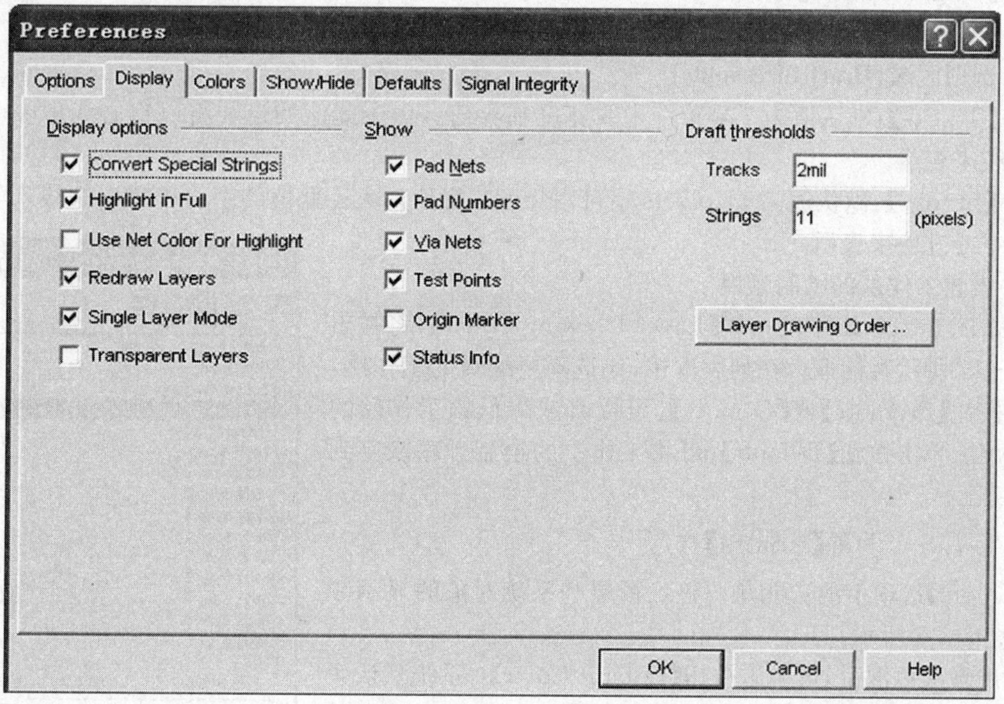

图 6-16(b)　【Display】选项卡设置

1. 选项区域(Display options)

①【Convert Special String】:将特殊字符串是否转化为它所代表的文字的设置。

②【Highlight in Full】:选中的对象将被填满白色,否则选中的对象将只加上白色外框,选取状态不十分明显。设置高亮的状态。

③【Use Net Color For Highlight】:该项有效时,选中的网络将以该网络所设置的颜色来显示。设置网络颜色的方法:在 PCB 管理器中,切换到【Browse PCB】选项卡,在【Browse】下拉框中选取【Nets】选项,然后在网络列表框内选取工作网络的名称,再单击【Edit】按钮打开"Net"对话框,在【Color】框内选取相应的颜色即可。

④【Redraw Layers】:每次切换板层时系统都要重绘各板层的内容。

⑤【Single Layer Mode】:单层显示模式。工作窗口上将只显示当前工作层的内容。否则,工作窗口上将所有使用的层的内容都显示出来。

⑥【Transparent Layers】:透明模式。所有层的内容和被覆盖的对象都会显示出来

2. 显示(Show)区域

当工作窗口处于合适的缩放比例时,所选取的选项的属性值会显示出来。

①【Pad Nets】:连接焊盘的网络名称。

②【Pad Number】:焊盘序号。

③【Via Nets】:连接过孔的网络名称。

④【Test Points】:测试点。

⑤【Origin Marker】:原点。

⑥【Status Info】:状态信息。

3. 选项区域(Draft thresholds)

①【Tracks】:默认值为 2 毫英寸走线宽度临界值。大于此值的走线将以空心线来表示,否则以细直线来表示。

②【Strings】:默认值为 11 pixels 字符串长度临界值。大于此值的字符串将以细线来表示,否则将以空心方块来表示。

4. 设置工作层的绘制顺序

单击图 6-16(b)中的按钮【Layer Drawing Order】,将弹出如图 6-17 所示对话框。在列表框中,先选择要编辑的工作层,再单击按钮【Promote】或【Demote】,可提升或降低该工作层的绘制顺序。单击按钮【Default】,可将工作层的绘制顺序恢复到默认状态。

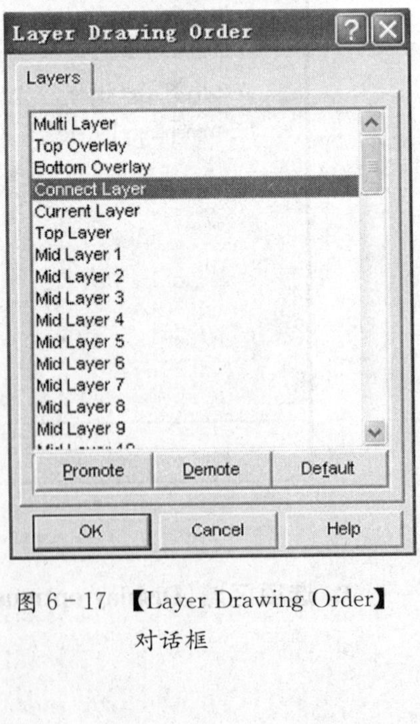

图 6-17 【Layer Drawing Order】对话框

6.1.7.3 设置【Colors】选项卡

【Colors】选项卡的功能是调整各板层和系统对象的显示颜色,如图 6-18 所示。

如出现颜色混乱,可单击按钮【Default Color】(系统默认颜色)或【Classic Color】(传统颜色)加以恢复。

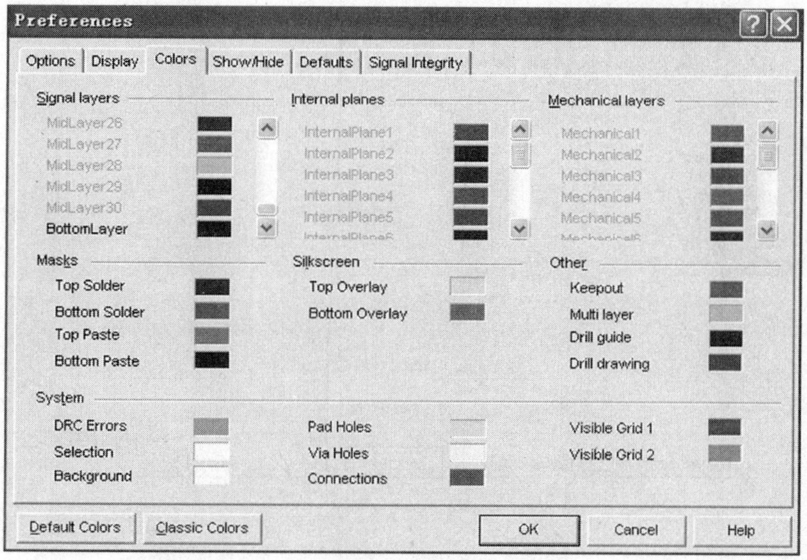

图 6 - 18　【Color】选项卡的设置

6.1.7.4　设置【Show】|【Hide】选项卡

如图 6 - 19 所示,【Show】|【Hide】选项卡中对 10 个对象提供了 3 种显示模式:【Final】(详细显示)、【Draft】(草图)和【Hidden】(隐藏)。

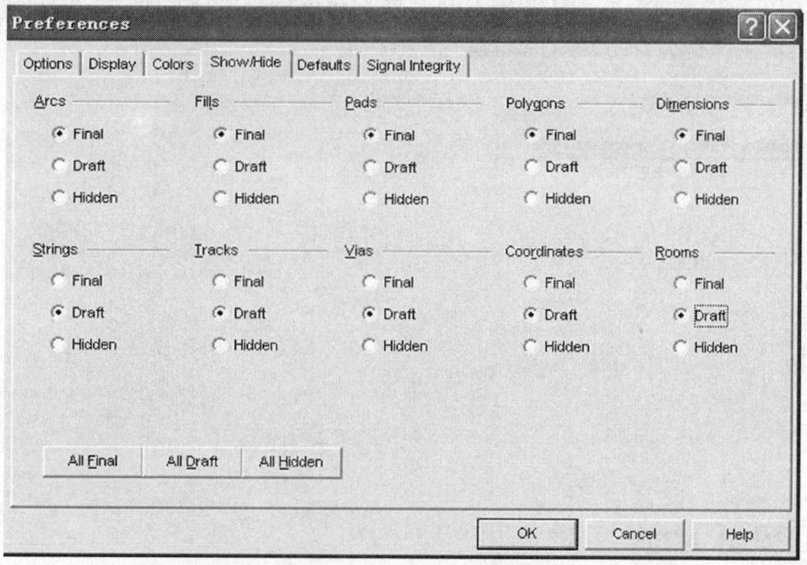

图 6 - 19　【Show】|【Hide】选项卡的设置

6.1.7.5　设置【Defaults】选项卡

【Defaults】选项卡的作用是恢复各电路板对象的默认属性值,如图 6 - 20 所示。

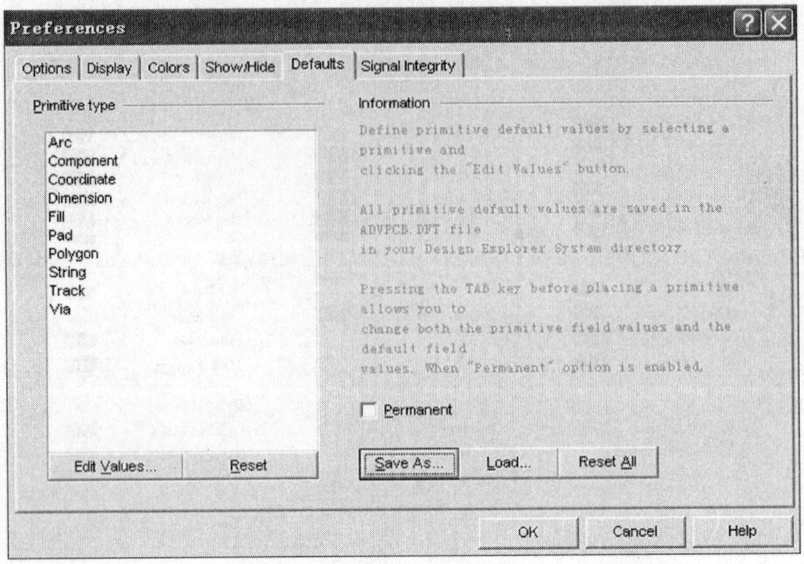

图 6－20 【Default】选项卡的设置

6.1.7.6 设置【Signal Integrity】选项卡

如图 6－21 所示，通过【Signal Integrity】选项卡可以设置元件标号和元件类型之间的对应关系，为信号完整性分析提供信息，作用是设置信号的完整性。

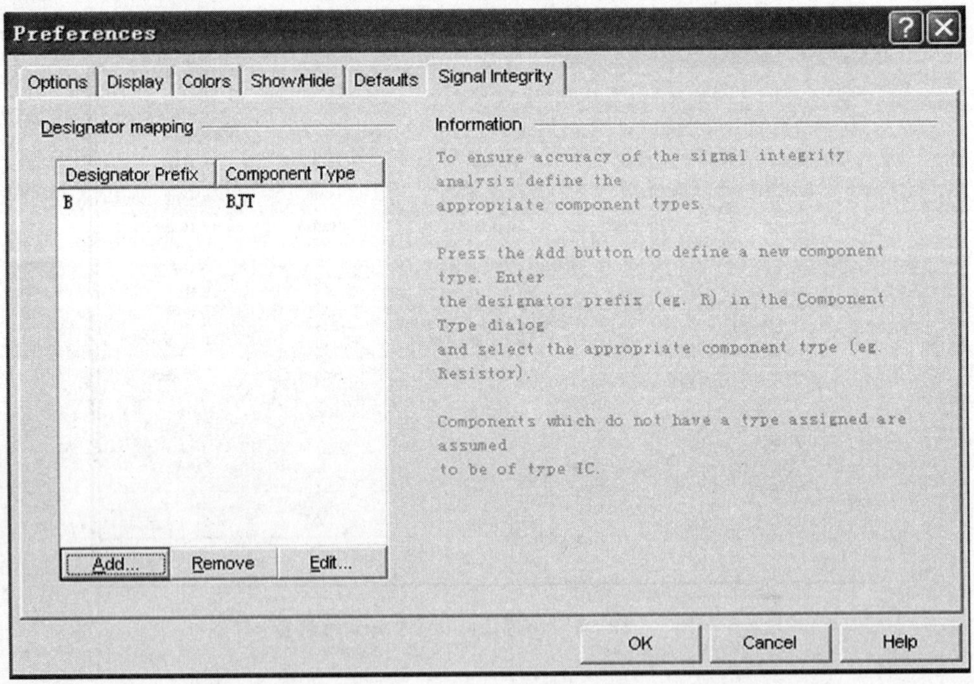

图 6－21 【Signal Integrity】选项卡的设置

6.1.8　PCB 中的定位

6.1.8.1　小视窗定位

利用该视窗可以工作区快速定位，并浏览 PCB 图。在 Browse PCB 选项卡的下方，有一个小的视窗可以显示整个 PCB 图。显示器的分辨率要设在 1 024×768 以上，才能看到 Browse PCB 选项卡全貌。视窗为如图 6－22 所示的，有虚线框的窗口。

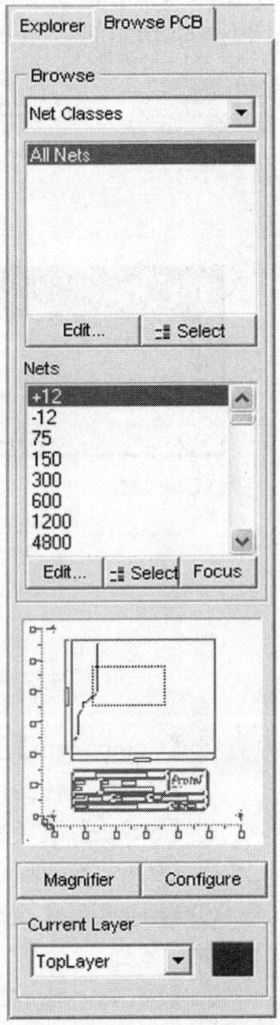

图 6－22　【Browse PCB】对话框

虚线框越大，工作窗口的画面被缩放，画面放大比例越小，图越模糊。方法是将光标移向虚线框的顶点，按住鼠标左键，拖动顶点可改变虚线框的大小，将光标指向虚线框，按住鼠标左键拖动整个虚线框移动，就可以在整个工作窗口中快速浏览和定位图纸。

6.1.8.2　选【Browse PCB】标签

在【Browse】下拉框中，选择设定好的【Net Classes】，可以迅速定位。图中选择的对象是【Net Classes】，如图 6－22 所示。对象有 Nets、Components、Libraries、Net Classes、Component Classes、Violations 和 Rules 共 6 类 。

6.1.8.3　定位手动移动图纸

拖动浏览图纸定位方法是在工作窗口中，按住鼠标右键不放，光标即变为一只小手，移动小手不放。

6.1.8.4　跳转到指定位置

实现定向跳转方法是选择菜单命令【Edit】|【Jump】，如图在子菜单中选择不同的对象，如图 6－23 所示【Jump】子菜单。

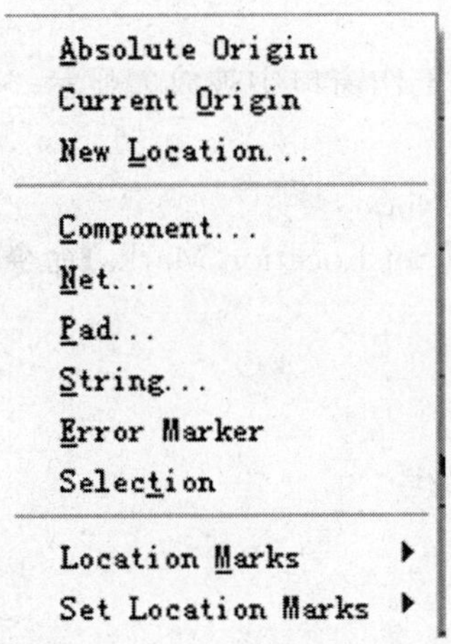

图 6－23　【Jump】子菜单

①【Absolute Origin】：跳转到绝对原点。

②【Current Origin】:跳转到相对原点。

③【New Location】:跳转到指定坐标位置。

④【Net】:跳转到指定的网络。选择该命令后,在弹出如图 6-24 所示的“Net Name”对话框中输入网络的标号。若不知网络的标号,在对话框中输入“?”后单击按钮【OK】,将弹出列表框如图 6-25 所示的“Nets Loaded”,在其中选择要跳转到的网络,然后单击按钮【OK】即可。

图 6-24 指定 Net 标号对话框

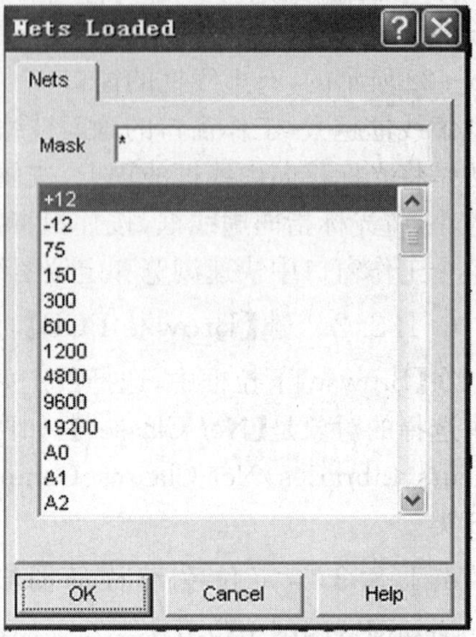

图 6-25 选择要跳转到的网络

⑤【Component】:跳转到指定的元件。

⑥【Pad】:跳转到指定的焊盘。

⑦【String】:跳转到指定的字符串。

⑧【Error Marker】:跳转到错误标志处。

⑨【Selection】:先选取对象,执行该命令后,被选取的对象在工作窗口中被放大显示。跳转到选取的对象处。

⑩【Set Location Marks】:放置位置标志。可放置 10 个位置标志。

⑪【Location Marks】:跳转到所选择的位置标志。该命令与【Set Location Marks】命令配合使用。当没用该位置标志时,光标将指向工作窗口的最边缘。

6.2 手工布局和手工布线

6.2.1 PCB 绘图工具

运行菜单命令【View】|【Toolbars】|【Placement Tools】,即可打开如图 6-26 所示的【Placement Tools】(放置工具栏)。

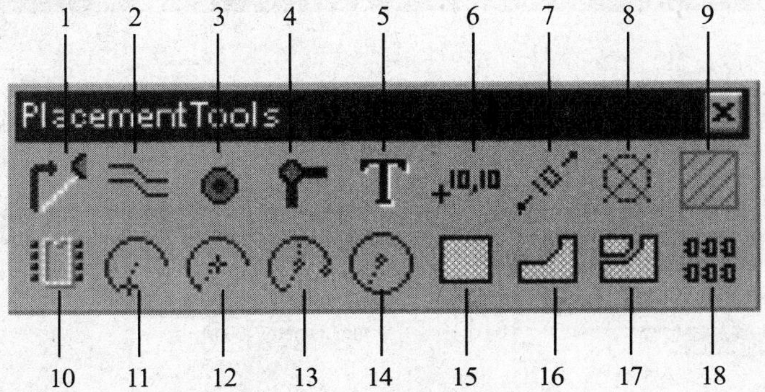

图 6－26　放置工具栏

放置工具栏中各按钮的功能如表 6－1 所示：

表 6－1　放置工具栏中各按钮功能

序　号	功 能 说 明	序　号	功 能 说 明
1	绘制导线	10	放置元件
2	放置直线	11	边缘法绘制圆弧
3	放置焊盘	12	中心法绘制圆弧
4	放置过孔	13	边缘法绘制任意的圆弧
5	放置字符串	14	绘制整圆
6	放置位置坐标	15	放置矩形填充
7	放置尺寸标注	16	放置多边形填充
8	设置坐标原点	17	放置内部电源/接地层
9	放置元件空间	18	定义文件夹内容放置器

6.2.1.1　绘制导线及其属性编辑

1. 放置导线的操作步骤

(1) 放置导线　单击放置工具栏中的  按钮，其余步骤和原理图中的导线绘制相同。

(2) 导线的参数设置　在放置导线过程中按下【Tab】键，弹出交互式布线设置对话框，如图 6－27所示。可以设置导线的宽度、所在层和过孔的内外径尺寸。

(3) 导线修改　放置导线完毕后，用鼠标左键双击该导线，弹出导线属性对话框，可以改变导线的宽度、层、所在网络等，如图 6－28 所示。

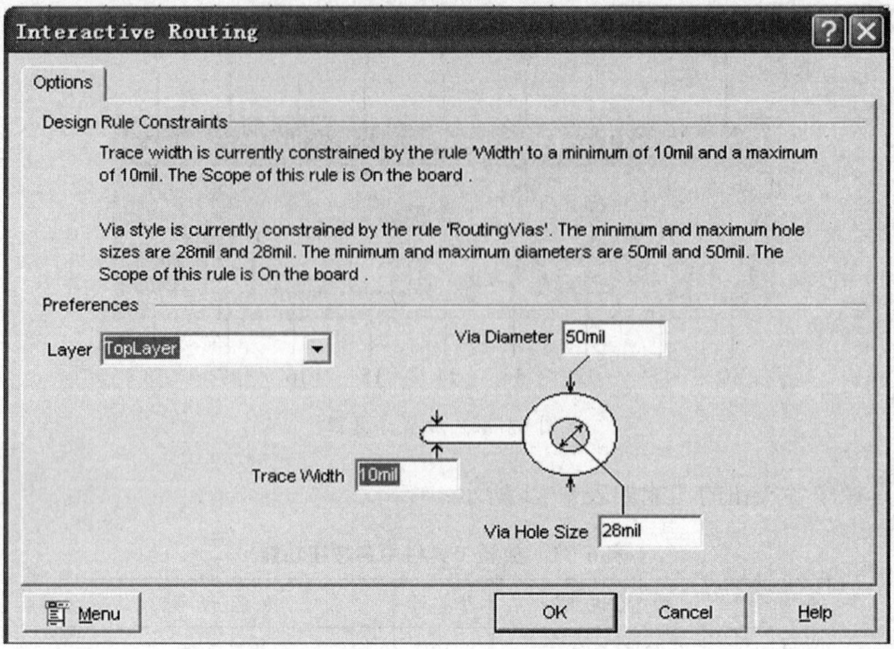

图 6-27　交互式布线设置对话框

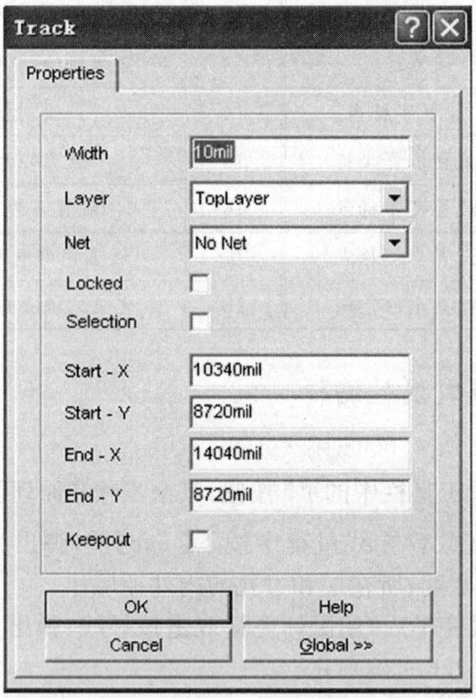

图 6-28　导线属性对话框

【Width】:导线宽度。

【Layer】:导线所在的层。

【Net】:导线所在的网络。

【Locked】:导线位置是否锁定。

【Selection】:导线是否处于选取状态。

【Keep Out】:该复选框选取,则此导线具有电气边界特性。

2. 导线编辑

① 用鼠标左键单击放置的导线,如图所 6－29(a)示,导线状态有一条高亮线并带有 3 个高亮方块。

② 导线的方向改变可以用鼠标左键单击导线两端任一高亮方块,光标变成十字形。移动光标可任意拖动导线的端点,如图 6－29(b)所示。

③ 直导线变成了折线方法为:用鼠标左键单击导线中间的高亮方块,光标变成十字形。移动光标可任意拖动导线,如图 6－29(c)所示。

④ 原来的一条导线变成了两条导线方法是直导线变成了折线后,将光标移到折线的任一段上,按住鼠标左键不放并移动它,该线段被移开,如图 6－29(d)所示。

(a)　(b)　(c)　(d)

图 6－29　编辑导线

3. 导线层的切换

让一条导线位于两个不同的信号层上的操作步骤如下:

① 在顶层一条导线的放置,在默认情况,导线的颜色为红色。

② 在导线的终点,按下小键盘的【*】键,当前层变成了底层,并在导线的终点处自动添加了一个过孔,单击鼠标左键,确定过孔的位置。

③ 继续移动光标放置导线,导线的颜色改变,效果如图 6－30 所示(实际操作时可发现导线的颜色变成蓝色),一条导线放置在两个信号层上。

6.2.1.2　连线放置

图 6－30　【Display】选项卡设置

1. 导线与连线区别

连线是在非电气层上绘制电路板的边界、元件边界、禁止布线边界等,它不能连接到网络上,绘制时不遵循布线规则。

导线是在电气层上元件的焊盘之间构成电气连接关系的连线,它能够连接到网络上。遵循布线规则。

2. 操作

放置连线的方法是选择菜单命令【Place】|【Line】,或单击放置工具栏的按钮 ≈ 。

6.2.1.3　焊盘放置及其属性编辑

1. 焊盘放置的步骤

① 选择菜单命令【Place】|【Pad】,或单击放置工具栏中按钮 ◉ 。

② 光标变为十字形，光标中心带一个焊盘。将光标移到焊盘要放置的位置，单击鼠标左键，放置了一个焊盘。

③ 光标仍处于命令状态，可继续放置焊盘。结束命令状态采用单击鼠标右键或双击鼠标左键。

2. 焊盘属性设置

(1)【Properties】标签

【Use Pad Stack】复选框：设定使用焊盘栈。【X-Size、Y-Size】：设定焊盘在 X 和 Y 方向的尺寸，如图 6－31 所示焊盘属性对话框。

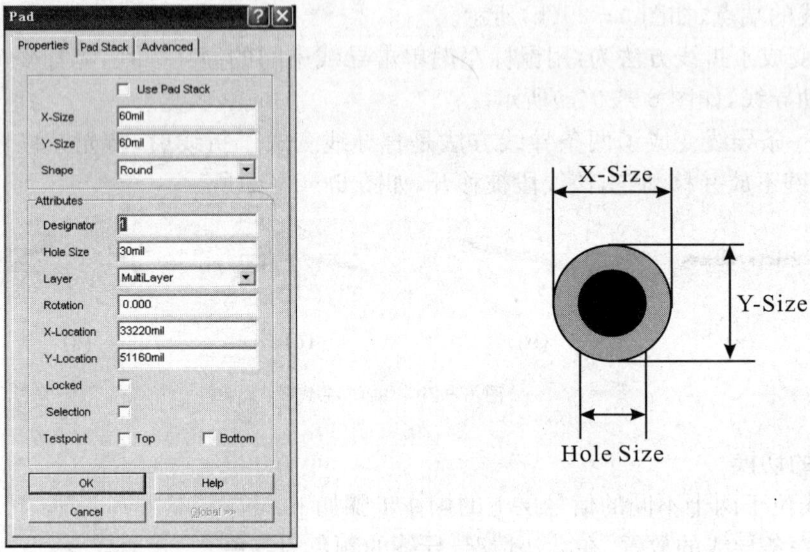

图 6－31　焊盘属性对话框

【Shape】：选择焊盘形状。有 3 种焊盘形状选择 Round(圆形)、Rectangle(正方形)和 Octagonal(八角形)。

【Designator】：焊盘的序号。

【Hole Size】：焊盘的通孔直径。

【Layer】：焊盘的所在层。

【Rotation】：焊盘旋转角度。

【X-Location、Y-Location】：焊盘的 X 和 Y 方向的坐标值。

【Locked 】：焊盘被锁定。

【Selection】：焊盘处于选取状态。

【Testpoint】：将该焊盘设置为测试点。有两个选项【Top】和【Bottom】。设为测试点后，在焊盘上会显示【Top】或【Bottom】的 Test-Point 文本，且【Locked】属性同时被选取，使之被锁定。

(2)【Pad Stack】(焊盘栈)标签

在“Properties”中，【Use Pad Stack】复选框有效时，在该选项卡中，是关于焊盘栈的设置项。焊盘栈就是在多层板中同一焊盘可各自拥有不同的尺寸与形状分别在顶层、中间层和底层。设定焊盘的大小和形状可以分别在 Top、Middle 和 Bottom 3 个区域中设定。

(3) 高级设置标签

【Net】:焊盘所在的网络。

【Electrical type】:焊盘在网络中的电气类型有 Load(负载焊盘)、Source(源焊盘)和 Terminator(终结焊盘)3 种。

【Plated】:是否加以电镀处理焊盘的通孔孔壁。

【Paste Mask】:焊盘助焊膜的属性。“Override”复选框作用是设置助焊延伸值。

【Solder Mask】:阻焊膜的属性。选中“Override”复选框作用是设置阻焊延伸值;如选取 Tenting 不能设置阻焊延伸值,阻焊膜是一个隆起。

6.2.1.4　过孔放置及其属性编辑

1. 具体操作:

① 选择菜单命令【Place】|【Via】,或单击放置工具栏的按钮 。

② 光标变成十字形,将光标移到要放置过孔的位置,单击鼠标左键,放置一个过孔。

③ 将光标移到新的位置,可继续放置其他过孔。

④ 退出命令状态采用单击鼠标右键,光标变成箭头形状。

2. 过孔属性设置

双击已放置的过孔,弹出属性对话框,如图 6 - 32 所示。

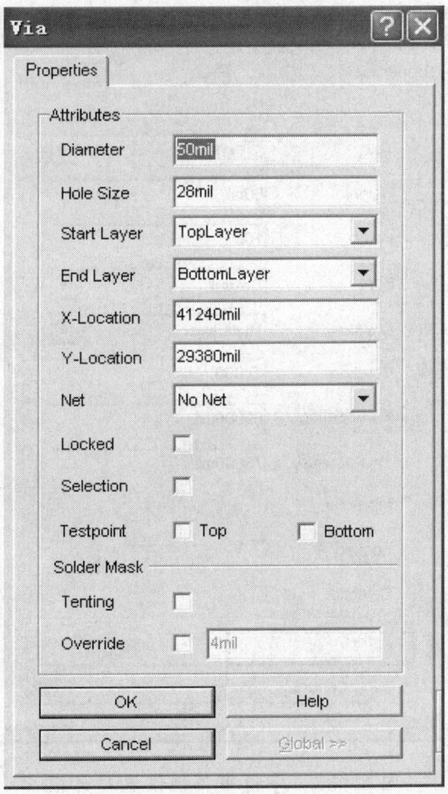

图 6 - 32　过孔属性设置对话框

【Diameter】:过孔直径。

【Hole Size】:过孔的通孔直径。

【Start Layer】、【End Layer】:过孔的开始层和结束层。

【Net】:该过孔属于哪个网络。

6.2.1.5　放置字符串

1. 具体操作

① 选择菜单命令【Place】|【String】,或单击放置工具栏的按钮 T 。

② 光标变成十字形,且光标上带有字符串。按下 Tab 键,将弹出设置字符串属性对话框,如图 6-33 所示。在属性对话框中对有关属性进行设置。

③ 设置完毕后,单击按钮【Ok】,退出对话框。将光标移到相应的位置,单击鼠标左键确定,完成一次放置操作。

2. 选取、移动和旋转字符串的操作

(1) 选取字符串的操作　用鼠标左键单击字符串,该字符串就处于选取状态,在字符串的左下方出现一个"+"号,而在右下方出现一个小圆圈,如图 6-34(a)所示。

(2) 移动字符串的操作　将光标放在字符串上,按住鼠标左键不放,就可将字符串移动到新位置上。或在设置属性对话框中对【X-Location】和【Y-Location】属性进行修改,同样达到移动的目的。

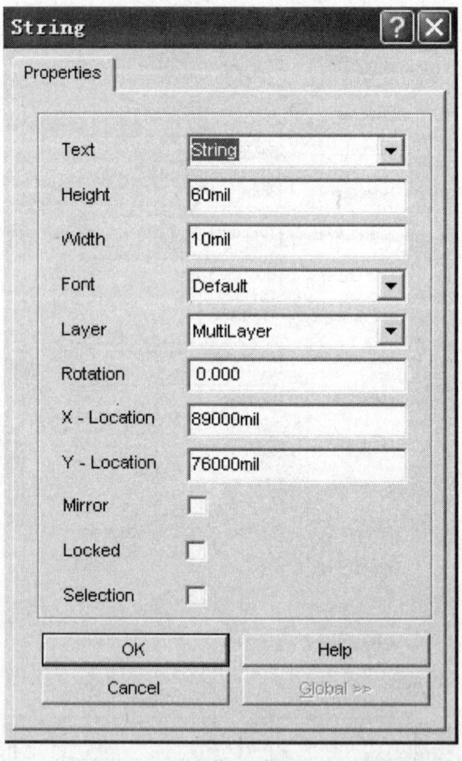

图 6-33　字符串属性设置对话框

(3) 旋转字符串的操作　选取字符串,然后用鼠标左键单击一下右下方的小圆圈,字符串变为细线显示模式，旋转光标，该字符串就会以“＋”号为中心做任意角度的旋转，如图 6－34(b)所示。同样在属性对话框中进行修改 Rotation 属性，也可以达到旋转的目的。

(a)　　　　　　　　　(b)

图 6－34　字符串的选取与旋转

6.2.1.6　位置坐标放置

放置坐标的方法是：选择菜单命令【Place】|【Coordinate】，或单击放置工具栏中的按钮，弹出如图 6－35 所示对话框。

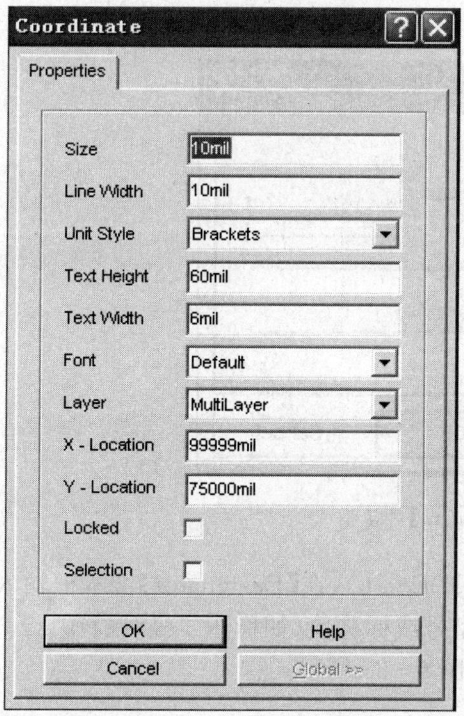

图 6－35　位置坐标属性设置对话框

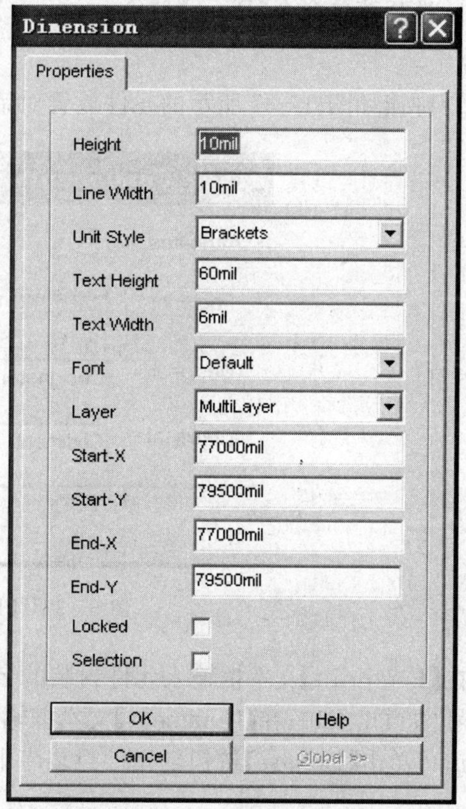

图 6－36　尺寸标注属性设置对话框

6.2.1.7　尺寸标注放置

尺寸标注放置方法是选择菜单命令【Place】|【Dimension】，或单击放置工具栏中的按钮，弹出如图 6－36 所示的对话框。

6.2.1.8 坐标原点设置

1. 定义坐标原点

定义坐标原点又称相对原点(Relative Origin)。具体方法如下:

① 选择菜单命令【Edit】|【Origin】|【Set】,或单击放置工具栏中的按钮 ⊠。

② 当光标变成十字形,将光标移到要设为相对原点的位置(最好位于可视栅格线的交叉点上),单击鼠标左键,可将该点设为用户定义坐标系的原点。

2. 变换坐标原点

绝对原点(Absolute Origin)为系统已经定义坐标的原点。若要想恢复原来的坐标系,选择菜单命令【Edit】|【Origin】|【Reset】即可。

6.2.1.9 元件放置

1. 元件放置的具体操作方法

① 选择菜单命令【Place】|【Component】,或单击放置工具栏的按钮 ,来放置元件的封装形式。

② 弹出如图 6-37 所示的元件放置对话框。

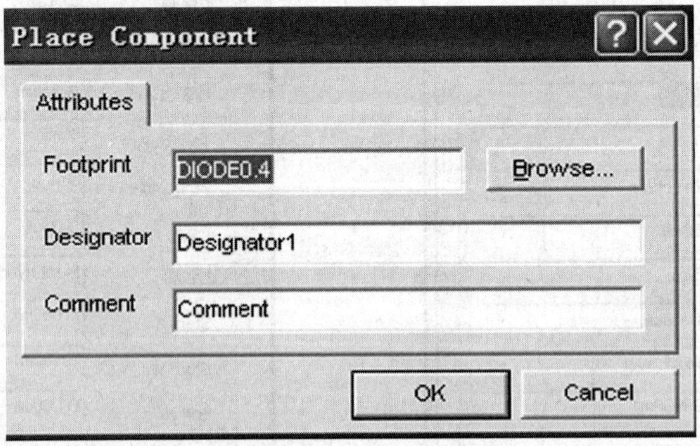

图 6-37 【Place Component】对话框

在【Footprint】文本框输入元件封装的名称(如 DIODE 0.6),在【Designator】文本框输入元件的标号(如 D1、R1);在【Comment】文本框输入元件的型号或标称值(如稳压二极管、100 k)。如果不知道可单击【Browse】按钮到元件封装库中浏览。如图 6-38 所示。

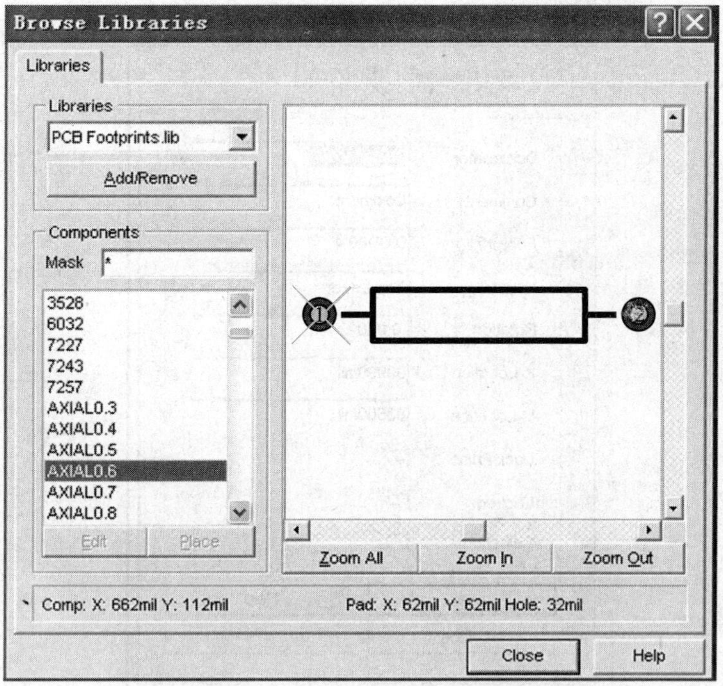

图 6－38　元件库浏览对话框

③ 设置完毕后单击按钮【OK】，光标变成十字形，并在光标位置处所选的元件。移动光标到放置元件的位置，旋转元件的方向按空格键，最后确定位置单击鼠标左键。

④ 系统再次弹出放置元件的对话框，可继续放置元件。结束命令状态，单击按钮【Cancel】。

2. 元件的属性设置

元件的属性设置方法有以下几种：在放置元件的命令状态下，按下【Tab】键；或用鼠标左键双击某元件；或用鼠标右键单击某元件，在弹出的快捷菜单中选择【Properties】命令；或选择菜单命令【Edit】|【Change】，光标变成十字形，选取元件，均可弹出如图 6－39 所示元件属性设置对话框。

【Designator】：元件的标号。

【Comment】：元件的型号或标称值。

【Footprint】：元件的封装。

【Layer】：元件所在的层。

【Rotation】：元件的旋转角度。

【X-Location 和 Y-Location】：元件 X、Y 方向的坐标值。

【Lock Prims】：有效，元件封装图形不能被分解开。

【Selection】：有效，元件处于被选取状态，呈高亮。

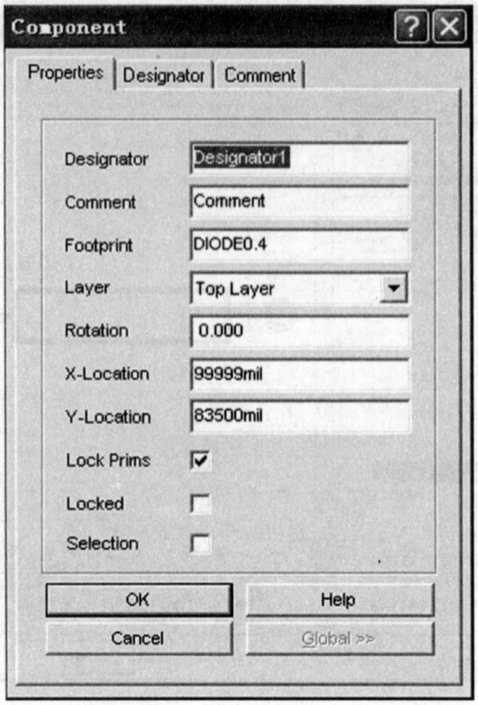

图 6-39　元件属性的设置对话框

6.2.1.10　边缘法绘制圆弧

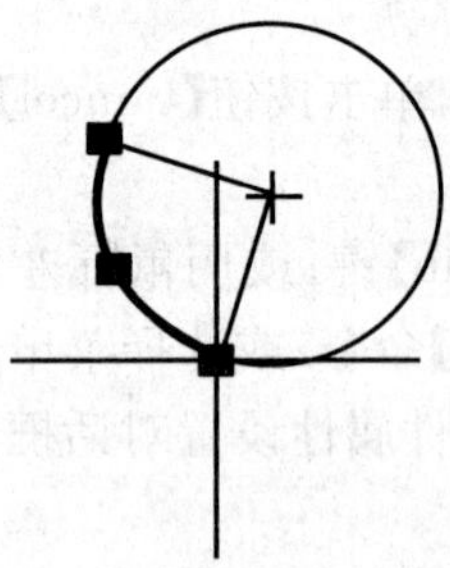

图 6-40　边缘法绘制圆弧

具体操作方法：图 6-40 为用边缘法绘制的圆弧。

① 选择菜单命令【Place】|【Arc (Edge)】，或单击放置工具栏的按钮。

② 单击鼠标左键，确定圆弧的起点；再单击左键，确定圆弧的终点；单击鼠标右键，完成一段圆弧的绘制。

6.2.1.11　中心法绘制圆弧

操作方法：

① 单击放置工具栏的按钮，或选择菜单命令【Place】|【Arc (Center)】。

② 确定圆弧的中心移动光标到所需位置，单击鼠标。

③ 确定圆弧的起点沿圆移动光标，单击鼠标；确定圆弧的终点，再沿圆移动光标到另一个位置，单击鼠标。

④ 结束命令状态，单击鼠标右键，完成一段圆弧的绘制，如图 6-41 所示。

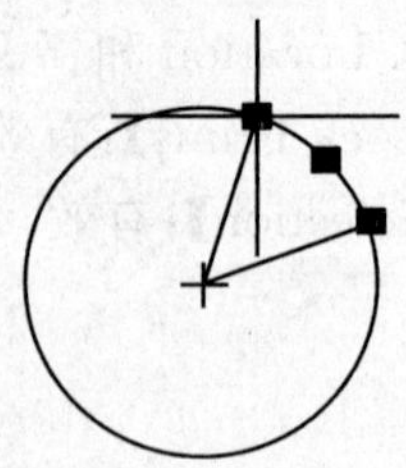

图 6-41　中心法绘制圆弧

6.2.1.12　角度旋转法绘制圆弧

操作方法：

① 单击放置工具栏的按钮，或选择菜单命令【Place】|【Arc (Any Angle)】。

② 确定圆的起点，如图 6－42 所示光标变成十字形，单击鼠标，然后确定圆弧的圆心，再移动光标到适当的位置，单击鼠标，这时光标跳到圆的右侧水平位置。确定圆弧的终点，移动光标到另一个位置，单击鼠标。

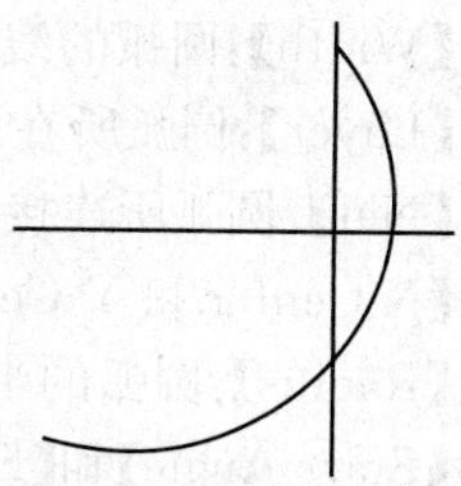

图 6－42　角度旋转法绘制圆弧

③ 结束命令状态，单击鼠标右键，完成一段圆弧的绘制。

6.2.1.13　绘制圆

1. 操作方法

① 单击放置工具栏的按钮，或选择菜单命令【Place】|【Full Circle】。如图 6－43 所示。

② 确定圆的圆心，光标变成十字形，单击鼠标；确定圆的半径，再移动光标，拉出一个圆，单击鼠标确认。

③ 结束命令状态，单击鼠标右键，完成一个圆的绘制。

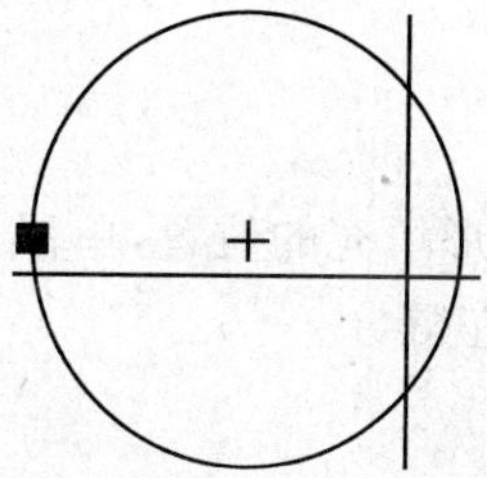

图 6－43　绘制圆

2. 圆弧编辑

如图 6－44 所示中对圆弧的属性进行编辑。

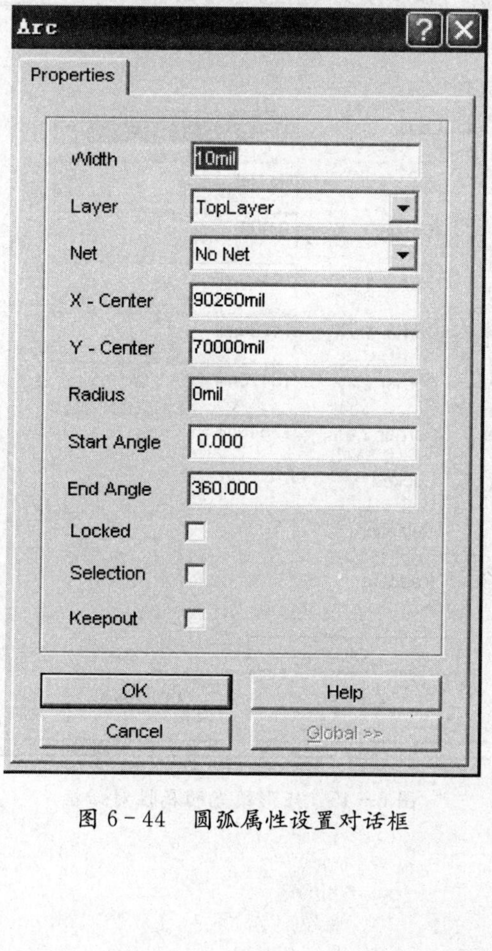

图 6－44　圆弧属性设置对话框

【Width】:圆弧的线宽设置。

【Layer】:圆弧所在层设置。

【Net】:圆弧所连接的网络设置。

【X-Center 和 Y-Center】:圆弧的圆心坐标设置。

【Radius】:圆弧的半径设置。

【Start Angle】和【End Angle】:圆弧的起始角度和终止角度设置。

6.2.1.14 矩形填充放置

1. 具体操作

① 选择菜单命令【Place】|【Fill】,或单击放置工具栏中的按钮 。

② 确定矩形填充的第一个顶点,光标变为十字形,将光标移到放置矩形填充的位置,单鼠标左键,完成一个矩形填充的放置,拖动鼠标,拉出一个矩形区域,再单击鼠标左键。

③ 光标仍处于命令状态,可继续在新位置放置矩形填充。

④ 单击鼠标右键,最后,结束命令状态。

2. 矩形填充的属性设置

在如图 6-45 所示的属性对话框中进行设置。

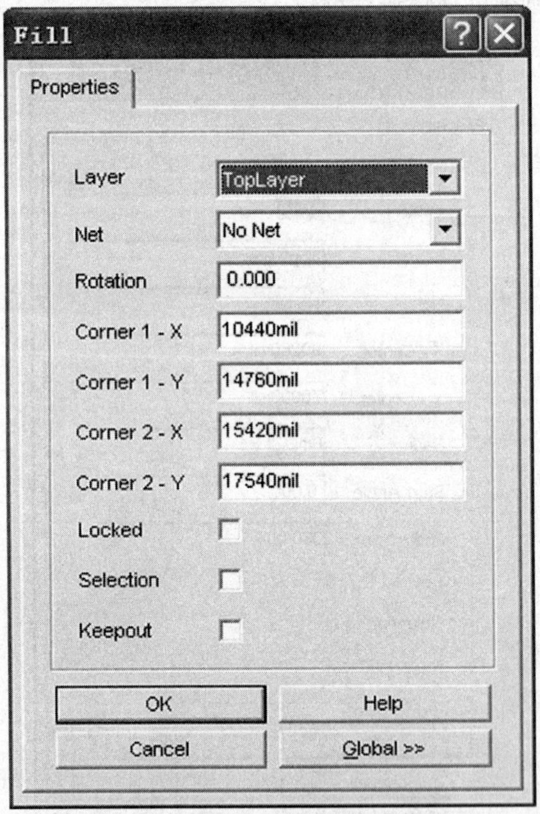

图 6-45 矩形填充的属性对话框

3. 选取、移动、缩放和旋转矩形填充的操作

① 选取矩形填充：可以用鼠标左键单击放置好的矩形填充，使其处于选取状态，如图 6－46 所示。

② 移动矩形填充：用鼠标左键直接按住矩形填充进行移动。

③ 缩放矩形填充：可任意对矩形填充进行缩放，如图 6－47 所示，在选取状态下，用鼠标左键先单击某个顶点，光标变成十字形，再拖动光标。

④ 旋转矩形填充：如图 6－48 所示，在选取状态下，用鼠标左键单击小圆圈，光标变成十字形，再拖动光标，矩形填充会绕"＋"号任意旋转。

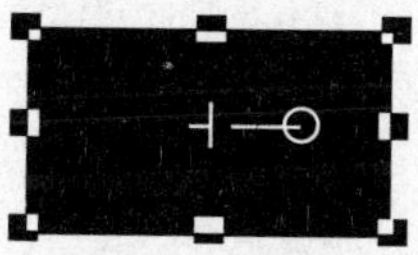

图 6－46　矩形填充选取

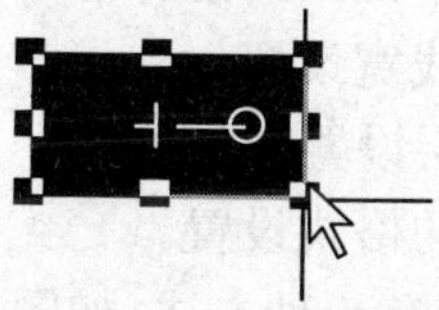

图 6－47　矩形缩放

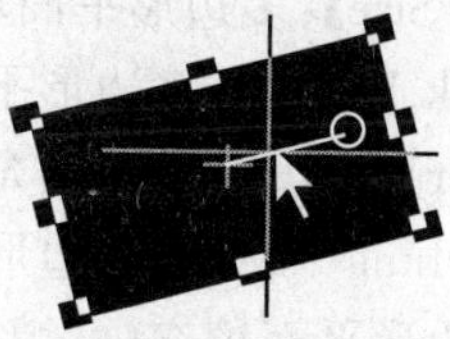

图 6－48　矩形旋转操作

6.2.1.15　多边形平面填充放置

1. 多边形填充放置的操作步骤

① 单击放置工具栏中的按钮 ，或选择菜单命令【Place】|【Polygon Plane】。

② 弹出多边形平面填充对话框的属性设置，如图 6－49 所示。在对话框中设置有关参数后，单击按钮【Ok】确认。

③ 确定多边形的起点，当光标变成十字形，单击左键。单击左键确认，移动光标在各个顶点处，最后，系统自动将多边形的起点和终点连接起来，构成多边形平面并完成填充。在终点处单击右键。

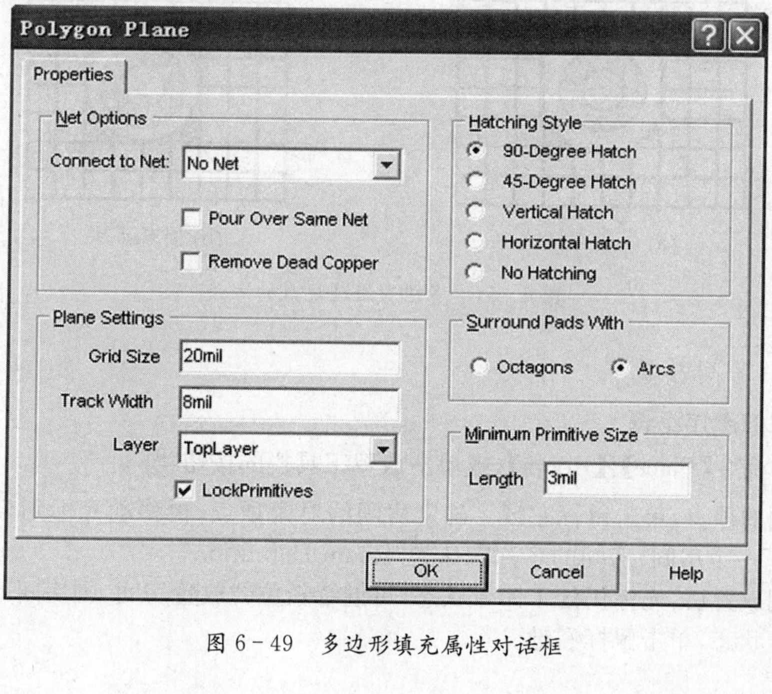

图 6－49　多边形填充属性对话框

2. 多边形平面填充的属性设置

【Net Options】:选项区域:多边形平面填充与电路网络间的关系的设置。

【Connect to Net】:设置所隶属的网络名称。

【Pour Over Same Net】:在填充时遇到该连接的网络就直接覆盖。

【Remove Dead Copper】:把已经设置与某个网络相连,而实际上没有与该网络相连的多边形平面填充称为死铜。如果遇到死铜的情况,就将其删除。

【Plane Setting】:选项区域。

【Grid Size】:多边形平面填充的栅格间距的设置。

【Track Width】:多边形平面填充的线宽设置。

【Layer】:多边形平面填充的所在的层设置。

【Hatching Style】:多边形平面填充的格式设置。

在多边形平面填充中,填充格式一般有5种方式,如图6-50所示。

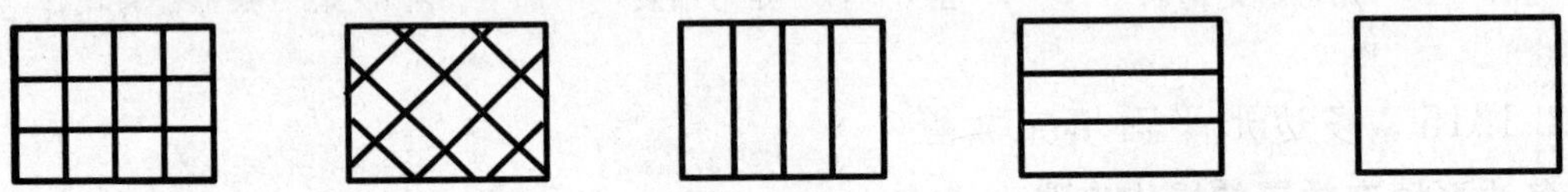

(a) 90° 格子　(b) 45° 格子　(c) 垂直格子　(d) 水平格子　(e) 无格子

图6-50　5种不同的填充格式

【Surround Pad With】:多边形平面填充环绕焊盘的设置。多边形平面填充环绕焊盘,八边形和圆弧,如图6-51所示。

【Minimum Primitives】区域:多边形平面填充内最短的走线长度设置。

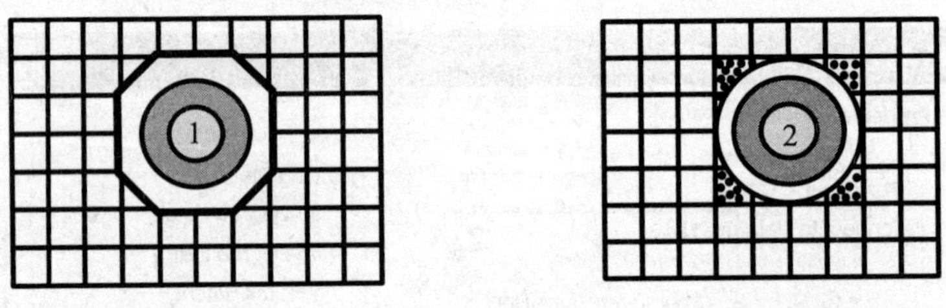

(a) 八边形方式　(b) 圆弧方式

图6-51　多边形绕过焊盘的方式

6.2.1.16　房间放置

1. 房间放置的操作步骤

① 选择菜单命令【Place】|【Room】,或单击放置工具栏的按钮 。

② 确定房间的顶点,单击鼠标左键。确定房间的对角顶点,再移动光标到合适的位置单击鼠标左键,就放置了一个房间,房间的名称默认为“Room Definition”。

③ 一个房间放置后,光标仍处于命令状态,可继续新位置放置房间,则房间序号会自动增加。

④ 结束命令状态,单击鼠标右键。

2. 设置房间属性

【Rule Name】(规则名):设置该房间定义所应用的规则名,也可以自定义名称。

【Room Locked】:该房间是否被锁定。

【x1、y1】、【x2、y2】:确定房间的大小。

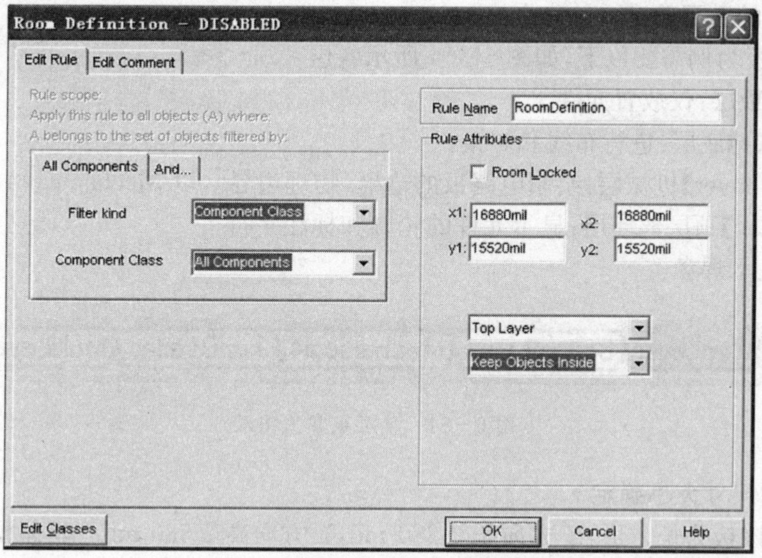

图 6-52　房间属性设置对话框

房间所在层:选择【Top Layer】或【Bottom Layer】。

适用条件:选择【Keep Objects Inside】(将对象限制在房间内部)或【Keep Objects Outside】(将对象限制在房间外部)。

【Rule Scope】:用来选择属于该房间的对象,通过【Filter Kind】列表框设置。

6.2.2　手工布局

以制作并联型稳压电源电路的单面印刷电路板为例,如图 6-53 所示。

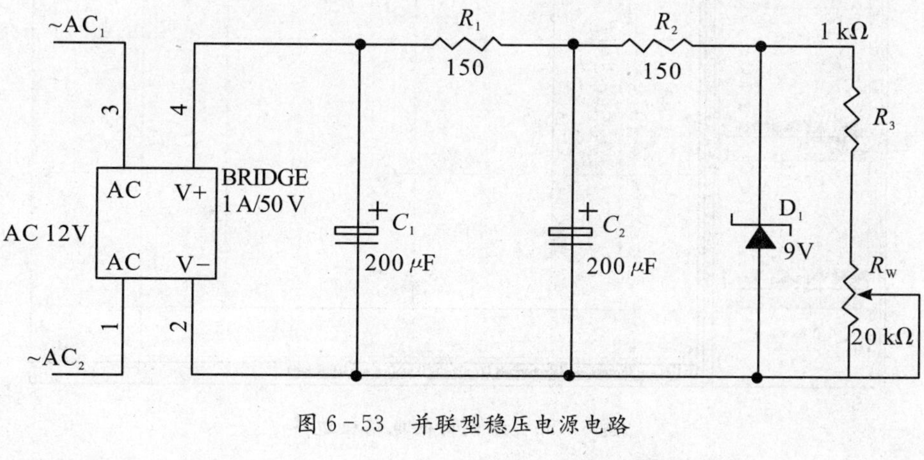

图 6-53　并联型稳压电源电路

6.2.2.1 设置布局范围

1. 当前原点设置

单击放置工具栏中的按钮⊠设置当前原点。

2. 电路板层的数目确定

以单层电路板为例需要以下，如图 6－54 所示各层：

【Top layer】顶层：仅放置元件。

【Bottom layer】底层：进行布线和焊接。

【Mechanical layer】机械层：绘制电路板的边框（物理边界），以 Mechanical 4 为例。

【Top Over lay】顶层丝印层：显示元件的轮廓和标注字符。

多层：用于显示焊盘

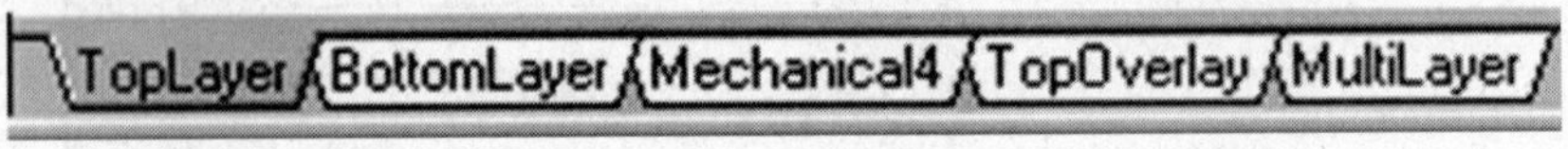

图 6－54　单层板常用图层

3. 电路板的尺寸大小确定

本例中定义该板为长方形，*X* 方向长 2 380 mil，*Y* 方向高 2 580 mil。具体操作步骤如下：

① 选择机械层为当前工作层：用鼠标单击图 6－55 所示工作层标签的 Mechanical 4，则机械层变为当前工作层。

② 设置当前原点。

③ 选择菜单命令【Place】|【Line】，或单击放置工具栏的放置按钮 ≈ ，按照 4 个端点的坐标：(0,0)、(2 380,0)、(2 380,2 580)和(0,2 580)绘制电路板的物理边界，如图 6－55 所示。

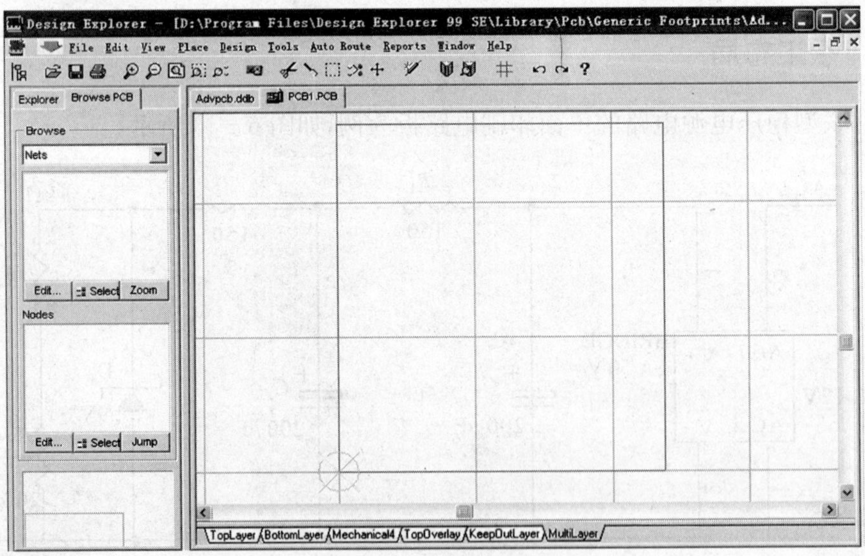

图 6－55　绘制好的电路板边界

6.2.2.2　装载与卸载元件库

在电路图编辑环境和电路板编辑中都需要装载元件库与卸载元件库，这是设计管理器的一个功能。在使用元件之前，一定要确定其所属的元件库已被装入，否则无法取得该元件。

在 Protel 99 SE 里，很难直接从资料库的文件名称上判断哪个资料库文件中有元件库。元件库并不是以单独的元件库文件形式出现的，而是包含在某个库文件中，在一个库文件里，可能只有一个元件库，也可能有很多个元件库。

Protel 99 SE 在\Library\Pcb 路径下有 3 个文件夹，提供 3 类 PCB 元件，Connector(连接器元件封装库)、Generic Footprints(普通元件封装库)和 IPC Footprints(IPC 元件封装库)。

元件库加载、卸载、浏览操作：

1. 元件库加载

① 在 PCB 管理器中(图 6-56)，单击【Browse PCB】标签，在 Browse 列表中，选择 Libraries (元件封装库)，单击框中的按钮【Add】|【Remove】。

② 在弹出的【PCB Libraries】对话框中(图 6-57)，根据元件库的路径选择所需元件库文件，单击按钮【Add】。譬如加载的元件封装库为 Advpcb. ddb 和 International Rectifiers. ddb。

2. PCB 元件库卸载

在图 6-57 所示的 Selected Files 列表中，选取要卸载的 PCB 元件库文件，单击按钮【Remove】。

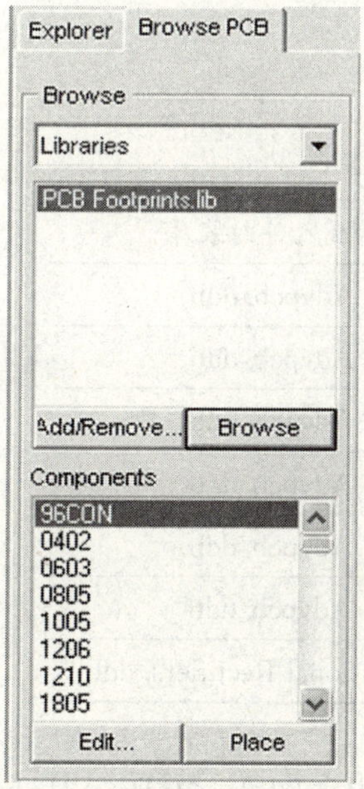

图 6-56　PCB 管理器

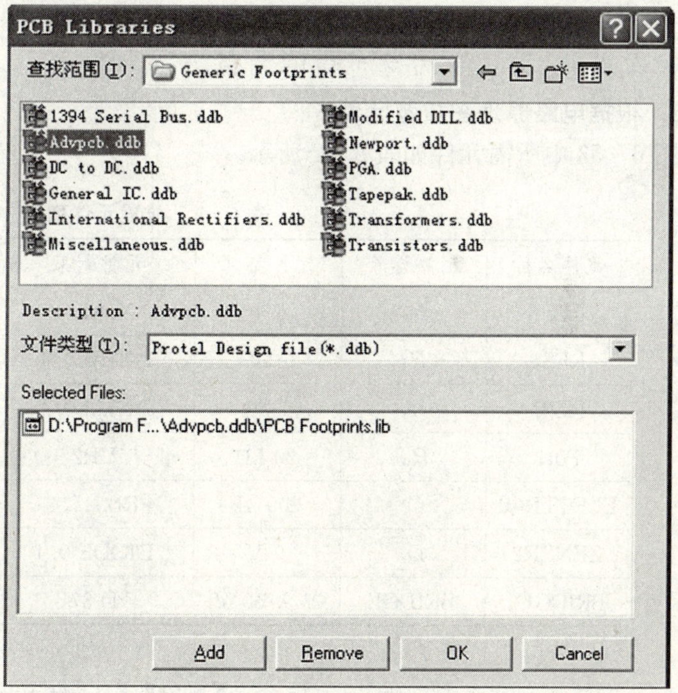

图 6-57　【PCB Libraries】对话框

3. PCB 元件库浏览

单击图 6-56 所示的按钮【Browse】，弹出如图 6-58 所示【Browse Libraries】对话框，可以浏览 PCB 元件封装。

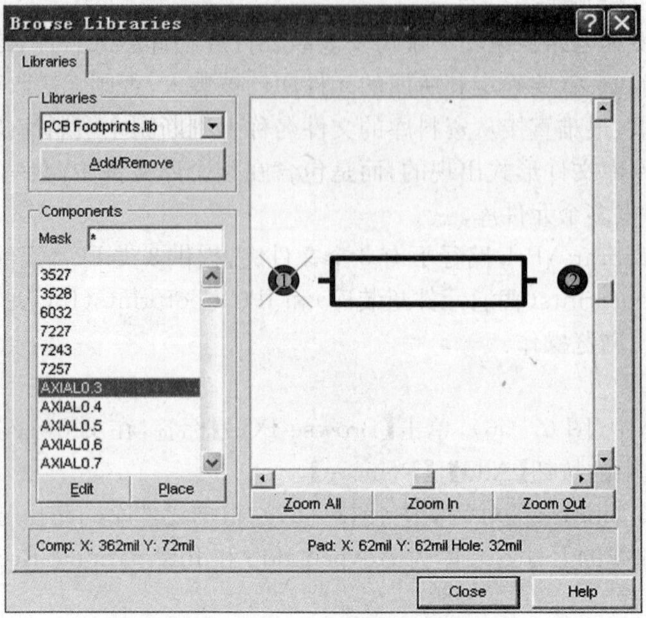

图 6-58 【Browse Libraries】对话框

6.2.2.3 手工布局与布局的调整

1. 根据电路原理图放置元件

图 6-53 中所需元件如表 6-2 所示。

表 6-2 放置元件列表

元件名称	元件标号	元件标注	元件封装	所属元件封装库
RES1	R_1	150	AXIAL0.4	Advpcb.ddb
RES1	R_2	150	AXIAL0.4	Advpcb.ddb
RES1	R_3	1 kΩ	AXIAL0.4	Advpcb.ddb
Pot1	R_W	20 kΩ	VR2	Advpcb.ddb
ELECTRO1	C_1	200 μF	RB.2/.4	Advpcb.ddb
ZENER2	D_1	9 V	DIODE 0.4	Advpcb.ddb
BRIDGE2	BRIDGE	1 A/50 V	D-37	International Rectifiers.ddb

(1) 布置阵列式元件　运行菜单命令【Edit】|【Paste Special】弹出如图 6-59 所示对话框，单击【Paste Array】按钮，弹出如图 6-60 所示对话框。

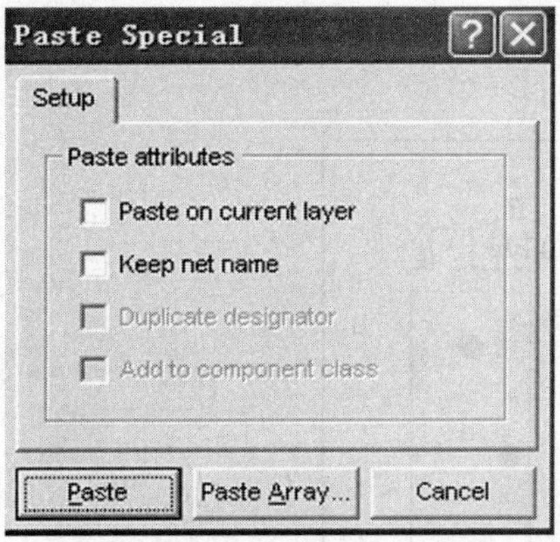

图 6-59　特殊粘贴对话框

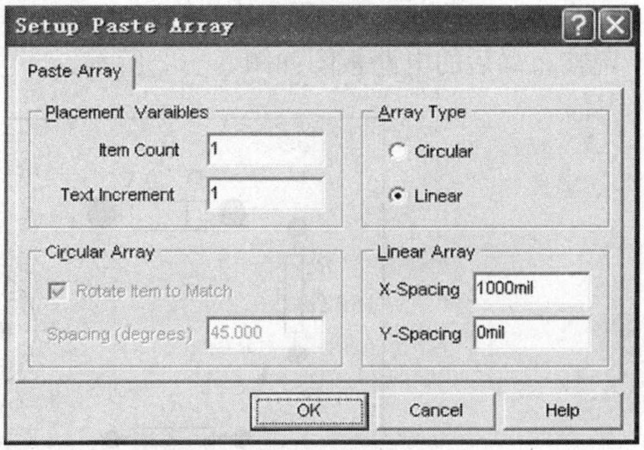

图 6-60　阵列式粘贴对话框

(2) 元件的对齐与排列　图 6-61 所示的对齐工具栏中元件排列各按钮的功能如表 6-3 所示：

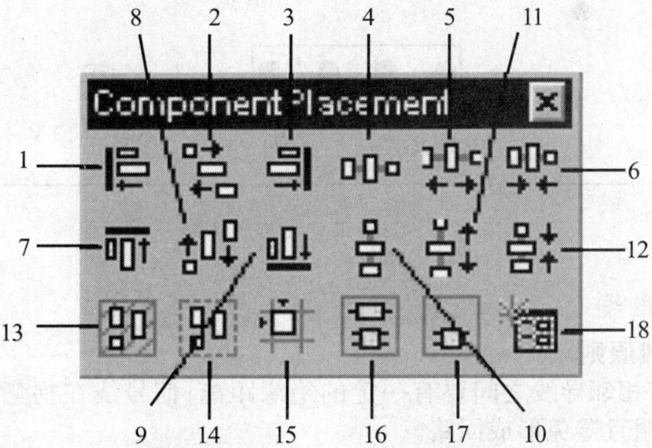

图 6-61　元件排列对齐工具栏

表 6-3　对齐工具栏中各元件排列按钮功能

序　号	功能说明	序　号	功能说明
1	左对齐	10	垂直方向等距离排列
2	水平中间对齐	11	垂直方向增加距离
3	右对齐	12	垂直方向缩短距离
4	水平方向等距排列	13	屋内排列
5	水平方向增加距离	14	矩形区域范围内排列
6	水平方向缩短距离	15	移动到栅格上
7	顶端对齐	16	组合被选中的元件
8	垂直中间对齐	17	取消组合
9	底端对齐	18	运行对准对话框

(3) 封装　元件放置后，根据需要再放置两个用于引入交流电输入焊盘用 SIP-2 封装，并标注为～12 V。

2. 调整元件布局

调整布局后的电路板图如图 6－62 所示。

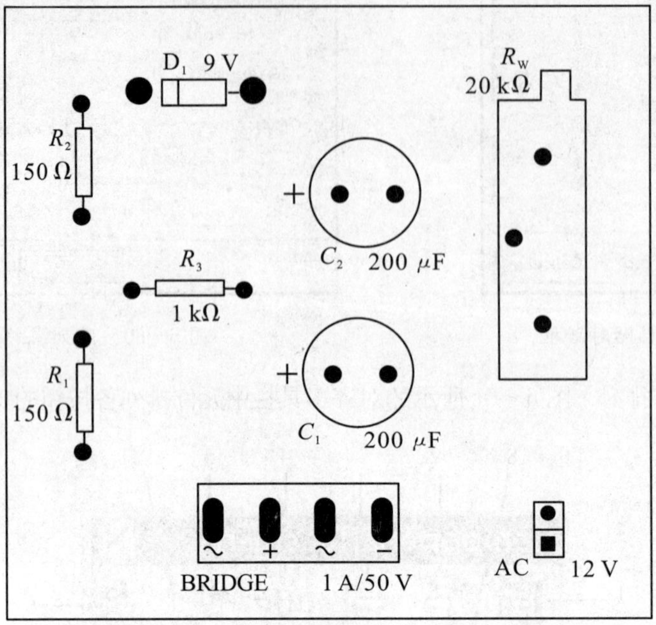

图 6－62 调整之后的布局

6.2.2.4 手工布线

1. 手工布线的一般原则

根据常识我们知道相邻导线之间要有一定的绝缘距离；信号线在拐弯处不能走成直角；电源线和地线的布线要短、粗且避免形成回路。

2. 导线的模式

我们要掌握系统提供 6 种放置导线的模式，如图 6－63(a)～(f)所示。应用【Shift】+【Space】键来切换导线的模式。

在放置导线过程中，利用空格键来切换导线的方向，如图 6－64、图 6－65 所示。

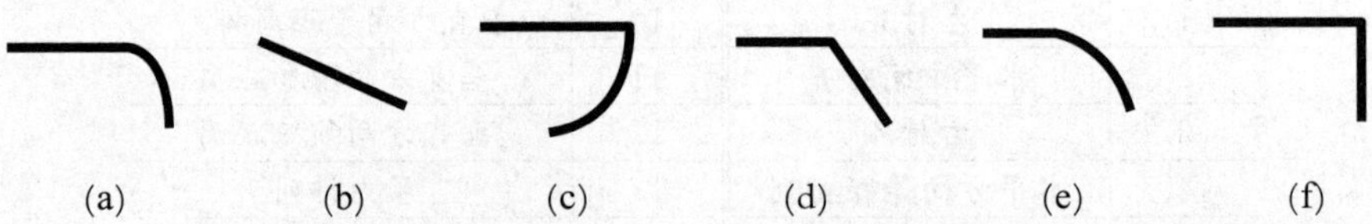

图 6－63 导线的 6 种模式

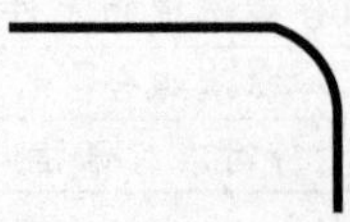

图6－64 切换前

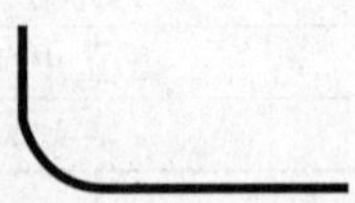

图6－65 切换后

3. 手工布线

单层板手工布线一般是在底层放置导线，表示各元件焊盘间连接关系。其操作过程如下：

① 将电路板的 Bottom Layer 切换为当前工作层。

② 放置导线方法是单击放置工具栏的按钮 ，或选择菜单命令【Place】|【Interactive Routing】。

4. 加宽电源和接地线

双击要加宽的电源线，电源线的宽度设为需要的宽度(例如 20 mil)。

5. 元件的标注调整

布线完成后，对标注进行调整，使导线与元件标注之间的位置合适、美观。

6.2.2.5　补泪滴

为了增强电路板的铜膜导线与焊盘(或过孔)连接的牢固性，避免因钻孔而导致断线，需要进行补泪滴。将导线与焊盘(或过孔)连接处的导线宽度逐渐加宽，形状就像一个泪滴。

① 选取这两个焊盘。

② 选择菜单命令【Tools】|【Teardrops】，弹出设置泪滴属性对话框，如图 6－66 所示，主要参数设置如下：

【General】：选项区域。

【All Pads】：对符合条件的所有焊盘进行补泪滴操作。

【All Vias】：对符合条件的所有过孔进行补泪滴操作。

【Selected Objects Only】：只对选取的对象进行补泪滴操作。

【Force Teardrops】：将强迫进行补泪滴操作。

【Create Report】：把补泪滴操作数据存成一份“报表文件. re”。

【Action】：单击按钮【Add】，补泪滴操作；单击按钮【Remove】，删除泪滴操作。

【Teardrops Style】：单击按钮【Arc】，将用圆弧导线补泪滴操作；单击按钮【Track】将进行直线导线补泪滴操作。

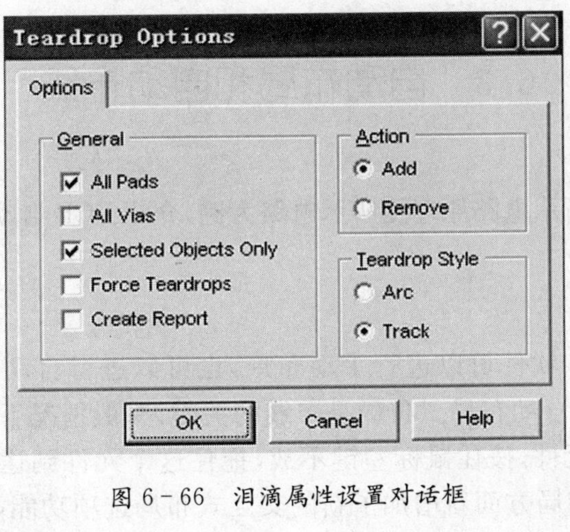

图 6－66　泪滴属性设置对话框

③ 假如对一个元件的焊盘进行补泪滴操作，在对话框中参数设置的结果如图 6－66 所示，最后单击按钮【OK】。补泪滴前后的效果如图 6－67 所示。

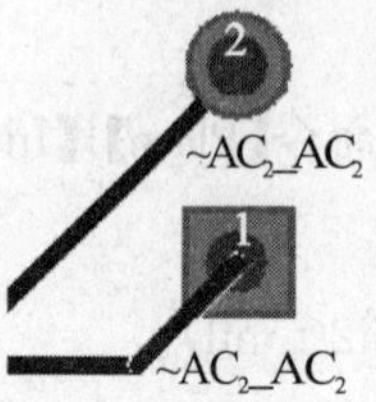

图 6－67　补泪滴操作前的效果

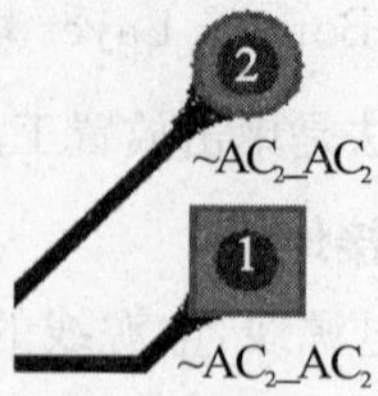

图 6－68　补泪滴操作后的效果

经过布线和调整后，该电路的 PCB 印刷电路板图的手工布局和布线完成，效果如图 6－69 所示。

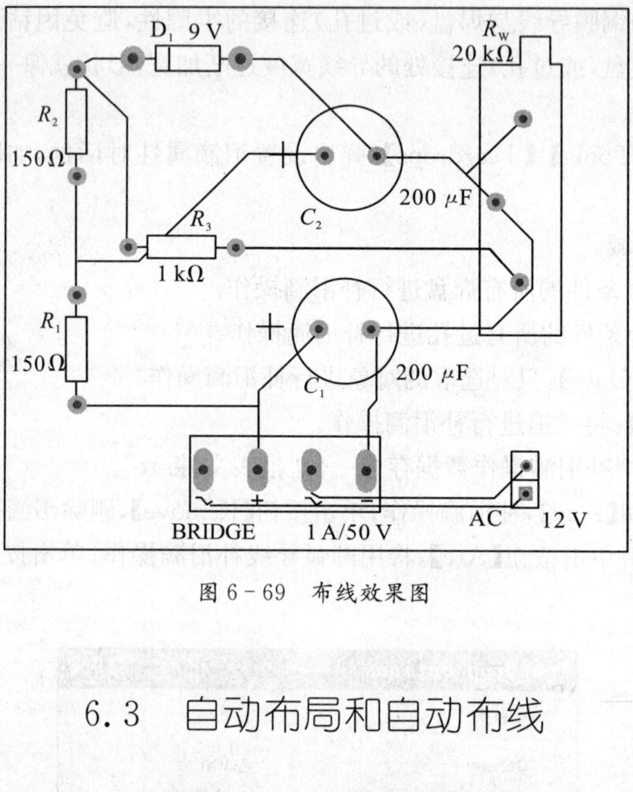

图 6－69　布线效果图

6.3　自动布局和自动布线

本节主要以图 6－70 所示电路原理图所示电路为例，介绍 PCB 自动布局和自动布线的方法。

6.3.1　自动布局

我们利用 Protel 99 SE 软件可以进行手动布局，也可以进行自动布局。可以选择菜单命令【Tools】|【Auto Place】进行自动布局。布局是布线的关键，一般情况下采用手动布局的方法。布局过程是用鼠标选中一个元件，按住鼠标左键不放，拖住这个元件到达目的地，放开左键，将该元件固定。Protel 99 SE 在布局方面新增加了新的交互式布局选项功能，此项包含自动选择和自动对齐。采用自动选择方式能够很快地收集相似封装的元件，最后旋转、展开和整理成组，然后移动

到板上所需位置。当简易的布局完成后，再使用自动对齐方式可以整齐地展开或缩紧一组封装相似的元件。

6.3.1.1　绘制原理图与创建网络表

1. 绘制原理图

先绘制原理图，如图 6－70 所示。

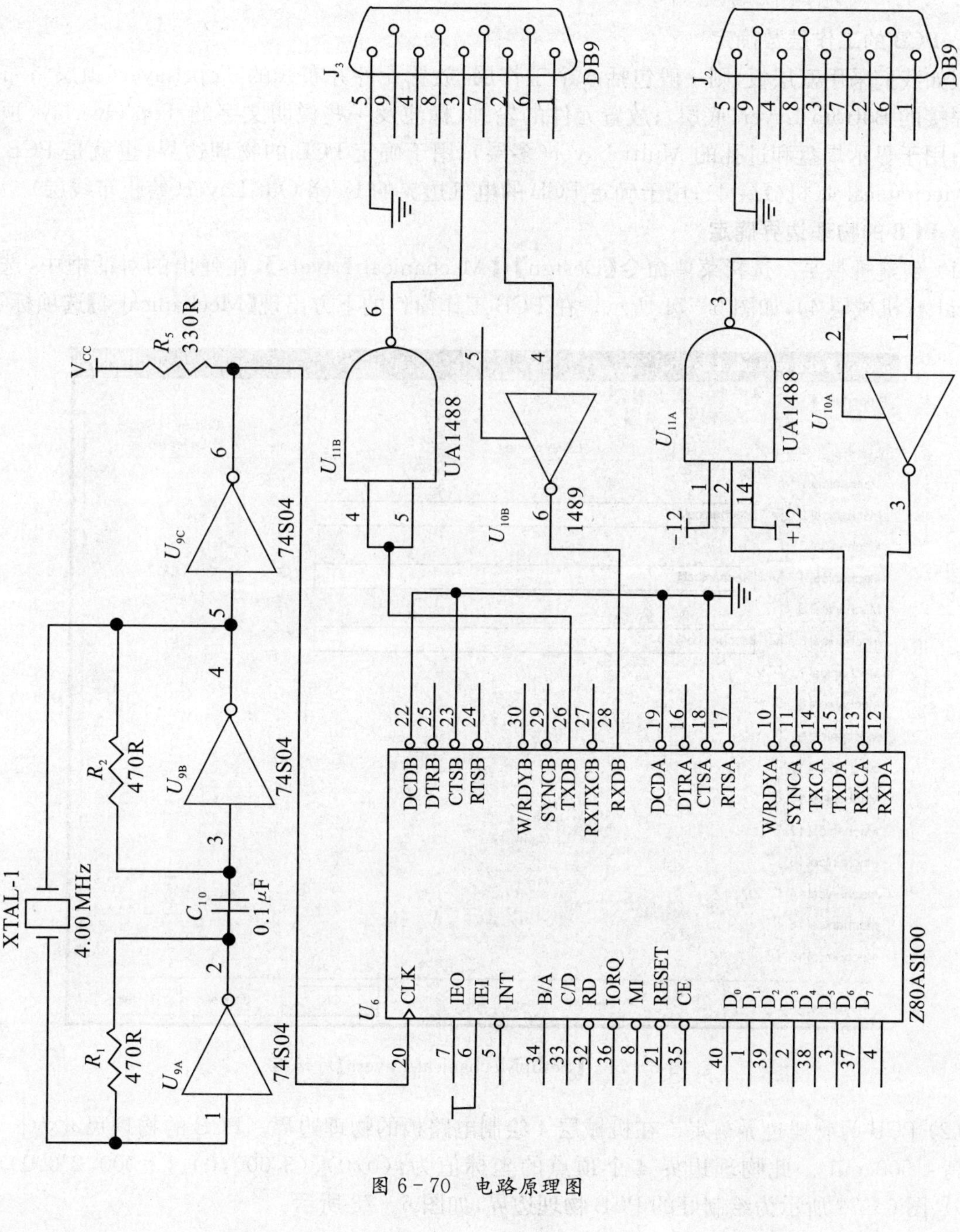

图 6－70　电路原理图

2. 创建网络表

在SCH原理图编辑器下，运行菜单命令【Design】|【Create Netlist】，生成网络表文件，系统默认名称为“＊.net”。其中的主文件名“＊”为电路原理图文件名。假如要新建一个设计数据库clock.ddb则在文件夹Document下，建立电路原理图文件clock.sch，在原理图编辑器下绘制原理图，执行【Design】|【Create Netlist】，生成网络表文件clock.net。

6.3.1.2　电路板的规划

1. PCB的工作层数确定

假如我们采用双层板，则一般包括6个工作层：放置元件并布线的Top Layer（顶层）；布线并进行焊接的Bottom Layer（底层）；放置元件的轮廓、标注及一些说明文字的Top Overlay（顶层丝印层）；用于显示焊盘和过孔的Multi Layer（多层）；用于确定PCB的物理边界，也就是PCB的边框的Mechanical 4（机械层4）；用于确定PCB的电气边界的Keep Out Layer（禁止布线层）。

2. PCB的物理边界确定

（1）创建机械层　选择菜单命令【Design】|【Mechanical Layers】，在弹出的对话框中，选Mechanical 4（机械层4），如图6-71所示。在PCB工作窗口的下方出现【Mechanical 4】选项标签。

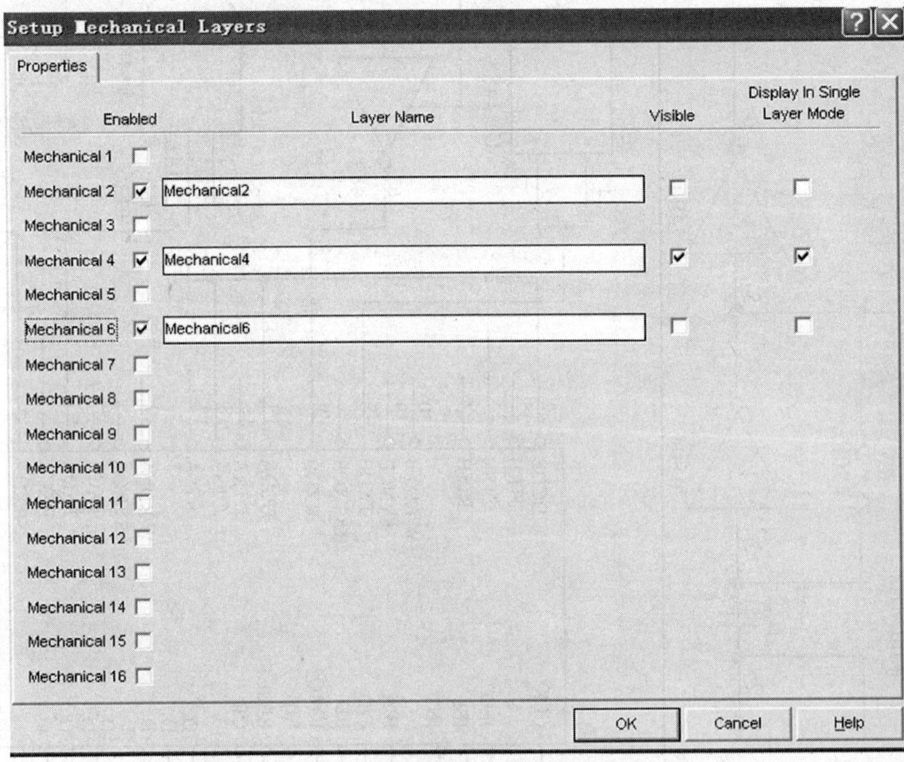

图6-71　【SetupMechanical Layers】对话框

（2）PCB的物理边界确定　在机械层4绘制电路板的物理边界。PCB的物理尺寸为长1 800 mil，高1 500 mil 。此物理边界4个顶点的坐标值为：(0,0)、(3 000,0)、(3 000,2 000)和(0,2 000)。图6-72所示为绘制好的PCB物理边界，如图6-73所示。

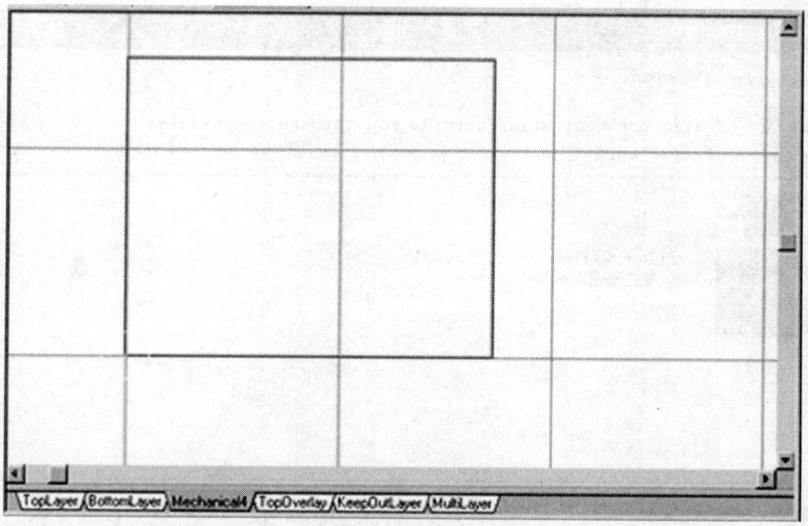

图 6－72　绘制 PCB 的物理边界

3. PCB 的电气边界确定

电气边界一般定义在禁止布线层上。PCB 的电气边界，是指在 PCB 上设置的元件布局和布线的范围。电路板的物理边界一般略微大于电气边界，如物理边界距离电气边界 50 mil。把当前层设为 Keep Out Layer，确定电气边界，如图 6－73 所示。

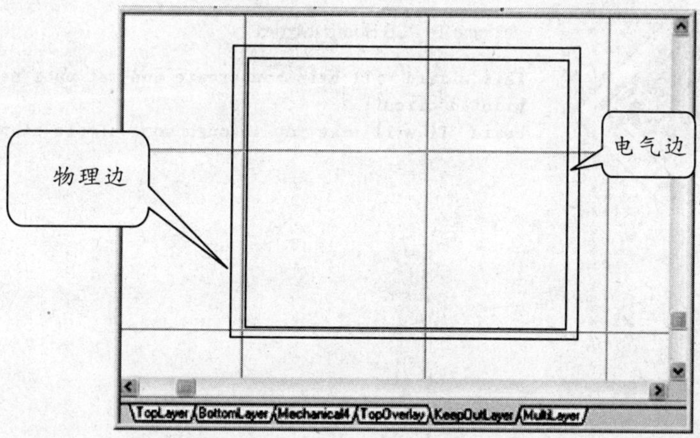

图 6－73　绘制 PCB 的电气边界

4. 使用向导生成 PCB

① 选择【File】|【New】命令，在弹出的对话框【New Documents】中选择【Wizards】标签，如图 6－74 所示。

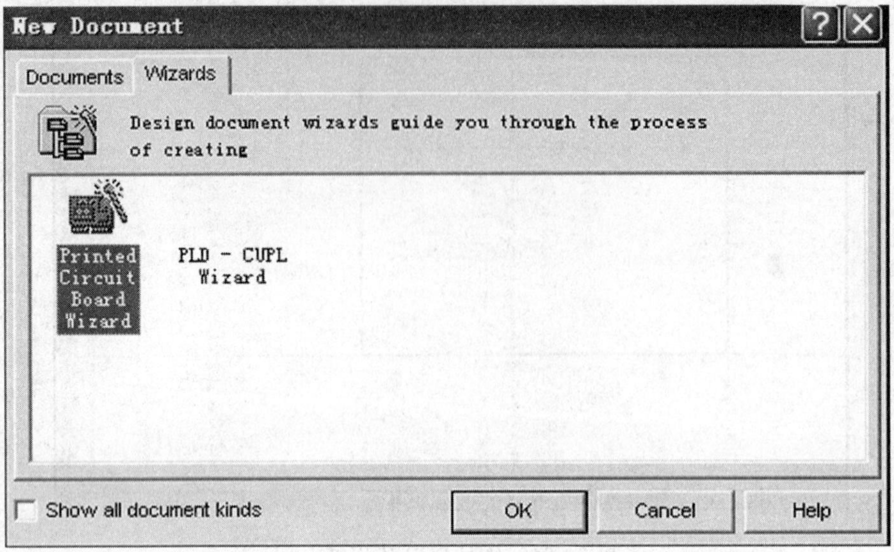

图 6-74 【Wizards】选项卡

② 选择图标"Print Circuit Board Wizard"，单击按钮【OK】，将弹出如图 6-75 所示对话框。

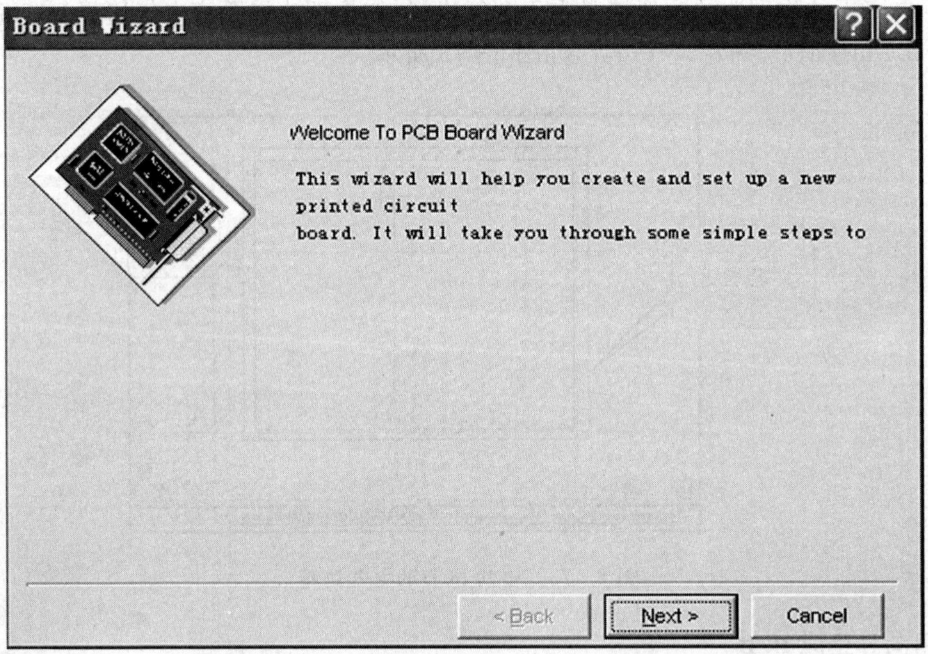

图 6-75 电路板向导

③ 单击按钮【Next】，将弹出选择预定义标准板对话框，如图 6-76 所示。在列表框中我们可以选择系统预先定义好的板卡类型。如设计作者自行定义电路板的尺寸等参数，可以选择"Custom Made Board"这一项。

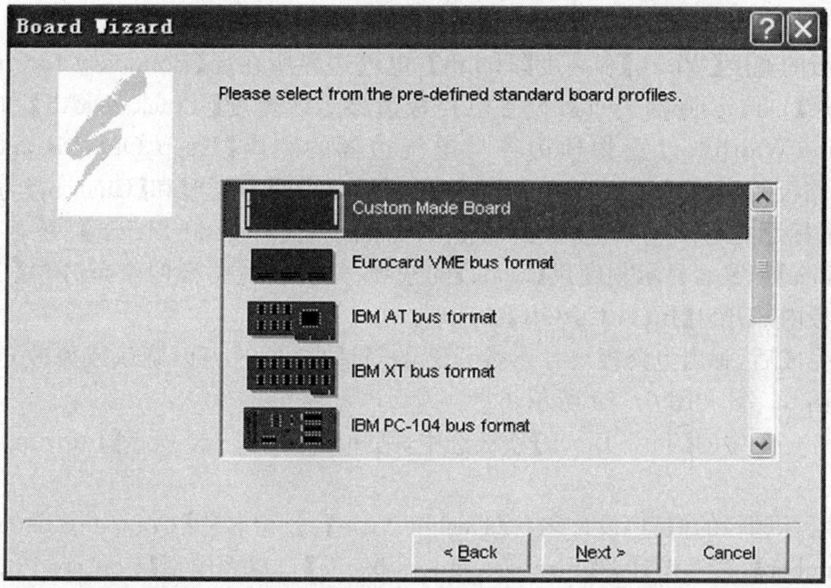

图 6-76　选择电路板模板

④ 选择“Custom Made Board”，单击按钮【Next】，系统弹出如图 6-77 所示的设定 PCB 相关参数的对话框。

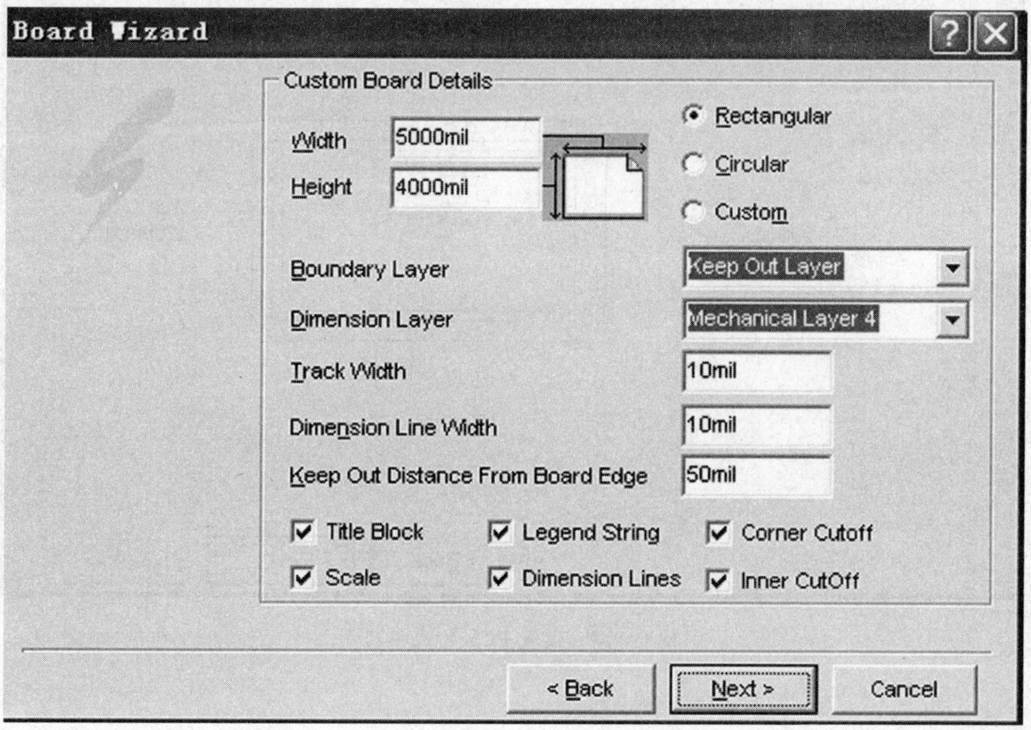

图 6-77　电路板向导参数设置

设定作者自行定义电路板参数设置包括：

设置电路板的宽度【Width】和高度【Heigh】；电气边界所在层【Boundary Layer】、物理边界和尺寸标注所在层【Dimension Layer】；设置电路板边界走线宽度【Track Width】和尺寸标注宽度【Dimension Line Width】；设置物理边界与电气边界的距离【Keep Out Distance From Board Edge】；确定电路板的形状：【Rectangular】为矩形、【Circular】为圆形和【Custom】为自定义电路板形状；是否显示标题栏【Title Block】、是否显示图例字符【Legend String】、是否显示尺寸标注【Dimension Lines】和是否显示刻度尺【Scale】的选项；是否在电路板四个角开口【Corner CutOff】和是否在电路板内部开口【Inner CutOff】的选项。

参数设置完成后，弹出电路板尺寸参数设置的对话框，这时可以确认或修改定义的电路板的形状、尺寸，如图6-78和图6-79所示。

如果在图6-77中的【Title Block】项被选中，则弹出如图6-80所示【Information for the title block】对话框。

对话框包括标题栏的信息：设计名称【Design Title】、公司名称【Company name】、电路板编号【PCB Part Number】、第一设计者【First Designers Name】、联系电话【Contact Phone】、第二设计者【Second Designers Name】、联系电话【Contact Phone】。

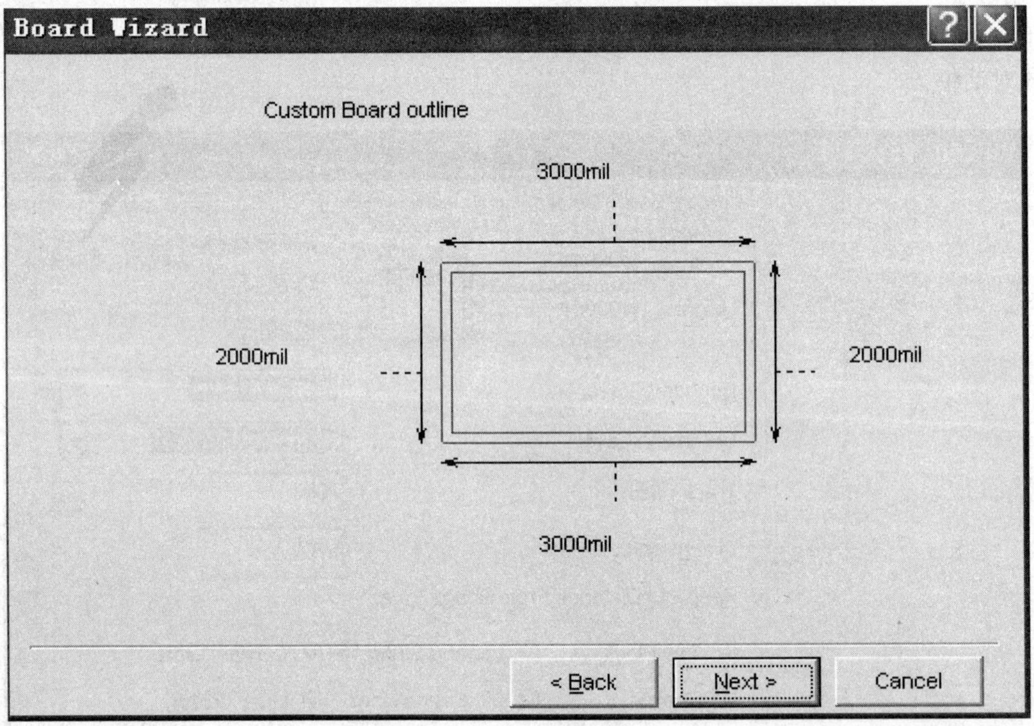

图6-78　设置PCB的边框尺寸

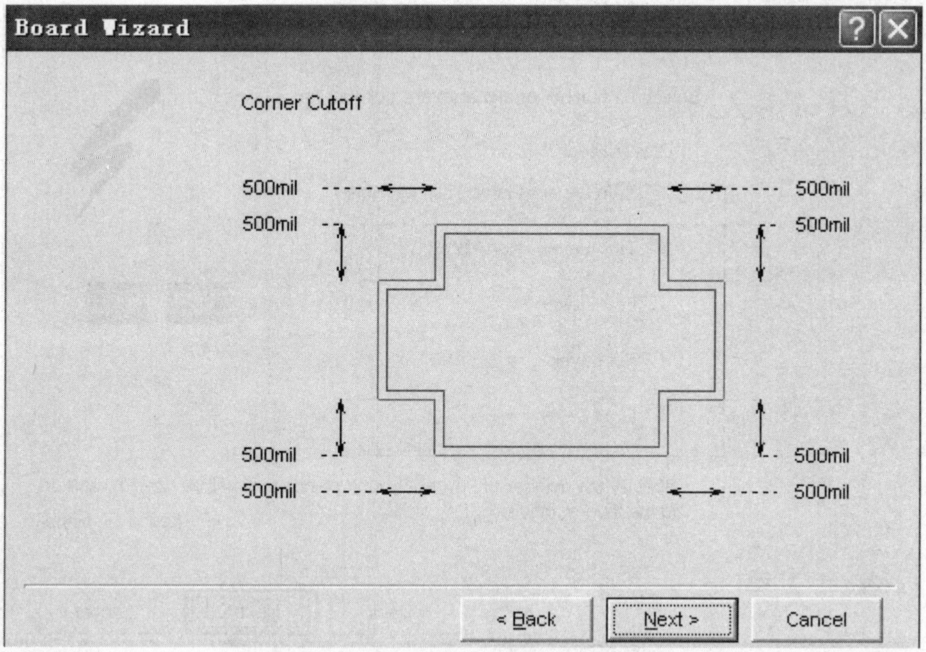

图 6－79　设置 PCB 的 4 个角的开口尺寸

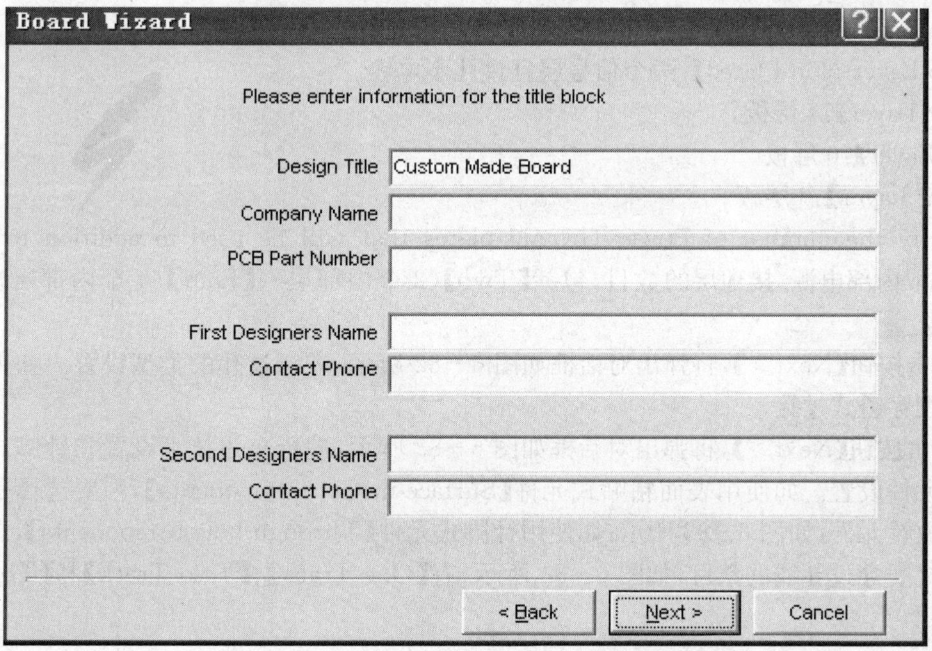

图 6－80　【Information for the title block】对话框

⑤ 单击按钮【Next】，弹出如图 6－81 对话框所示。各项含义如下：

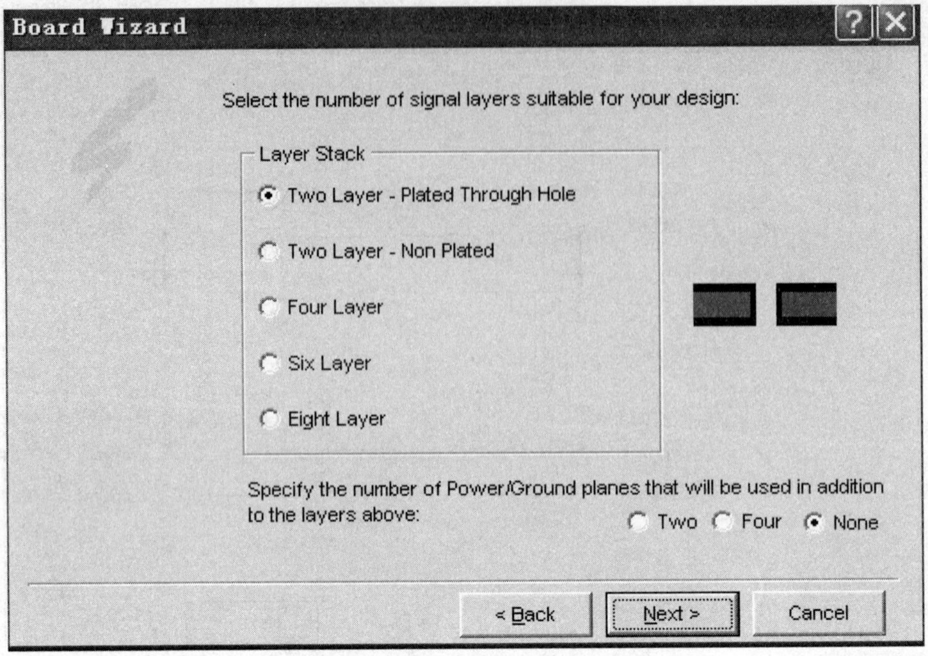

图 6－81　选择信号层的层数及参数

【Two Layer-Plated Through Hole】:两个信号层并过孔电镀。

【Two Layer-Non Plated】:两个信号层且过孔不电镀。

【Four Layer】:4 层板。

【Six Layer】:6 层板。

【Eight Layer】:8 层板。

【Specify the number of Power/Ground plates that will be used in addition to the layers above】:选取内部电源/接地层的数目,包括【Two】(2 个内部层)、【Four】(4 个内部层)和【None】(无内层)。

⑥ 单击按钮【Next>】,将弹出对话框如图 6－82 所示,进行过孔的类型设置。如果采用双层板仅能选用穿透式过孔。

⑦ 单击按钮【Next>】,将弹出对话框如图 6－83 所示,进行布线技术设置和针脚式元件或表面粘贴式元件设置。如使用表面粘贴式元件【Surface-mount Components】,则要选择是否在电路板的两面放置元件,如图 6－83 所示;如使用针脚式元件【Through-hole components】,还须要选择两个焊盘之间穿过导线的数目,如图 6－84 所示,有【One Track】、【Two Track】和【Three Track】共 3 个选项。

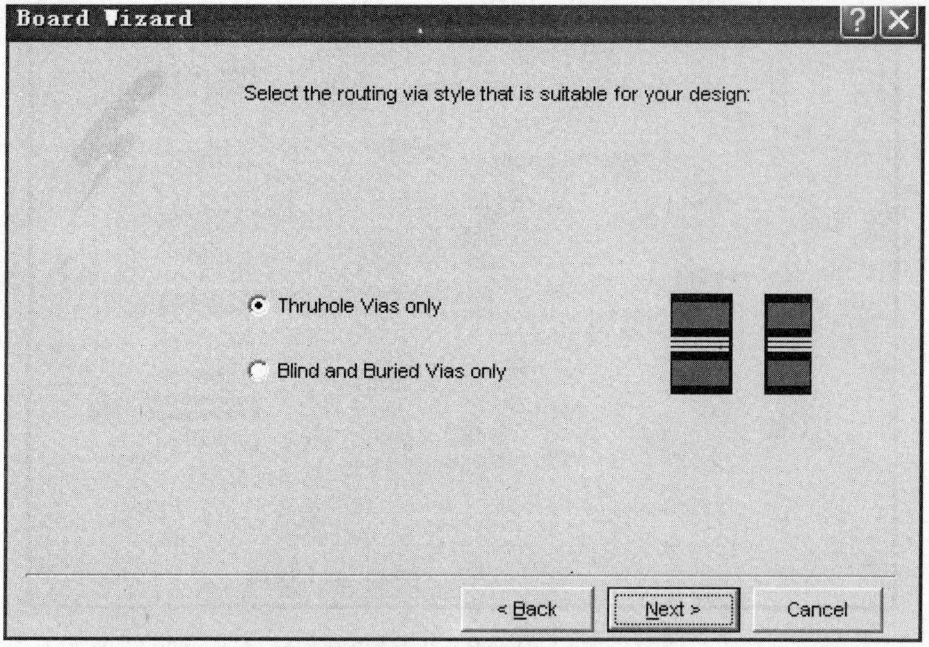

图 6－82　设置过孔类型

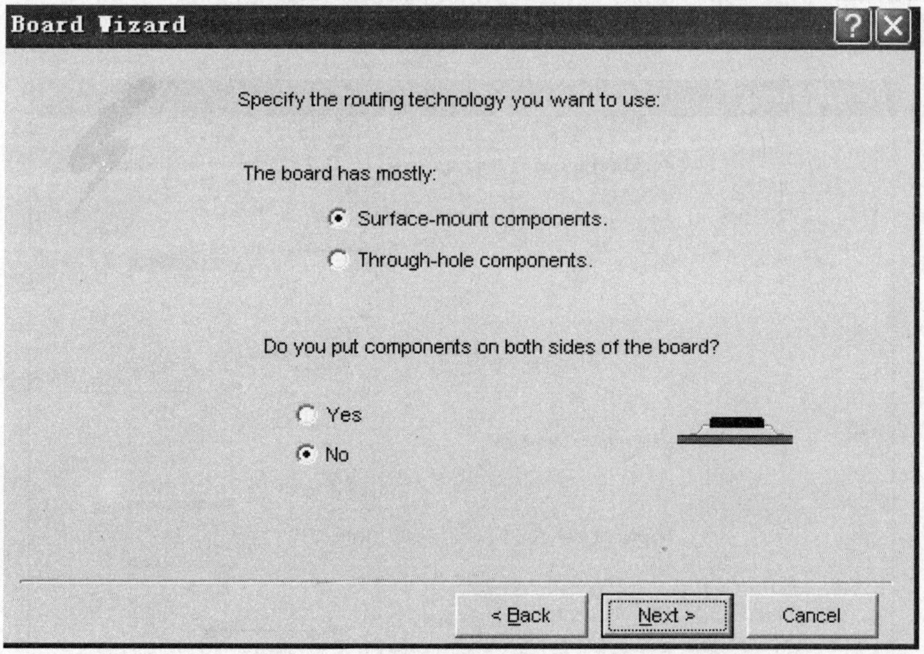

图 6－83　设置表面粘贴式元件

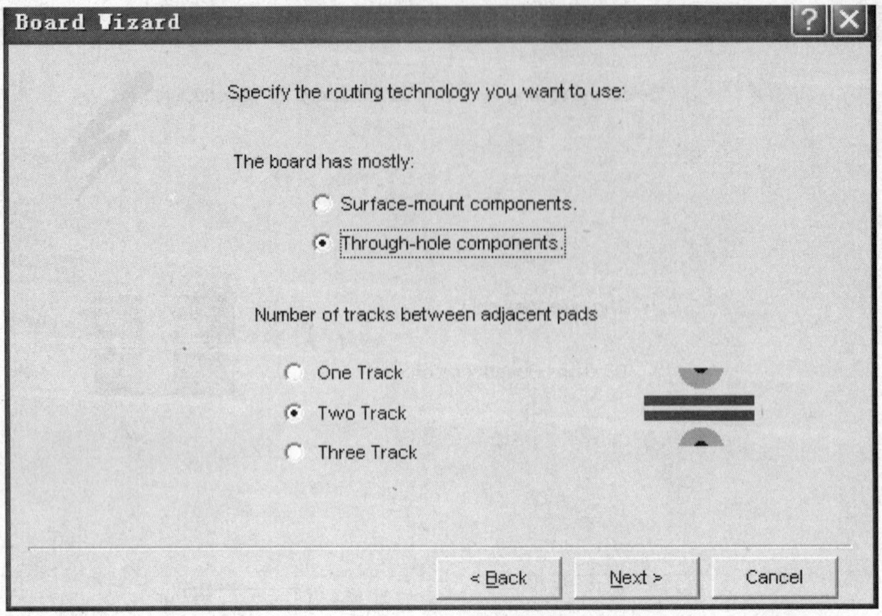

图 6-84　设置针脚式元件

⑧ 单击按钮【Next>】，将弹出对话框如图 6-85 所示，进行最小的导线宽度、最小的过孔尺寸和相邻走线的最小间距设置，将作为自动布线的参考数据。参数设置项如下：

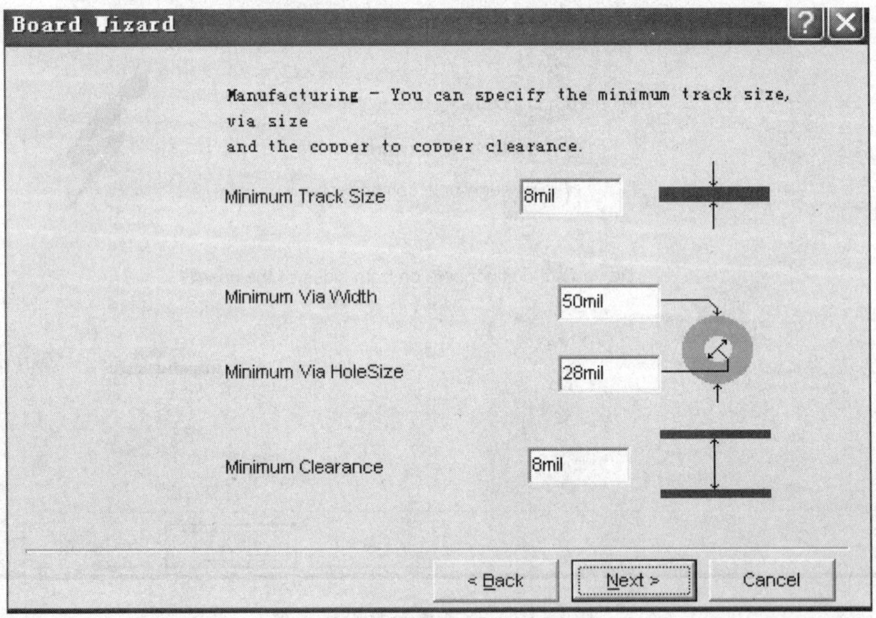

图 6-85　最小的尺寸限制设置

【Minimum Track Size】：最小的导线尺寸。

【Minimum Via Width】：最小的过孔外径直径。

【Minimum Via Hole Size】:过孔的内径直径。

【Minimum Clearance】:相邻走线的最小间距。

⑨ 单击按钮【Next>】,弹出如图 6 - 86 所示的对话框,询问是否作为模板保存。在此项中输入模板的文字描述和模板名称。

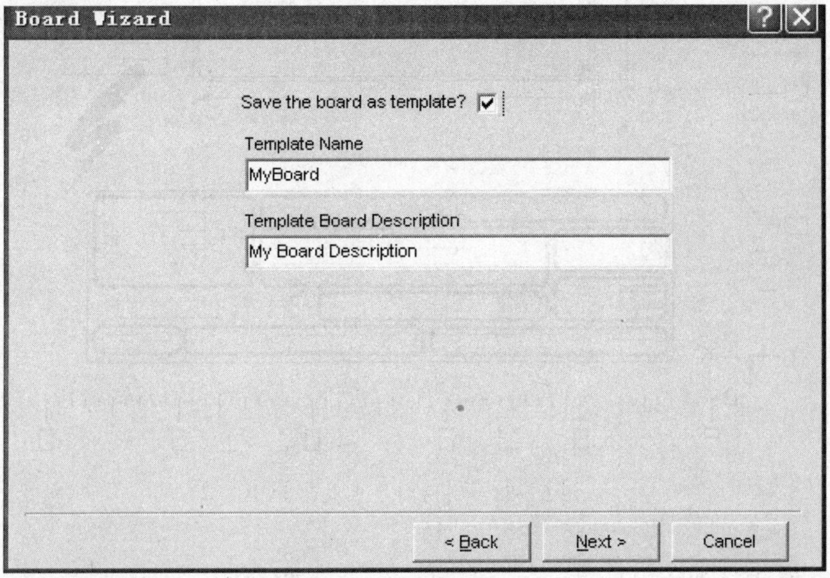

图 6 - 86　保存模板文件

⑩ 单击按钮【Next>】,弹出如图 6 - 87 所示对话框,单击按钮【Finish】完成生成电路板的过程,现示如图 6 - 88 所示的电路板 PCB 规划。

图 6 - 87　完成对话框

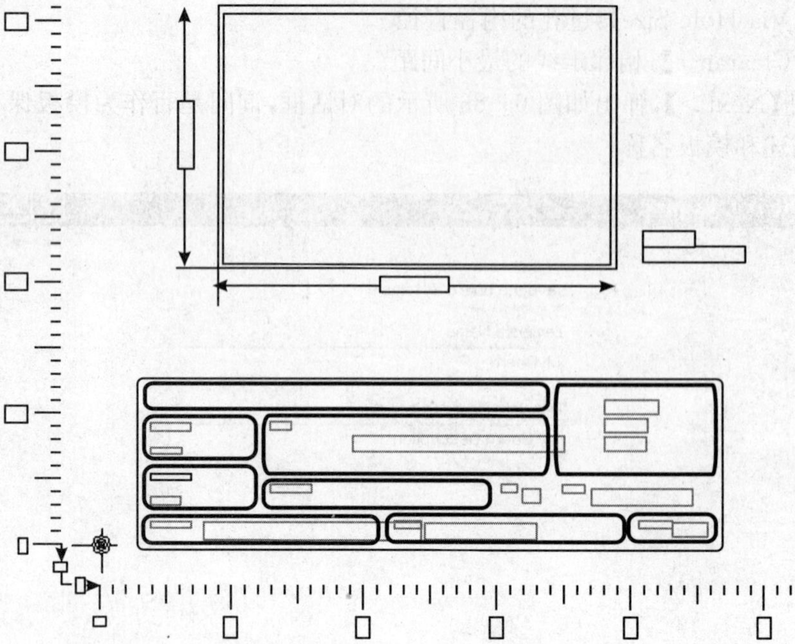

图 6-88　利用向导生成的 PCB

6.3.1.3　装载 PCB 元件库

1. PCB 元件库与 SCH 元件库差异

(1) 概念有区别　PCB 元件在电路板图中采用，PCB 元件库中的元件是实际元件的封装；SCH 元件在原理图中采用，SCH 元件库中的元件是对应实际元件的电气符号。SCH 元件和 PCB 元件分属于两个不同功能的元件库。

(2) 元件引脚编号不同

① 二极管元件如图 6-89、图 6-90 所示可以看出 SCH 元件与 PCB 元件的引脚编号是不同的。

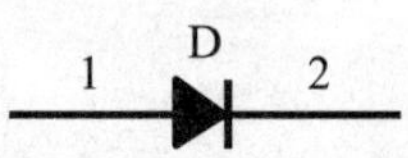

图 6-89　二极管的 SCH 元件

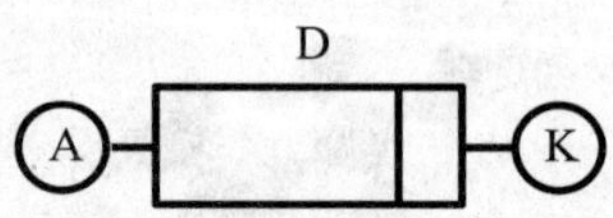

图 6-90　二极管的 PCB 元件

② 三极管 NPN 型：如图 6-91、图 6-92 所示，SCH 元件与 PCB 元件的引脚编号是不同的。

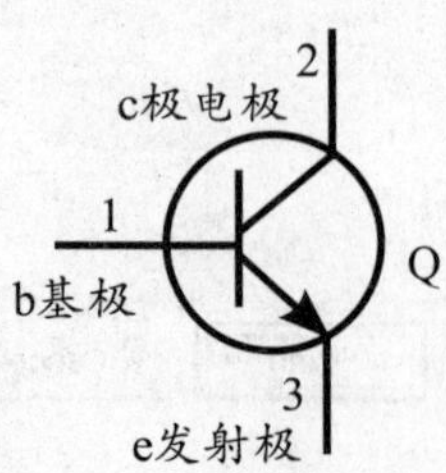

图 6-91　三极管的 SCH 元件

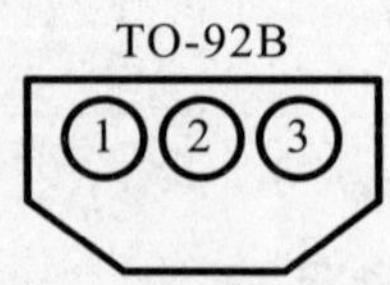

图6-92　三极管的 PCB 元件

三极管的 SCH 元件的引脚编号 1、2、3 对应极是 b、c、e；三极管的 PCB 元件的引脚编号 1、2、3 而对应极是 e、b、c。引脚对应极的名称存在不同。

③ 电位器元件：区别如图 6－93、图 6－94 所示。

电位器在 SCH 元件的中间抽头的引脚编号为 3，而在 PCB 元件中间抽头的引脚编号为 2。

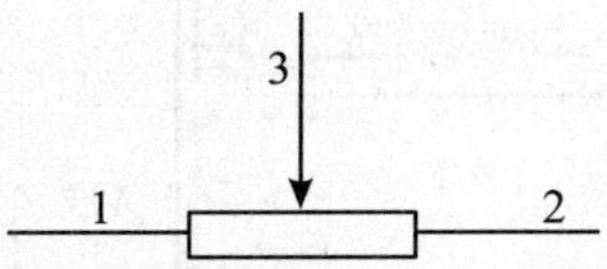

图 6－93　电位器的 SCH 元件

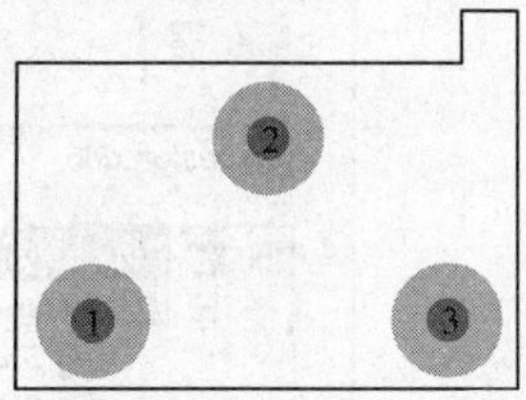

图 6－94　电位器的 PCB 元件

2. 元件封装库加载

分别加载系统下的"\Library\Pcb\Generic Footprint\Advpcb. ddb\PCB Footprint. lib"元件封装库及"\Library\Pcb\Generic Footprint\International Rectifiers. ddb\ International Rectifiers. lib"元件封装库。

3. 网络表和元件装入

(1) 直接装入网络表文件

① 在 PCB 工作环境中选择【Design】|【Load Nets】菜单命令，弹出如图 6－95 所示的【Load】|【Forward Annotate Netlist】对话框。

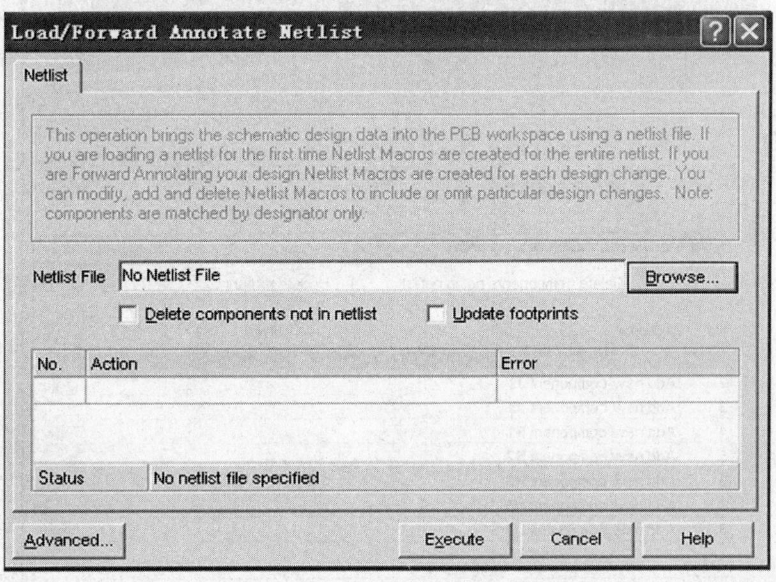

图 6－95　装入网络表对话框

【Delete components not in netlist】：在加载网络表之后，与当前电路板中存在的元件比较，将删除掉网络表中没有的元件而在当前 PCB 中存在的元件。

【Update footprints】:用网络表内存在的元件封装自动替换当前PCB上的相同元件的封装。

② 在“Netlist File”对话框中输入网络表文件名。单击按钮【Browse】,将弹出对话框如图6-96所示的选择网络表文件。

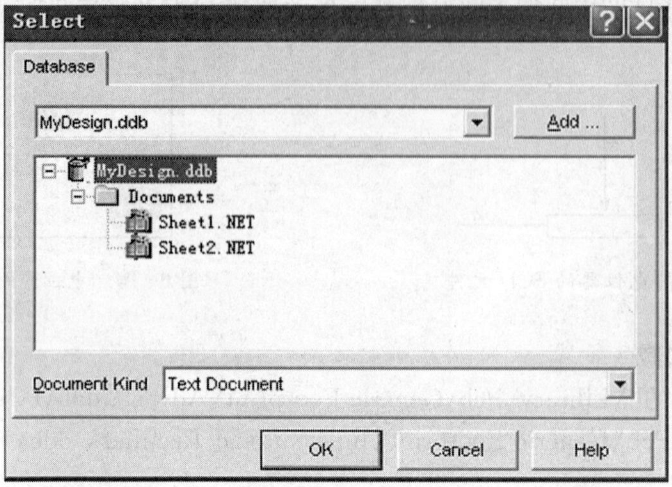

图6-96 选择网络表文件

在正确选取Sheet2.Net文件后,单击按钮【OK】,自动生成网络宏(Netlist Macros),并在装入网络表的对话框中将其列出,如图6-97所示。

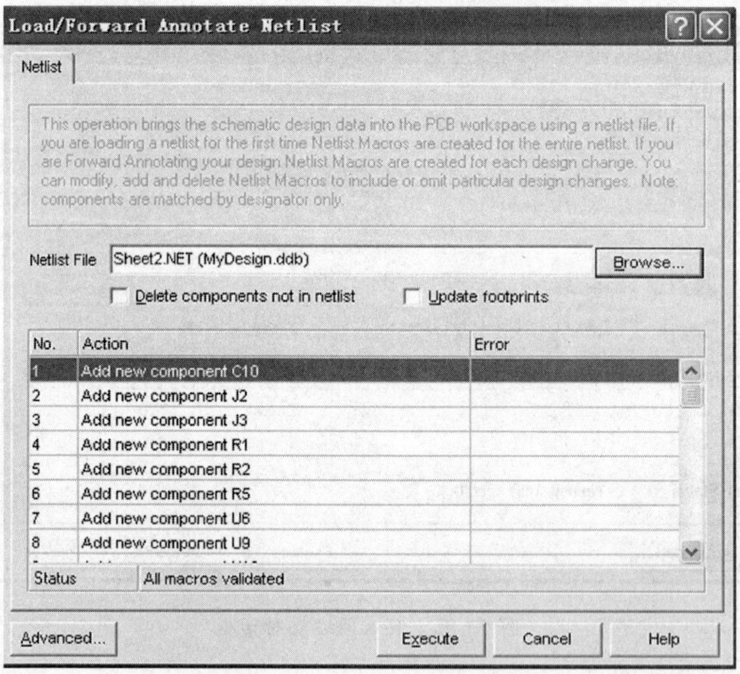

图6-97 无错误的网络表宏

③ 如果在生成网络宏时出错，在 Error 列显示错误信息，一般返回到原理图编辑器中修改错误，并重新生成网络表，然后再切换到 PCB 文件中进行操作。

④ 单击图 6－98 中底部的按钮【Execute】，完成装入网络表和元件。

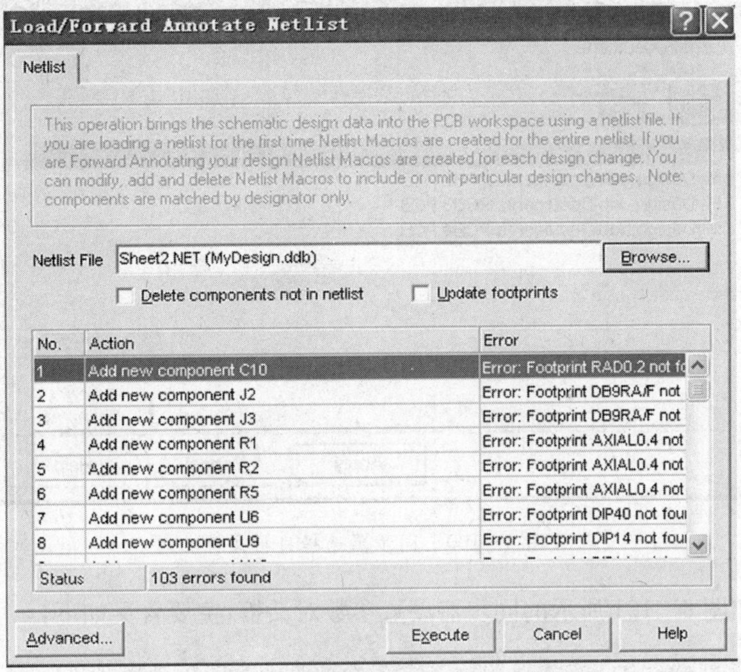

图 6－98　有错误的网络表宏

如图 6－99 所示，装入的元件重叠在电路板的电气边界内，元件与连线都用绿色表示。

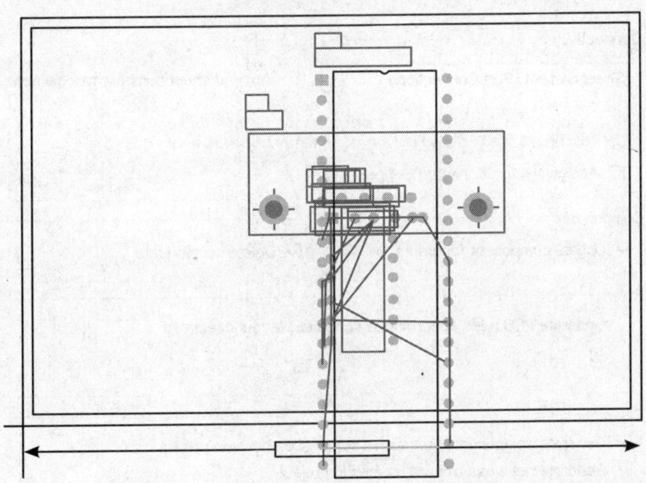

图 6－99　装入网络表和元件后的 PCB 图

(2) 利用同步器装入网络表和元件

① 新建一个 Pcb4. pcb 文件，并规划电气边界和物理边界。

② 打开原理图文件，选择【Design】|【Update PCB】，弹出如图 6－100 所示的同步器选择目标文件对话框。在所列出的 PCB 文件中，选取 Pcb4. pcb ，单击按钮【Apply】。

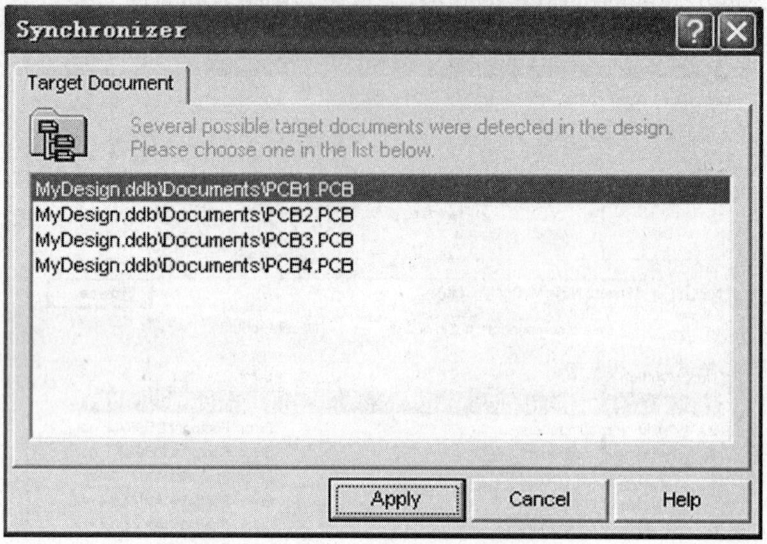

图 6－100　同步器选择目标文件

③ 系统弹出如图 6－101 所示的同步器设置参数对话框，主要含义如下：

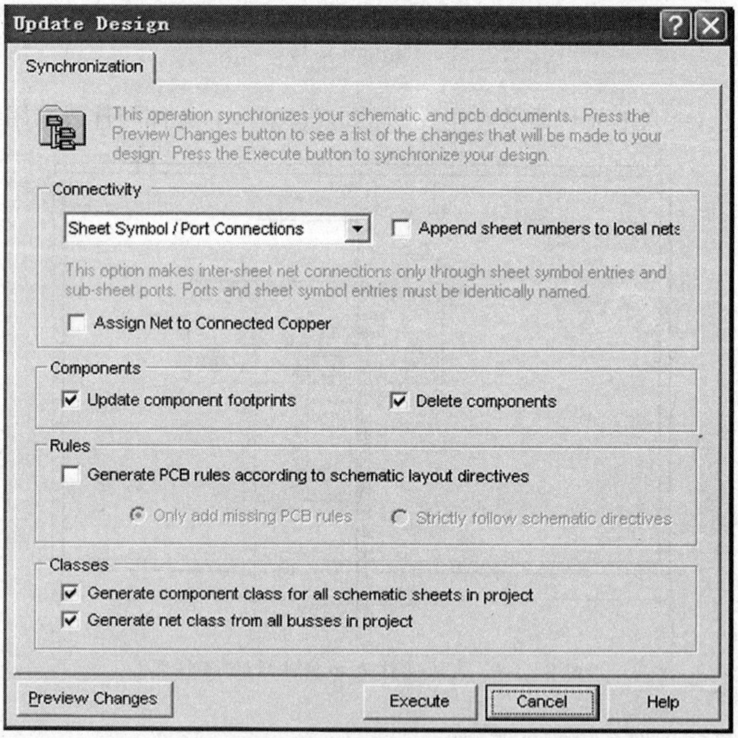

图 6－101　设置同步器参数对话框

【Connectivity】:作用是设置原理图与 PCB 图之间的连接类型。

【Components】:作用是设置对原理图中的元件进行哪些修改。

【Preview Change】按钮:作用是查看原理图中进行了哪些修改。单击该按钮,弹出网络宏的列表框。如果出现宏错误,同样也要对原理图进行修改。

④ 单击按钮【Execute】,装入网络表及元件。打开 Pcb4. pcb 文件,结果与第一种方法一样。

在 PCB 编辑器下,选择菜单命令【Design】|【Update Schematic】,如 PCB 进行了修改,你打开对应的原理图文件,会发现与该 PCB 对应的原理图也进行了更新。

6.3.1.4　自动布局

1. 自动布局的参数

(1) 栅格设置　选择【Design】|【Options】菜单命令,弹出【Document Options】对话框,在【Options】标签中,分别设置捕获栅格在 X 和 Y 方向的间距。

(2) 设置【Snap to Center】　选择【Tools】|【Preferences】菜单命令,在弹出的【Preferences】对话框中的【Options】标签中选择【Snap to Center】,设置当按下鼠标左键选取某个元件时,光标跳到元件的 1 脚;当用鼠标左键选取某段线拖动时,光标跳到线段的端点。

(3) 字符串临界值参数设置　选择【Tools】|【Preferences】菜单命令,在弹出的【Preferences】对话框中,单击"Display"标签,在【Draft Thresholds】选项区域的【String】文本框中输入构成字符串像素的临界值。临界值设置为较小数值时,可以看见字符串内容;当将电路板图缩小至一定比例时,具体内容将不可见,字符串将变为空心矩形框。

2. 设置元件布局规则

设置与元件自动布局相关的一些设计规则。共有 5 类设计规则。选择【Design】|【Ruler】菜单命令,将弹出如图 6-102 所示的【Design】|【Ruler】(设计规则)对话框。单击【Placement】选择标签,进入元件布局规则设置界面。默认的当前选中规则为元件间距限制规则。

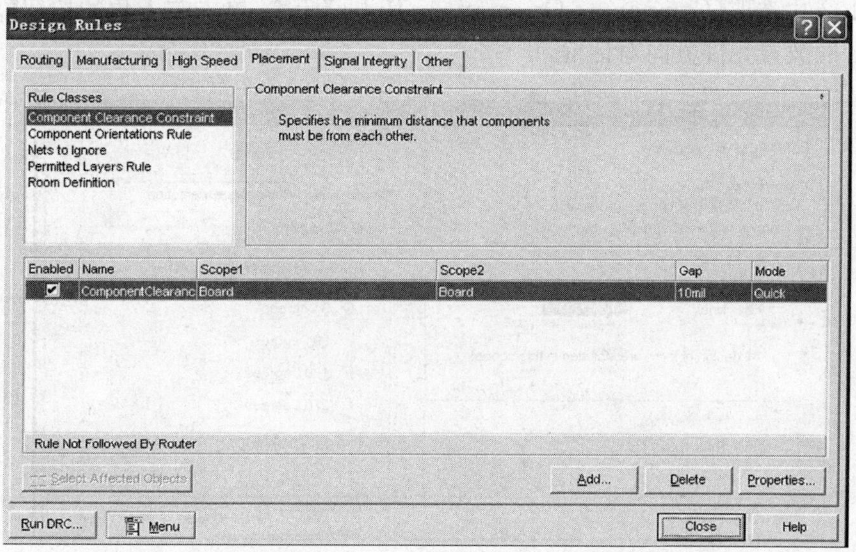

图 6-102　【Design Ruler】的【Placement】选项卡

(1)限制元件间距规则(Component Clearance Constraint) 设置元件之间的最小间距。双击该选项或单击【Add...】按钮,进入设置界面即元件间距限制规则,如图 6-103 所示。在默认状态下,设计规则中已经存在一条设计规则,单击右下角的属性按钮【Properties】,弹出如图 6-103 所示的【Component Clearance】规则对话框。在“Gap”(间隙)中输入元件间距值,默认值为 10 mil。

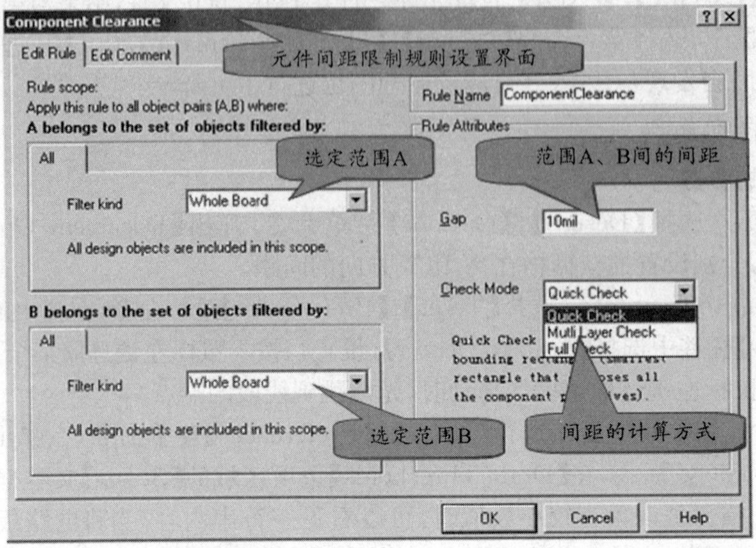

图 6-103 设置元件间距限制

(2)放置元件方向规则(Component Orientations Ruler) 设定元件放置的方向。PCB上的元件一般要求沿水平和垂直两个方向放置,以方便插件,一些特殊要求的元器件,如按键排列则按结构要求放置。

在图 6-102 中选取【Component Orientations Ruler】标签,单击右下角的按钮【Add】,弹出如图 6-104 所示的放置元件方向对话框。

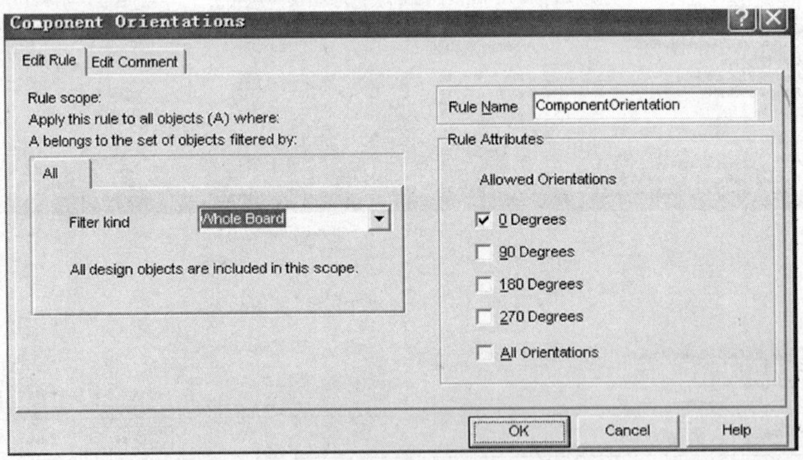

图 6-104 元件放置方向

(3) 忽略网络规则(Net to Ignore)　有时候在自动布局时设置应忽略的网络，在 Cluster Placer自动布局时忽略电源和接地网络可以提高布局速度和质量，如图 6-105 所示。

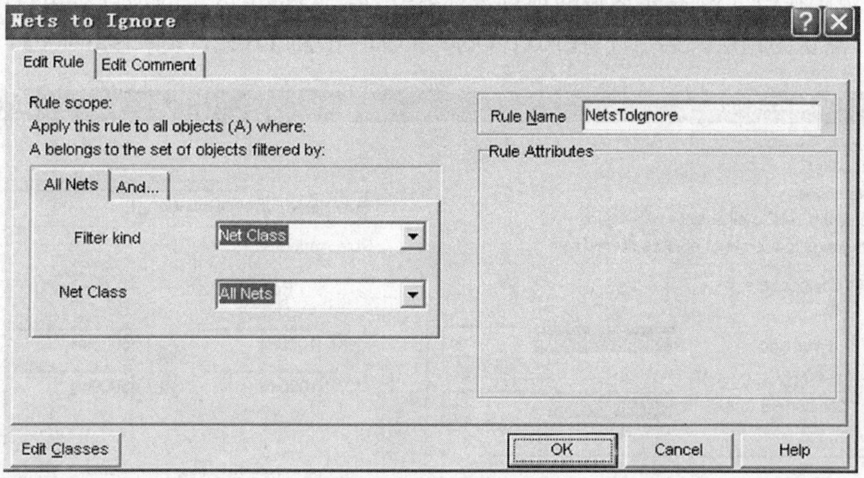

图 6-105　网络忽略对话框

(4) 元件放置允许层规则(Permitted Layer Ruler)　设定自动布局时元件放置的电路板允许层面。例如，SMD 器件的单面板，SMD 器件只能放在焊接面，针脚式元件件则放在元件面上。规则类别应选择【Permitted Layer Ruler】项，单击按钮【Add】，弹出如图 6-106 所示的【Permitted Layer Ruler】对话框。在左边的下拉列表框【Filter Kind】中选择用于该规则的范围，右边栏中的【Top Layer】和【Bottom Layer】复选框用于选择放置元件是否允许在顶层和底层。

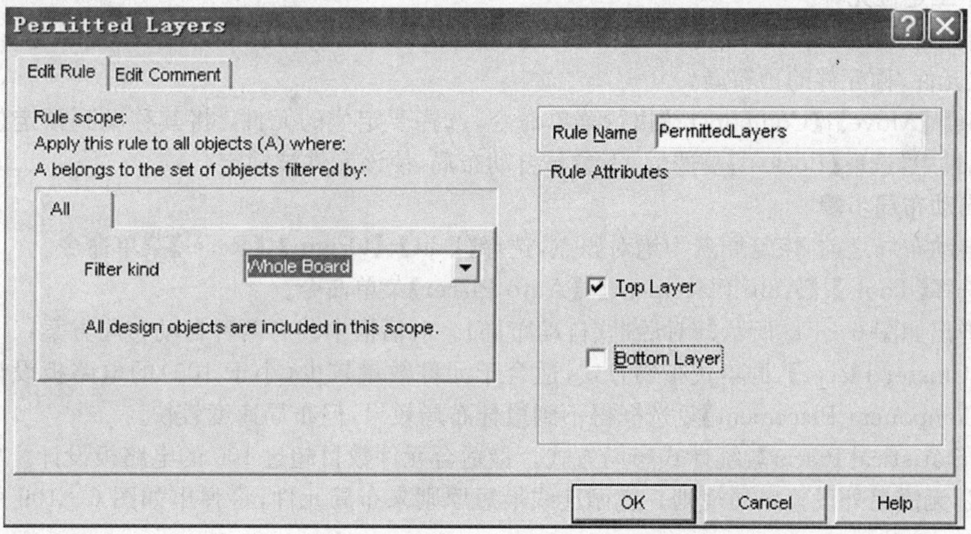

图 6-106　允许元件放置层

(5) 定义区域规则(Room Definition)　在指定层上定义一个区域，且指定某元件、元件类或焊盘布线时是在该区域内还是外。这时移动区域就可以移动指定的元件、元件类或焊盘。在规则类别框中选取【Room Definition】项，单击【Add】按钮，弹出如图 6－107 所示对话框。在【Ruler Attribute】选项区设置房间的范围在(x_1，y_1)指定区域的顶点坐标，在(x_2，y_2)指定区域的顶点对角点的坐标。第一设置适用的层，默认为顶层。第二设置【Keep Objects Outside】或【Keep Objects Inside】。

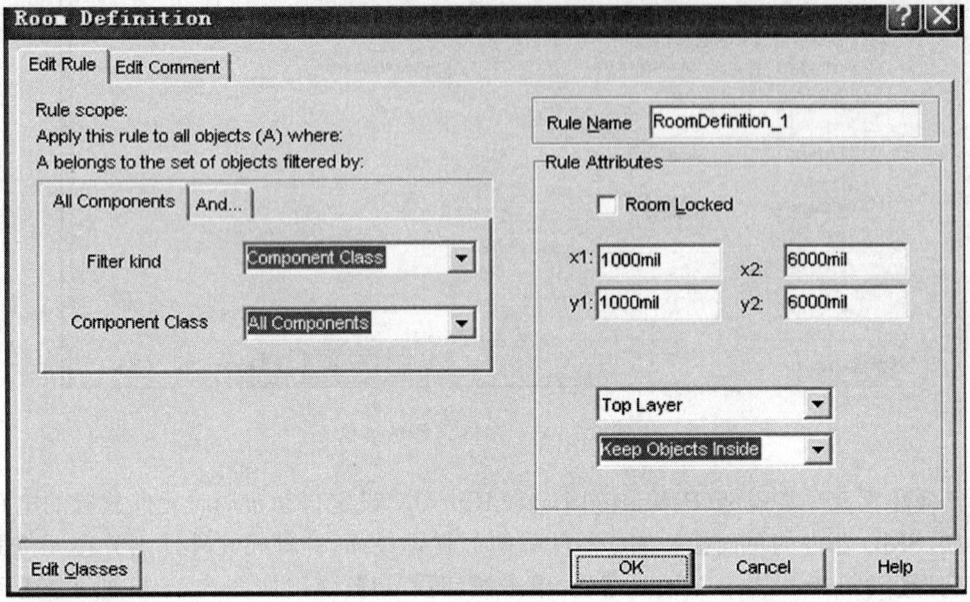

图 6－107　区域定义对话框

3. 手工定位元件

我们知道有些元件不能参与自动布局，在自动布局之前，先把这些元件的位置固定下来，需要手工定位元件，称元件的预布局。

【Edit】|【Move】|【Component】执行菜单命令，选择要定位的元件，将其移动到预定位置。在元件的属性中，选取【Locked】复选框，不参与自动布局，使该元件被锁定。

4. 自动布局步骤

① 自动布局之前，恢复原点为绝对原点，选择【Edit】|【Origin】|【Reset】菜单命令。

② 选择【Tools】|【Auto Placement】|【Auto Placer】菜单命令。

③ 弹出如图 6－108 所示的对话框(自动布局)。对话框中共有两种自动布局方案：

a. 【Cluster Placer】：群集式布局方式，适合于元件数量较少(小于 100)的电路板设计。选取【Quick Component Placement】复选框得不到最佳布局效果，但布局速度较快。

b. 【Statistical Placer】：统计式布局方式。最适合元件数目超过 100 的电路板设计。如选择此布局方式，无需另外设置布局规则。遵循连线最短原则来布局元件，将弹出如图 6－109 所示的对话框。

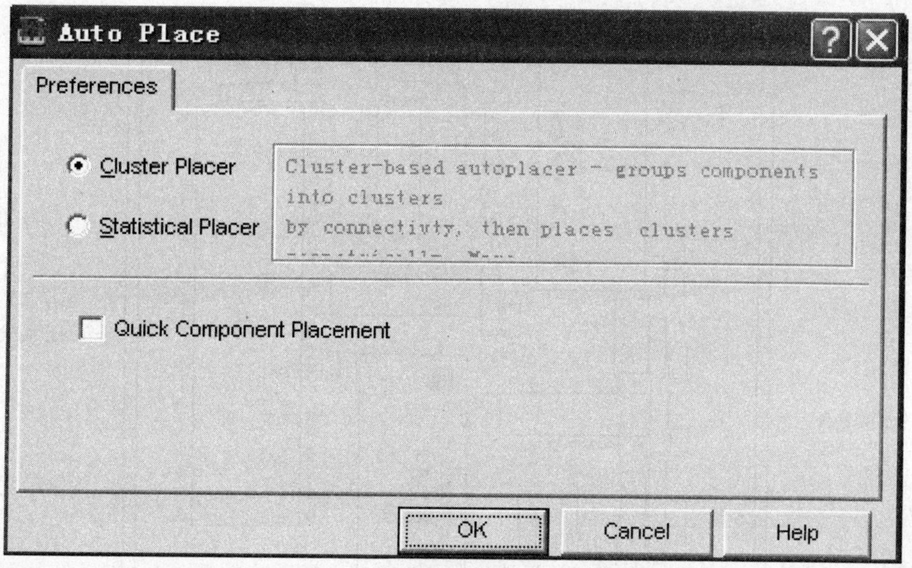

图 6 - 108　【Auto Place】对话框

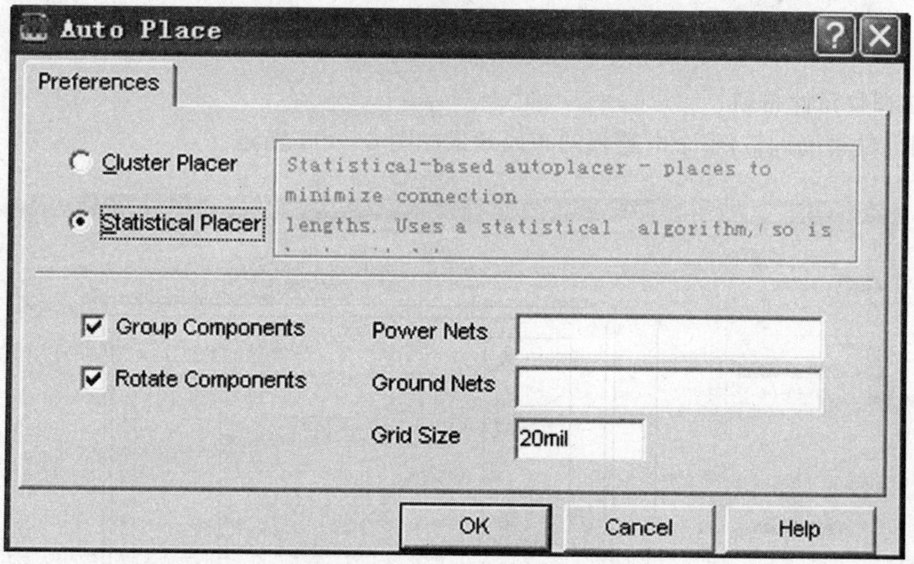

图 6 - 109　统计式布局

【Group Components】:网络中连接密切的元件合为一组,布局时作为一个整体来考虑。建议如果电路板上没有足够的面积,就不要选取该项。

【Rotate Components】:根据布局的需要将元件旋转。

【Power Nets/Ground Nets】:为了缩短自动布局的时间可以输入不被列入布局策略考虑范围的网络名。

【Grid Size】:自动布局时的栅格间距设置。默认为 20 mil。

本章例子的元件较少,可选择群集式元件布局方式。自动布局后的效果如图 6 - 110 所示。

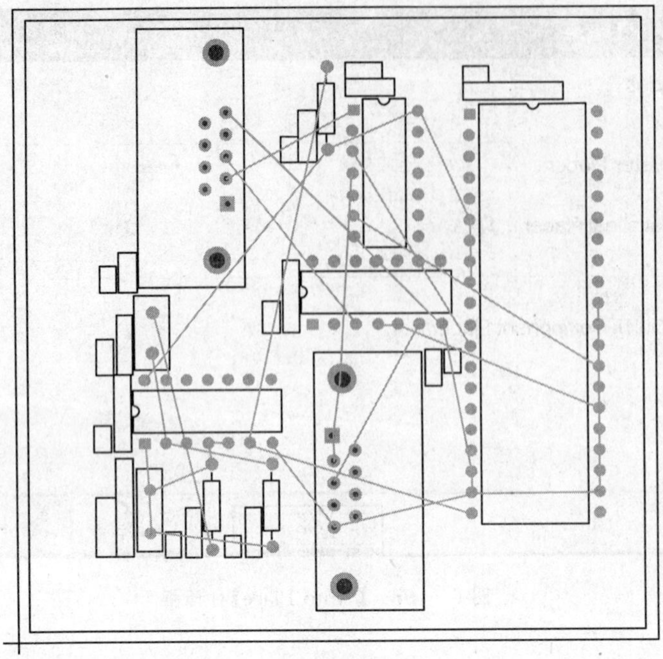

图 6－110　自动布局后的效果图

5. 手工调整元件布局

手工对元件布局调整，整个电路板的布局效果如图 6－111 所示。

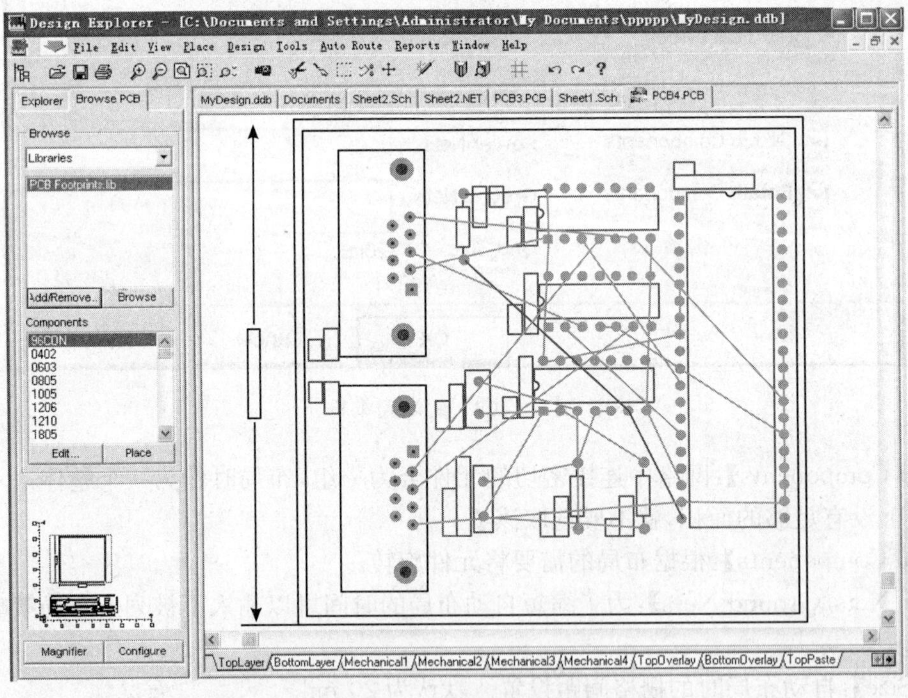

图 6－111　调整之后的布局

6.3.2　自动布线

从图 6－111 可以看出，各元件焊盘之间已经存在连线【Connection】，但这种线，叫飞线。飞线表示的是各元件焊盘间的电气连接关系。

选择【View】|【Connections】下的【Show（显示）/Hide（隐藏）】命令可显示/隐藏全部或部分飞线。

布线是放置铜膜导线。主要根据飞线指示的电气连接关系来布线。布线规则给 PCB 板自动布线器提供了布线时的参考依据，PCB 板自动布线器根据这些参数进行布线。共有 10 类自动布线规则。

6.3.2.1　设置自动布线规则

选择【Design】|【Rules】菜单命令，将弹出如图 6－112 所示的【Design Rules】对话框，点击不同的设计规则选择选项，进入相应的设置界面设计规则。在每种设计规则下，又分了多类规则，双击具体设计规则或单击按钮【Add...】，进入详细规则的设置界面。选择【Routing】选项。

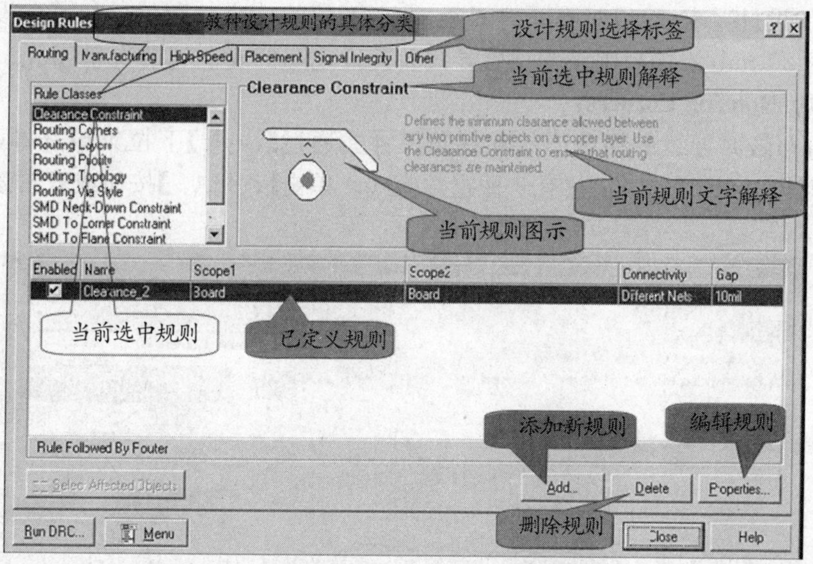

图 6－112　【Routing】（布线）参数设置

1. 安全间距规则（Clearance Constraint）

设定同一工作层面上两种图元之间的最小距离。我们可以对整个电路板设置相同的安全间距，也可以对不同的图元间分别设置不同的安全间距。通常 PCB 板的安全间距可设为 8～10 mil，有的 PCB 板会设置到 12 mil 以上。目前而言 4 mil 以下的安全间距是难以实现的。

如图 6－113 所示的【Clearance Constraint】，设置内容包括：

①【Rule Scope】适用范围：通常，指定该规则适用于整个电路板（Whole Board）。

②【Rule Attributes】属性：规定最小间距的数值（如 10 mil）和所适用的网络。包括【Different Nets Only】（仅不同网络）、【Same Net Only】（仅同一网络）和【Any Net】（任何网络）共 3 种。

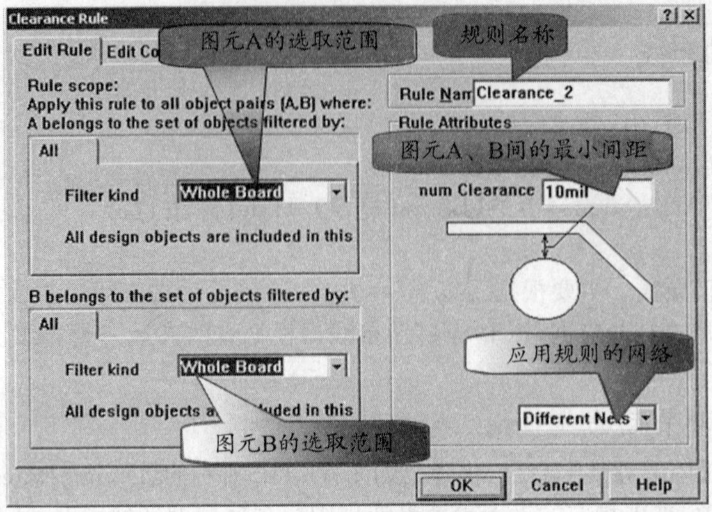

图 6-113　安全间距设置界面

根据 PCB 的设计要求,可以对不同的图元,设定不同的安全间距值。如可以设置底层所有图元的安全间距为 20 mil,添加规则设置顶层导线和元件之间的安全间距为 50 mil。

2. 拐角规则(Routing Corners)

作用是设置布线时导线的拐角形状和拐角尺寸。通过【Style】下拉菜单选择:【90 Degrees】、【45 Degrees】和【Rounded】(圆角)共有 3 种拐角模式。单击【Add...】按钮或双击该项进入界面设置面板(图 6-114)。

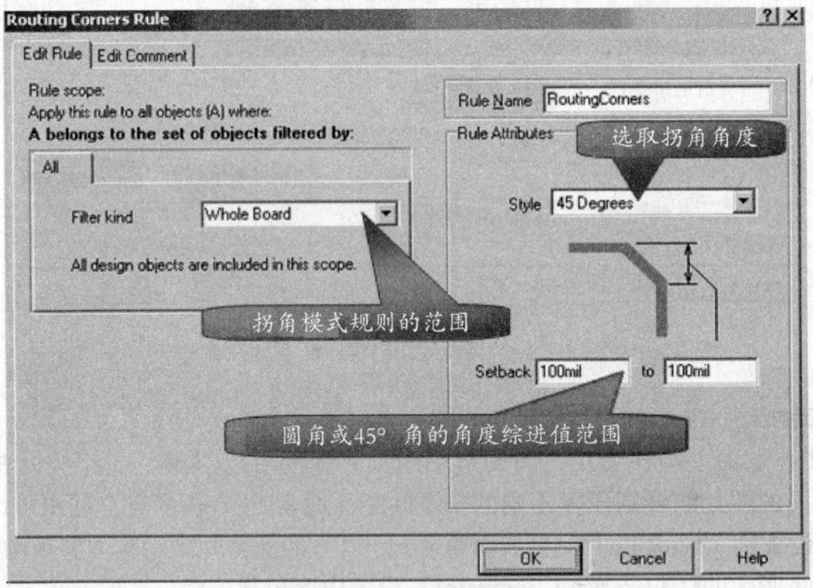

图 6-114　拐角模式规则

3. 布线工作层规则(Routing Layers)

功能是设置布线的工作层及在该层上的布线方向。只能对已定义的信号层设置规则。

一般相邻两层的走线方向要互相垂直，避免分布电容效应产生。多层板的电源层是在层堆栈管理器【Layer Stack Manager】中进行，而不在这里设置。单层板可以顶层设置为“Not Used”，底层设置布线方向为“Any”。

单击按钮【Add...】或双击进入设置，譬如双层板布线，顶层为水平方向布线，底层为垂直方向布线，如图 6－115 所示。

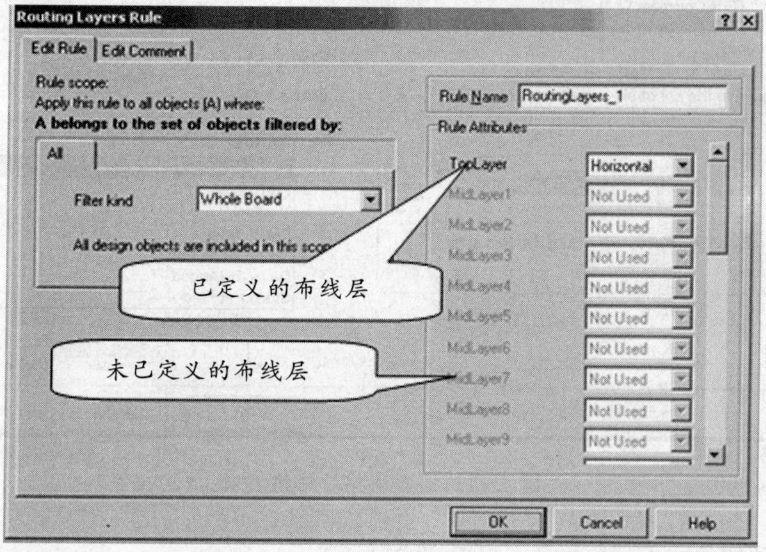

图 6－115　布线工作层规则

4. 布线优先级(Routing Priority)

布线优先级指各个网络布线的先后顺序。优先级高的网络先布线，优先级低的网络后布线。功能是设置各布线的先后顺序。如图 6－116 所示，数字 0 代表最低优先级，100 代表最高优先级，Protel 99 SE 提供了 0～100 共 101 个优先级选择。

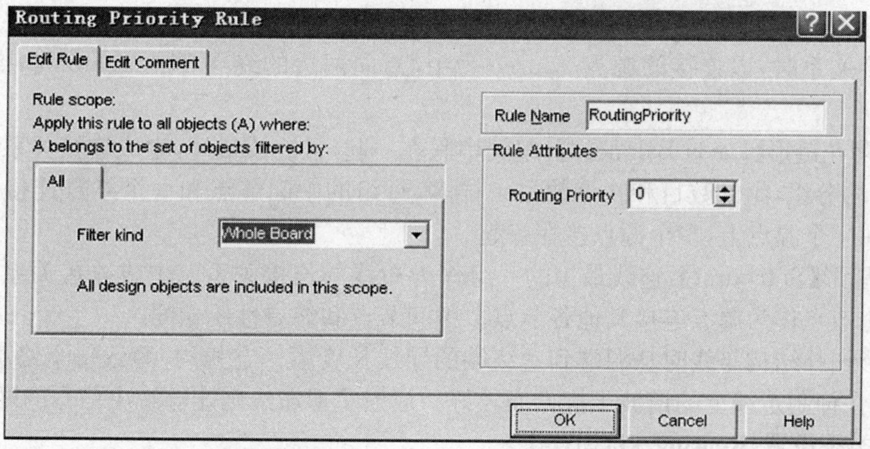

图 6－116　布线优先级规则

5. 布线的拓扑结构(Routing Topology)

拓扑结构是指以焊盘为点,以连接各焊盘的导线为线,则点和线构成的几何图形。功能是设置布线的拓扑结构。一般采用默认值,即布线时网络上各个管脚之间(Pin to Pin)的连接顺序关系,如图 6-117 所示。

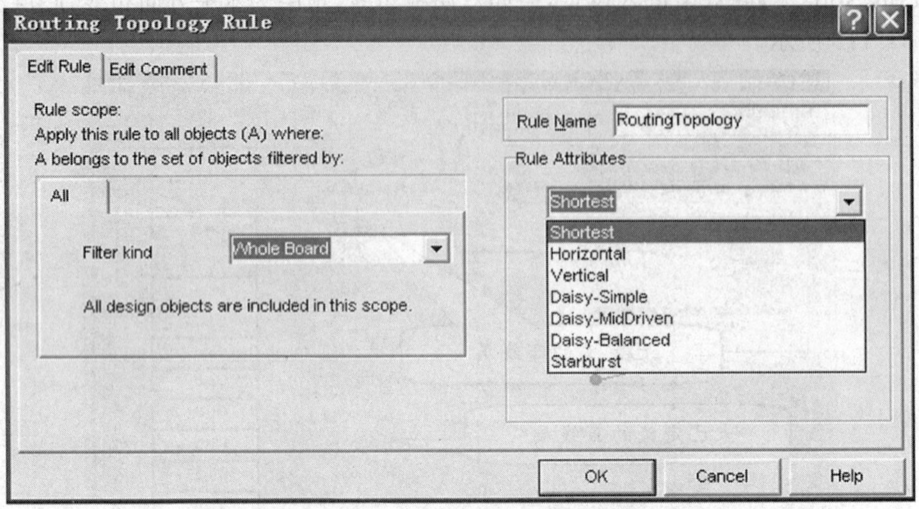

图 6-117 布线拓扑结构规则

有 7 种拓扑结构:

① 最短连线【Shortest】:系统默认的拓扑结构。生成一组最短的连接,将网络上的各引脚连接起来。

② 水平连线【Horizontal】:在水平方向连线最短。生成一组连接将网络上的各引脚连接起来。

③ 垂直连线【Vertical】:在垂直方向连线最短。生成一组连接将网络上的各引脚连接起来。

④ 单菊花链形【Daisy-Simple】:连线最短。生成连接关系时将源点和终点之间的网络上的各引脚连接起来。

⑤ 中间向外的菊花链形【Daisy-Mid-Driven】:中间节点数量均匀分配给两边的终点,且连线最短。生成连接关系时,以连接的源点 Source 为中心,向两边的终点 Terminator 连接网络上的各引脚。

⑥ 平衡菊花链形【Daisy-Balanced】:组间串联在一起,且连线最短,生成连接关系时,将中间节点 Load 数平均分组,组的数目和终点数目一样多,每组的中间节点和一个终点连接,所有的组最终都连接在同一个源点上,多个源点接在一起。

⑦ 放射星形【Starburst】:连线最短的一组作为布线的连接关系。生成连接关系时,试着轮流以网络中每个节点作为源点连接其他各节点。中间节点和终点性质相同。

菊花链形拓扑结构布线时从源端到达终端的导线长度不一定相同,导致每个终端接收到的信号不同步,但在抑制走线上的谐波干扰方面较好。放射星形布线则能够解决信号的同步问题。

6. 过孔类型设置(Routing Via Style)

功能是设置过孔的外径(Diameter)和内径(Hole Size)的尺寸的最小值、最大值及首选值,如图

6－118所示。其中首选值最重要，该值要在最大值、最小值之间。过孔的内径最小不能小于 8 mil。一般信号过孔的外内径分别为 30 mil 和 16 mil，电源和地线的过孔外内径大些，分别为 50 mil 和 28 mil。

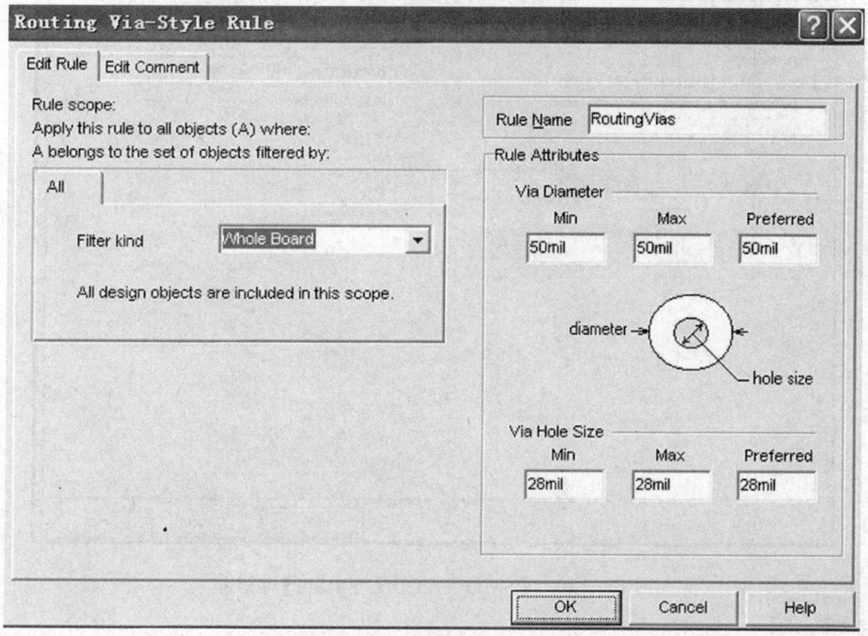

图 6－118　过孔类型设置对话框

7. SMD 的焊盘底座宽度与布线宽度比值规则(SMD Neck-Down Constraint)

以百分比形式设置布线宽度与焊盘底座宽度的最大比值。功能是设置表面贴装器件(SMD)的焊盘底座宽度与布线宽度的最大比值限制，如图 6－119 所示。

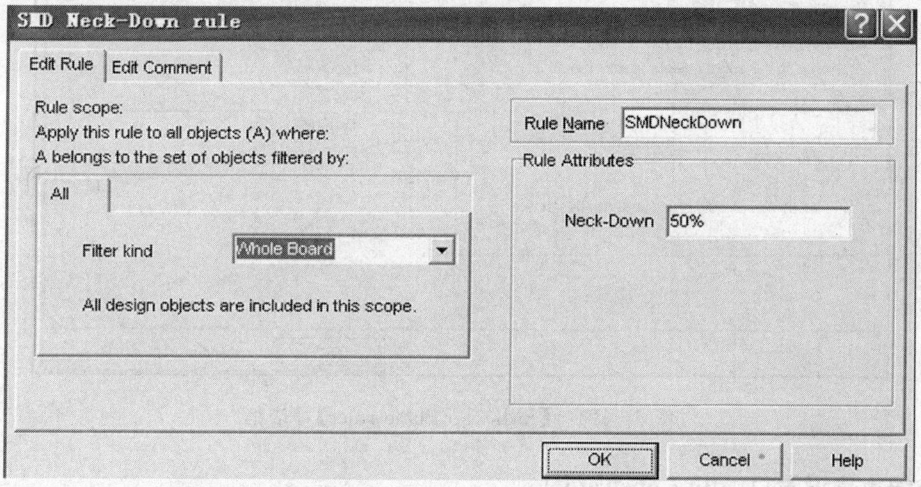

图 6－119　设置【SMD Neck-Down rule】对话框

8. SMD 器件焊盘与导线拐角处最小间距规则(SMD To Corner Constraint)

功能是设置表面贴装器件的焊盘与引出导线的拐角处允许的最小间距，如图 6－120 所示。

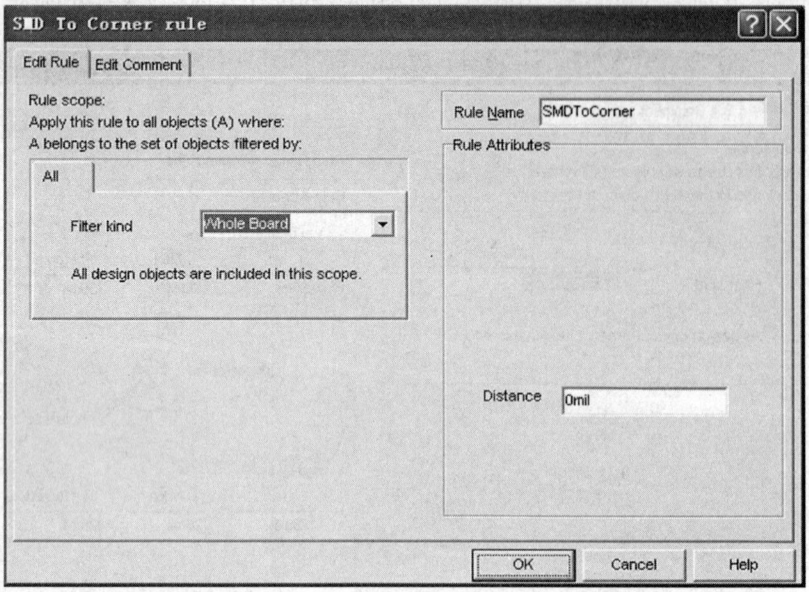

图 6－120 【SMD To Corner ruler】对话框

9. SMD 器件到电源层的连线距离(SMD To Plane Constraint)

功能是设置表面贴装元件连接到电源层时，表面贴装器件的焊盘到连接电源层的过孔之间的最短距离限制。注意：距离过小易造成表面贴装器件的虚焊，如图 6－121 所示。

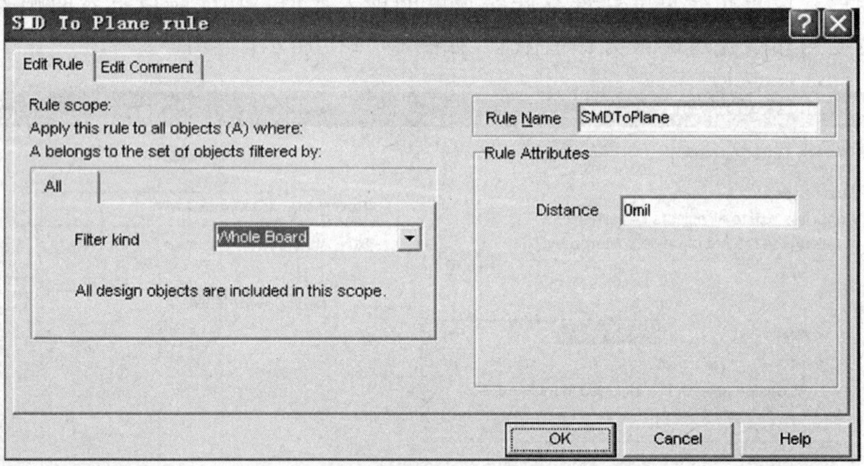

图 6－121 【SMD To Plane ruler】对话框

10. 布线宽度设置(Width Constraint)

首选只用于手工布线和自动布线过程。功能是布线时的导线宽度设置，设置布线时导线的最大宽度和最小宽度允许值。最小值和最大值用在线电气规则检查(DRC)过程中。一般电源线的地线取 20～80 mil，线宽取 20～50mil，而整个板(优先级最低)的线宽一般取 8～13 mil，最小可以是4～6 mil,如图 6－122 所示。

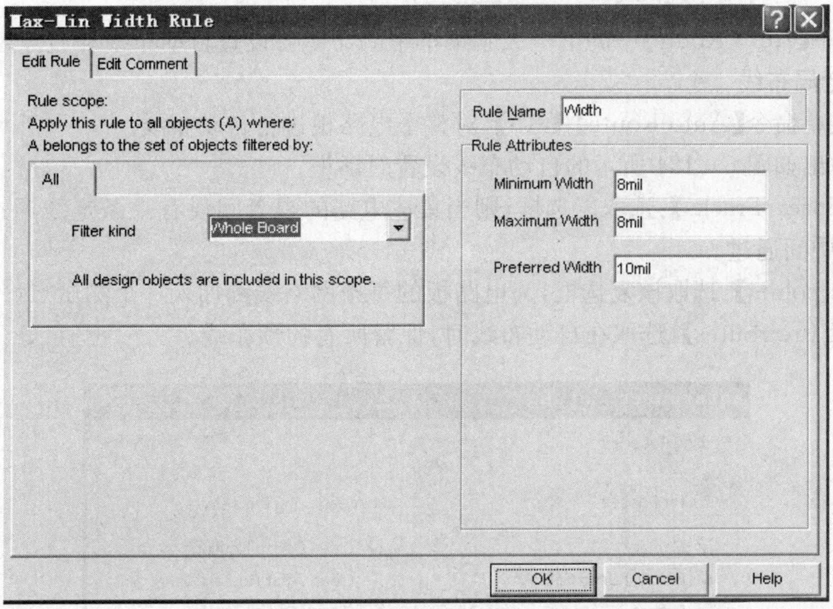

图 6－122　布线宽度设置对话框

6.3.2.2　预布线保护

我们知道在自动布线时,并不是所有的元件参与布线。需要手工布线件称预布线,因此自动布线之前,先把一些导线锁定下来。

① 双击要设置的预布线,弹出设置导线(Track)属性对话框。

② 选取【Locked】复选框,锁定该段导线,如图 6－123 所示。

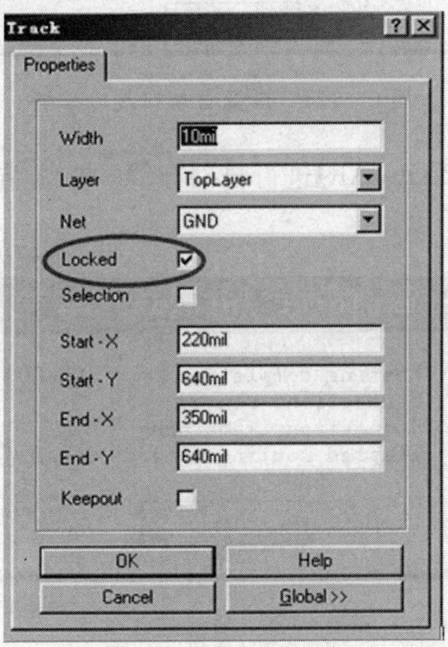

图 6－123　设置预布线

6.3.2.3 运行自动布线

选择主菜单【Auto Route】中的下一级子菜单中的命令可设置自动布线和启停控制。

1.【All】全局布线

① 选择菜单命令【Auto Route】|【All】，对整个电路板进行自动布线。

② 系统弹出如图 6-124 所示的自动布线设置对话框。

【Evenly Space Tracks】：选取复选框，则当集成电路的焊盘间仅有一条走线通过时，则走线将由焊盘间距的中间通过。

【Add Testpoints】：选取该复选框，为电路板的每条网络线都加入一个测试点。

【Lock All Pre-routes】：选取在自动布线时，保留所有的预布线。

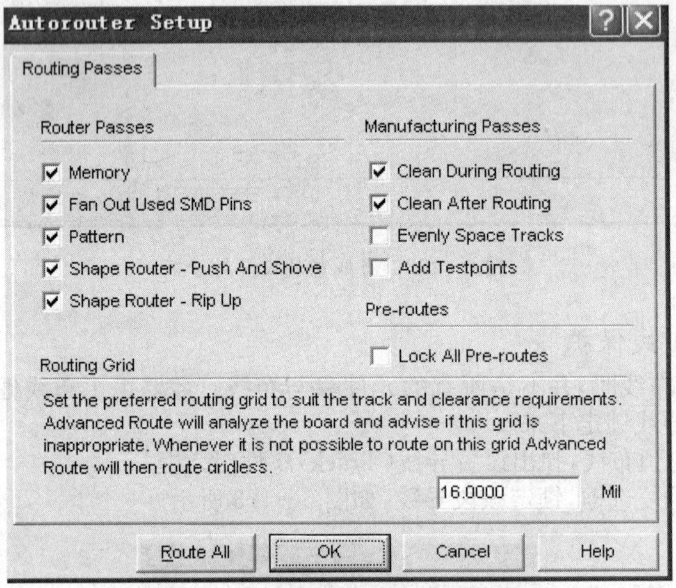

图 6-124　设置自动布线对话框

③ 设置完毕后，单击按钮【Route All】进行自动布线。布线结束后，如图 6-125 所示，显示布线情况。

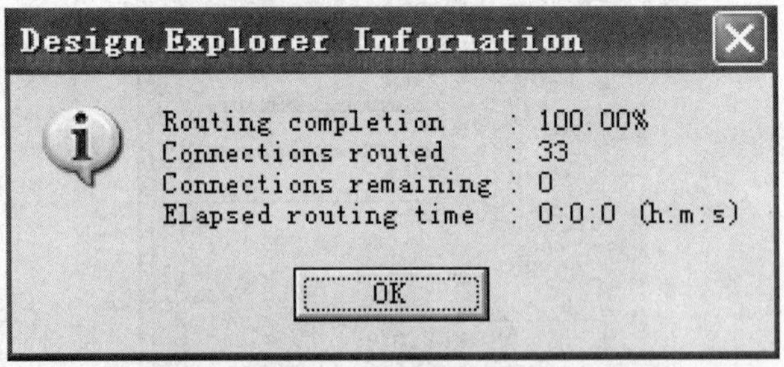

图 6-125　自动布线信息

全局布线后的布线效果如图 6-126 所示。

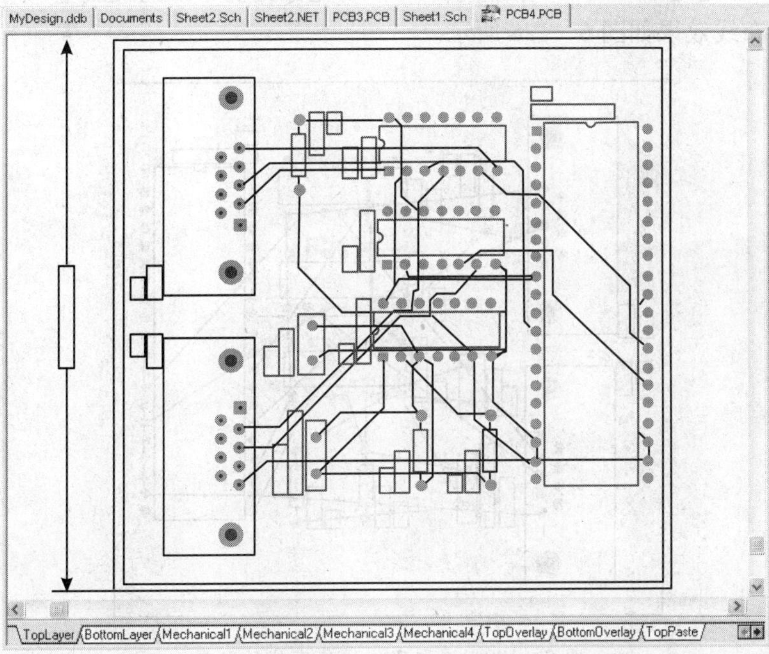

图 6-126 PCB 全局布线的效果图

2. 【Net】网络进行布线

选择【Auto Route】|【Net】菜单命令，移动光标到某网络的其中一条飞线上，单击鼠标左键，对选定飞线所在的网络进行布线。对选定网络进行布线的效果如图 6-127 所示。

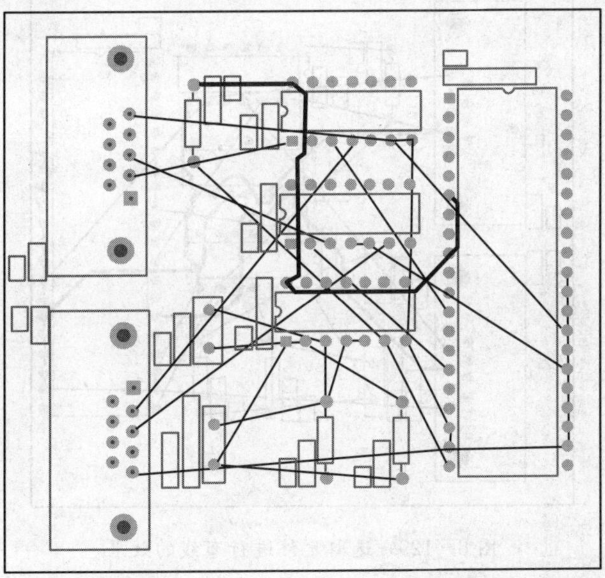

图 6-127 选定网络进行布线的效果

3. 【Connection】飞线进行布线

选择【Auto Route】|【Connection】菜单命令，移动光标到要布线的飞线上，单击鼠标左键，对选定飞线进行布线，布线效果如图 6－128 所示。

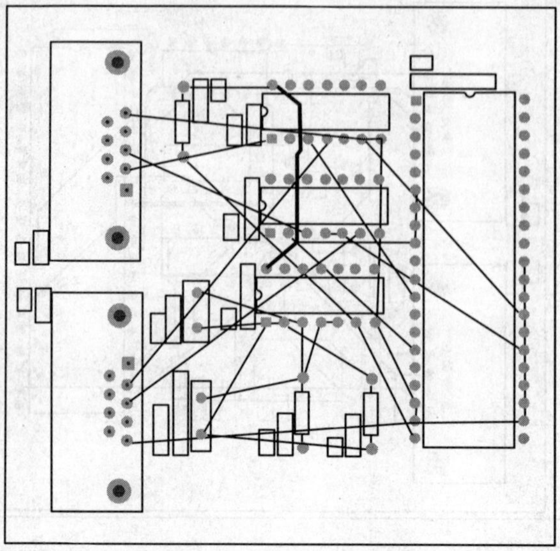

图 6－128　选取飞线进行布线的效果

4. 【Component】对选定元件进行布线

选择【Auto Route】|【Component】菜单命令，移动光标要布线的元件上，单击鼠标左键，如图 6－129所示我们可以看见该元件有关的导线布线效果。

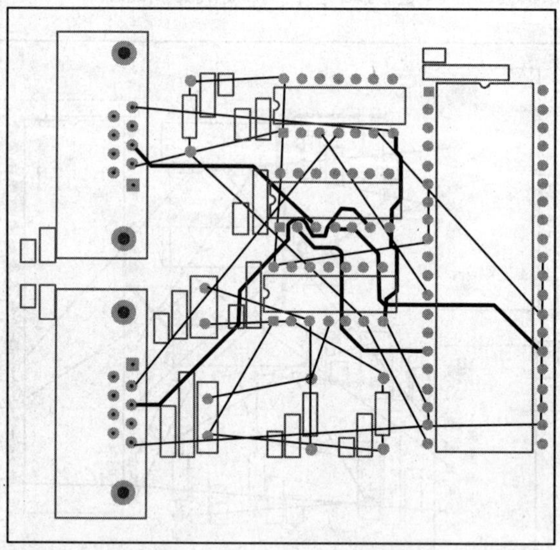

图 6－129　选取元件进行布线的效果

5. 【Area】对选定区域进行布线

选择【Auto Route】|【Area】菜单命令，按住鼠标左键，拖动出一个矩形区域，单击鼠标左键，系统自动对这个区域进行布线。从图 6－130 中我们可以见到该区域全部布线操作。

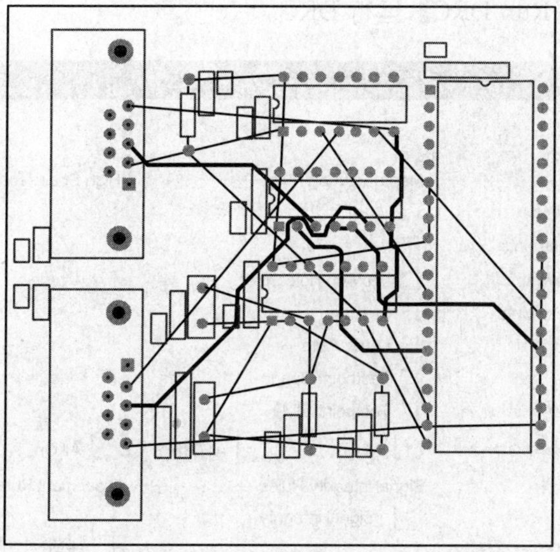

图 6－130　指定区域进行布线的效果

6. 其他布线命令

【Stop】：停止自动布线。

【Reset】：电路重新布线。

【Pause】：暂停自动布线。

【Restart】：重新开始自动布线。

6.3.2.4　【Testpoint】测试点生成

通常合适的过孔和焊盘都可作测试点。测试点是为了仪器探针测试而在电路板上特别制成的铜膜区域。测试点生成的方法有：

1. 方法一

用鼠标左键双击要作为测试点的过孔或焊盘，在弹出的对话框中的【Testpoint】项选取【Top】或【Bottom】或两个都选取，生成测试点，同时【Locked】项被选取，此焊盘或过孔被锁定。

2. 方法二

选择【Tools】|【Find and Set Testpoint】菜单命令，系统自动的在 PCB 中找最合适的焊盘和过孔作为测试点，并弹出一个信息框并确认后，测试点生成。选择菜单命令【Tools】|【Clear All Testpoints】，则清除所有的测试点。

3. 方法三

在自动布线中生成测试点。选择【Auto Route】|【All】命令自动布线时，弹出自动布线对话框如图 6－124 所示，在【Manufacturing Passes】中，选取复选框【Add Testpoints】，则在自动布线时，会自动生成测试点。

6.3.2.5　DRC校验

选择【Tools】|【Design Rule Check】菜单命令，系统弹出如图6-131所示的【Design Rule Check】对话框。单击按钮【Run DRC】，运行DRC。

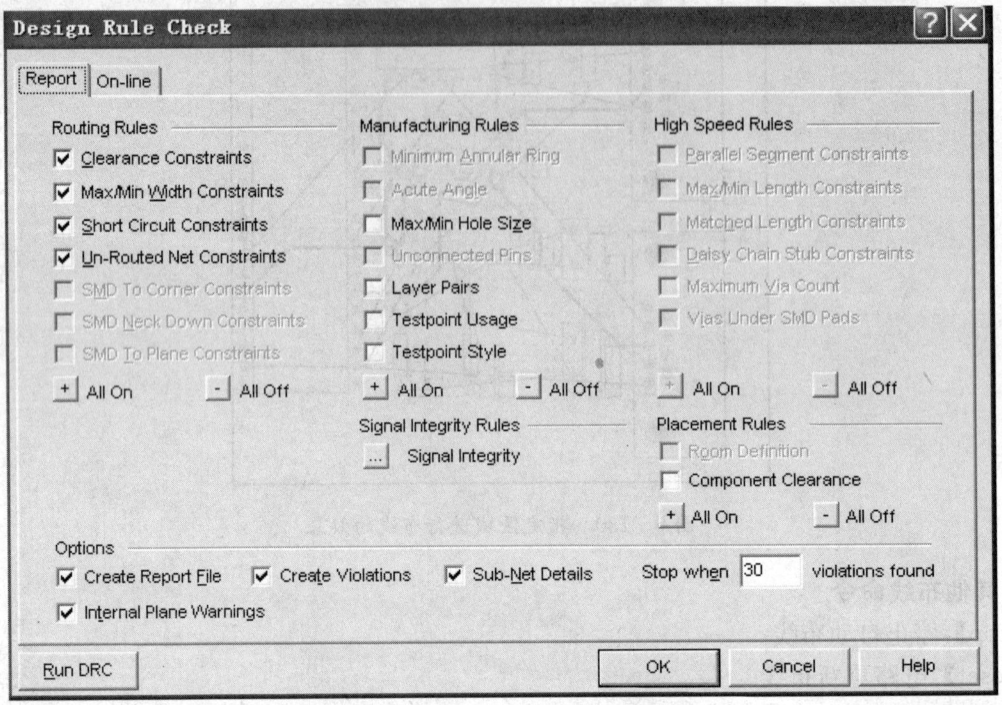

图6-131　规则检查对话框

6.3.2.5　手工调整布线

1. 调整布线

如果我们不满意自动布线的结果，可以拆除以前的布线。有4条拆除布线的命令，拆除所有布线【Tools】|【Un-Route】|【All】、拆除指定网络的布线【Tools】|【Un-Route】|【Net】、拆除指定连线的布线【Tools】|【Un-Route】|【Connection 】以及拆除指定元件的布线【Tools】|【Un-Route】|【Component】。

2. 在电路板上放置焊盘与网络连接

在PCB图中放置3个焊盘，查看所放置焊盘的属性。可在焊盘属性对话框中，单击【Advanced】，在Net下拉框中选择焊盘所在的网络。如图6-132所示，如，电源焊盘属于“+12”网络，地线焊盘，属于“GND”网络。设置完3个焊盘的网络属性后，我们会发现这3个焊盘通过飞线与相应的网络连接，如图6-133所示。

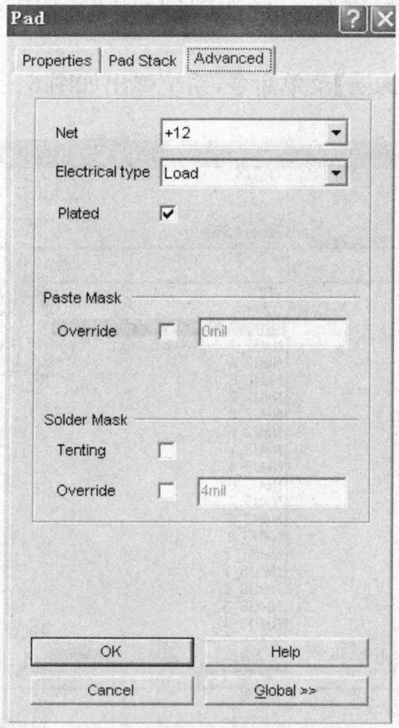

图 6－132　设置焊盘的网络属

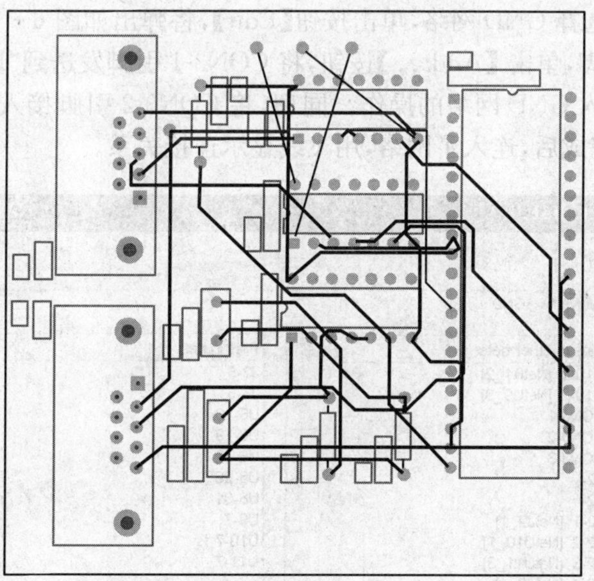

图 6－133　设置焊盘属性后的飞线

3. 插元件与网络相连

在 PCB 图中放置有 3 个焊盘的一个接插元件，元件标号为 CON，元件封装为 SIP-3。CON-1

引脚接入 GND 网络，CON-2 引脚接入＋12V 网络，CON-3 引脚接入 VCC 网络。采用 Netlist Manager 实现。

① 选择【Design】|【Netlist Manager】菜单命令，系统弹出如图 6－134 所示网络表管理器对话框。

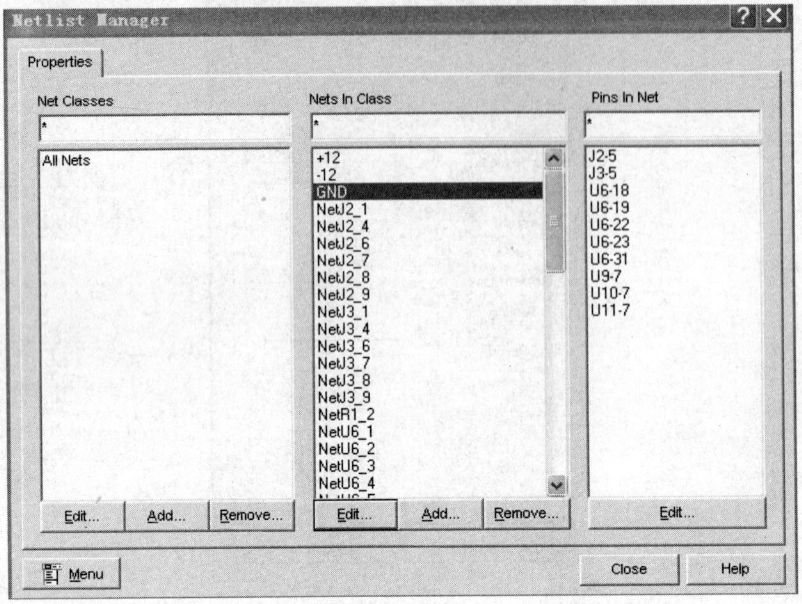

图 6－134 【Netlist Manage】对话框

② 在网络列表中，选择 GND 网络，单击按钮【Edit】，将弹出如图 6－135 所示的【Edit Net】对话框。选取 CON3-1 引脚，单击【Add...】按钮，将 CON3-1 引脚发送到“Pins in net”列表框中，完成了将 CON3-1 引脚接入 GND 网络的操作。同理，将 CON3-2 引脚接入＋12V 网络，将 CON3-3 引脚接入 VCC 网络。完成后，连入了网络，用飞线显示连接关系。

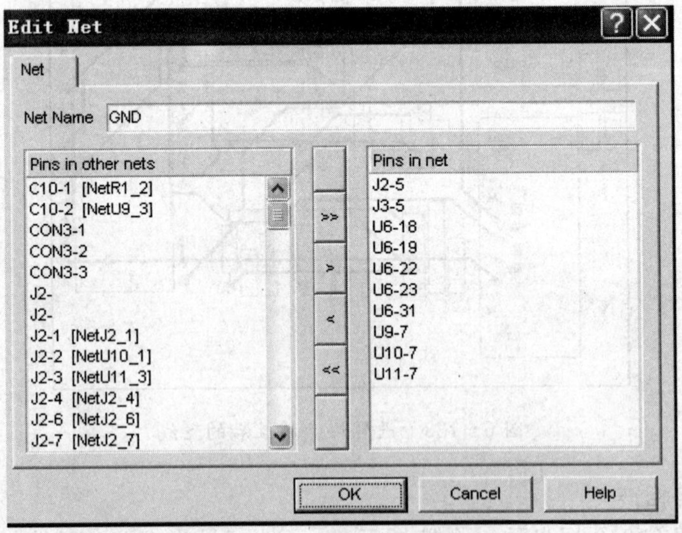

图 6－135 【Edit Net】网络编辑

4. 加宽电源线/接地线

方法 1：自动布线时加宽。

在布线的规则中，设置【Width Constraint】布线宽度，单击按钮【Add】，在布线宽度对话框中，在“Filter Kind”下拉框中选择 Net。在下方的“Net”下拉框中选择要加宽网络名，如 VCC 或 GND。

布线的最小、最大和首选值设置，其中首选值在布线时采用。最后，单击按钮【OK】。选择【Auto Route】|【All】命令，完成布线。

方法 2：全局编辑功能加宽导线。

以将 VCC 和 GND 网络的导线线宽增加为 20 mil 为例。将光标移到要加宽的导线上（如电源线），双击鼠标左键，在【Track】属性设置对话框中，单击左下方的【Local≫】按钮，看到拓展后的对话框增加了 3 个选项区域，如图 6－136 所示。

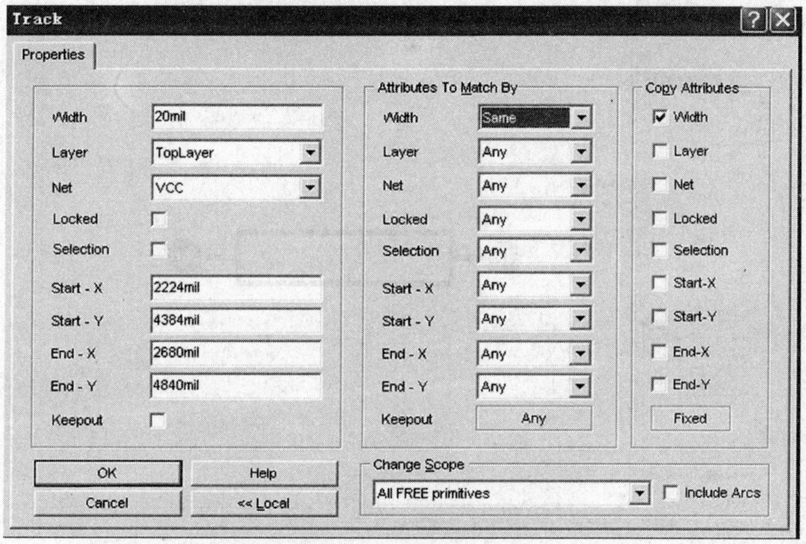

图 6－136　全局编辑下的【Track】属性设置

对所选取的导线，如果是属于与选取导线在同一网络内的所有导线，要改变其宽度，变为 20 mil。进行设置全局编辑对话框：在“Width”文本框输入 20 mil；在“Attributes To Match By”选项区域中的“Net”下拉列表框中选取“Same”；在“Copy Attributes”选项区域的“Width”复选框被选中，单击按钮【OK】。系统弹出对话框“Confirm”，是否确认，单击 按钮【Yes】，符合设置条件的导线宽度被改变。

5. 调整与添加文字标注

（1）文字标注调整　将光标移到要调整的文字标注上，按住鼠标左键拖动。双击文字标注，在弹出的属性对话框中进行修改。

（2）文字标注添加　3 个焊盘的分别用 VCC、GND 标注，将 Top Overlay 切换为当前工作层，选择【Place】|【String】菜单命令，光标变成十字形，按下【Tab】键，在弹出的字符串属性对话框中，设置字符串的内容、大小等参数。移动光标到新的位置，单击鼠标左键，放置一个文字标注。

6. 放置螺丝孔

放置一个焊盘，设置焊盘的属性在焊盘的属性对话框中，单击“Properties”选项，选择圆形焊盘，并设置【X-Size】、【Y-Size】和【Hole-Size】数据相同，孔的尺寸要与螺丝的直径相符。目的是取消焊盘的孔口铜箔。在【Advanced】选项卡中，使“Plated”复选框无效，目的是取消通孔壁上的电镀。单击按钮【OK】，一个螺丝孔制作完成。

6.3.2.7 项目元件封装库创建

① 打开要生成项目元件封装库的PCB文件，如scb3.pcb。

② 选择【Design】|【Make Libraries】菜单命令，系统切换到元件封装库编辑器，生成相应的元件封装库，并把文件名称命名为scb3.lib。如图6-137所示仅包含该PCB所用的元件封装、新的元件封装库的元件封装。

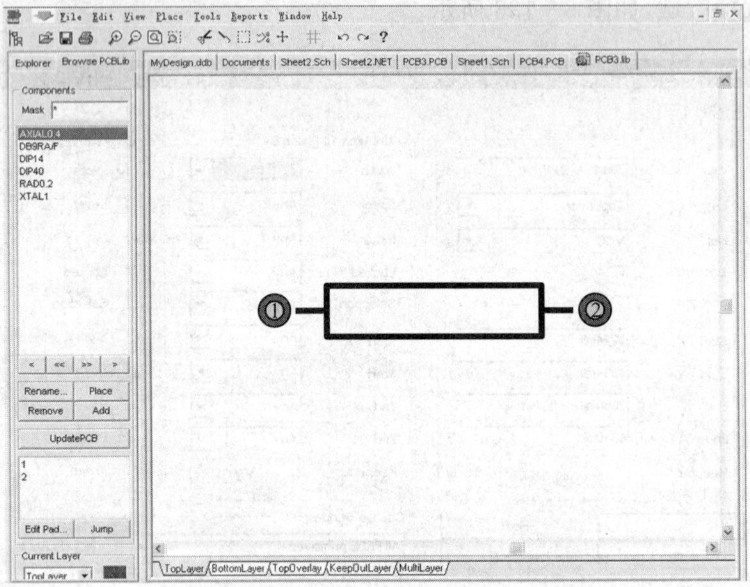

图6-137 【Make Libraries】面板

习 题

1. 试设计如图6-138所示的电路的电路板。

PCB设计要求：单层电路的顶层为元件面，底层为焊接面，同时还需要有丝网层、底层阻焊膜层、禁止层和穿透层。布线时只要在底层布线就可以了，而线宽可以在铜膜线属性中设置。参考电路见原理图(图6-138)和电路板(图6-139、图6-140)，元件见表6-4。

(1) 要求画出原理图，建立网络表，人工布置元件，自动布线，使用单层电路板。

(2) 电源地线铜膜线的宽度为50 mil。

(3) 一般布线的宽度为 30 mil。

(4) 手工放置元件封装。

(5) 手工连接铜膜线。

(6) 布线时考虑只能单层走线。

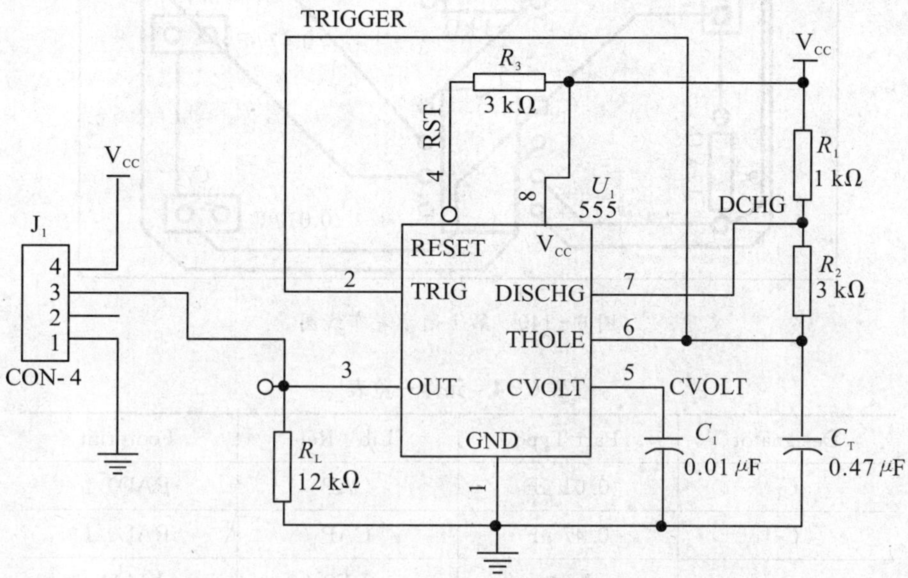

图 6 - 138　第 1 题电路原理图

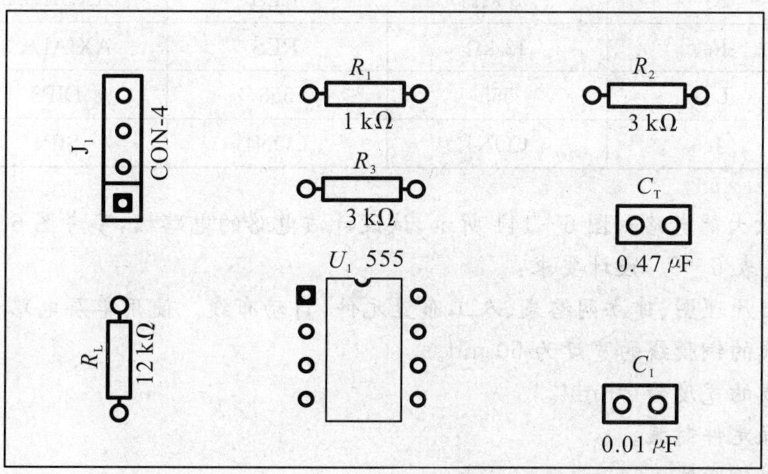

图 6 - 139　第 1 题参考布局图

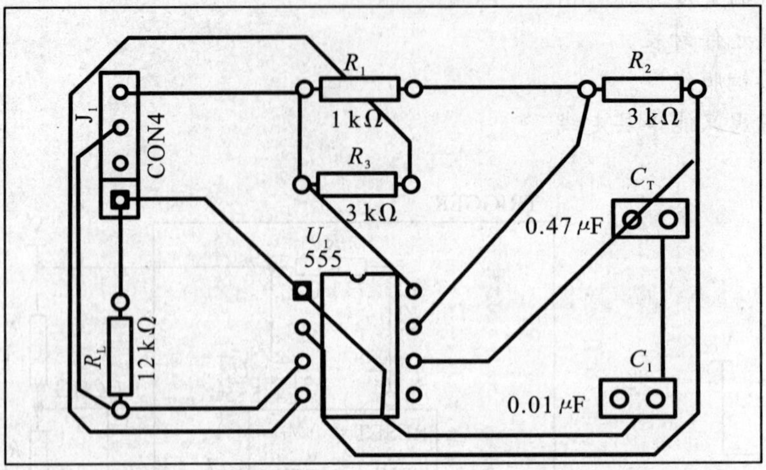

图 6-140　第 1 题参考布线图

表 6-4　元件一览表

Designator	Part Type	Lib　Ref	Footprint
C_1	0.01 μF	CAP	RAD0.1
C_T	0.47 μF	CAP	RAD0.1
R_1	1 kΩ	RES	AXIAL0.3
R_3	3 kΩ	RES	AXIAL0.3
R_2	3 kΩ	RES	AXIAL0.3
R_L	12 kΩ	RES	AXIAL0.3
U_1	555	555	DIP8
J_1	CON4	CON4	SIP4

2. 共发射极放大器电路如图 6-141 所示，试设计该电路的电路板，参考图 6-141、图 6-142、图 6-143，元件见表 6-5。设计要求：

(1) 要求画出原理图、建立网络表、人工布置元件，自动布线。使用单层电路板。

(2) 电源地线的铜膜线的宽度为 50 mil。

(3) 一般布线的宽度为 20 mil。

(4) 人工放置元件封装。

(5) 人工连接铜膜线。

(6) 布线时考虑只能单层走线。

表 6-5　元件一览表

Designator	Part Type	Lib Ref	Footprint
C_1	0.1 μF	CAP	RAD 0.1
C_2	0.1 μF	CAP	RAD 0.1
C_3	0.1 μF	CAP	RAD 0.2
R_1	3 kΩ	RES	AXIAL 0.3
R_3	5 kΩ	RES	AXIAL 0.3
R_2	8 kΩ	RES	AXIAL 0.3
R_4	600	RES	AXIAL 0.3
Q_1	9018	2N1893	TO-92A
J_2	CON2	CON2	SIP2
J_1	CON4	CON4	SIP4

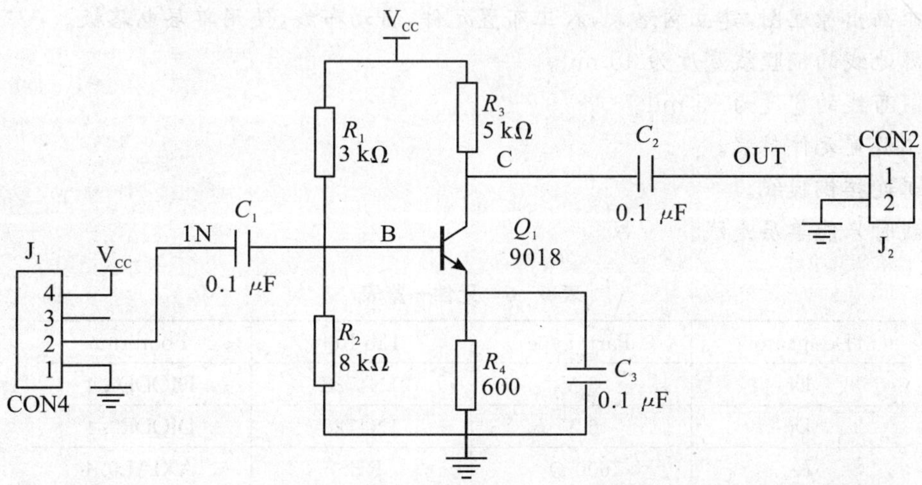

图 6-141　第 2 题电路原理图

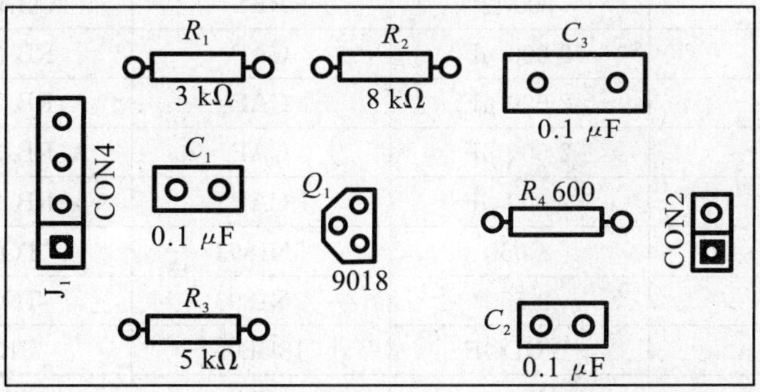

图 6-142　第 2 题参考布局图

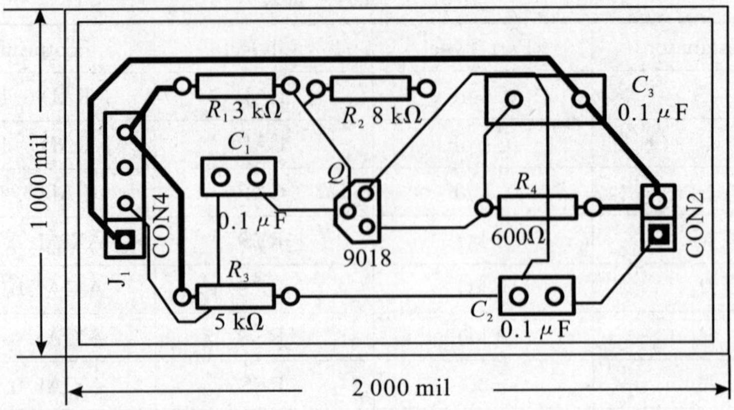

图 6-143　第 2 题参考布线图

3. 正负稳压电源电路如图 6-144 所示，试设计该电路的电路板，参考图 6-145、图 6-146，元件见表 6-6。设计要求：

(1) 要求画出原理图，建立网络表，人工布置元件，自动布线，使用单层电路板。

(2) 电源地线的铜膜线宽度为 45 mil。

(3) 一般布线的宽度为 15 mil。

(4) 人工放置元件封装。

(5) 人工连接铜膜线。

(6) 布线时只能单层走线。

表 6-6　元件一览表

Designator	Part Type	Lib Ref	Footprint
D_2	6 V	1N4728	DIODE0. 4
D_1	6 V	1N4728	DIODE0. 4
R_2	600 Ω	RES	AXIAL0. 4
R_4	600 Ω	RES	AXIAL0. 4
R_1	800 Ω	RES	AXIAL0. 4
R_3	800 Ω	RES	AXIAL0. 4
C_4	2 000 μF	CAP	RB. 3/. 6
C_2	2 000 μF	CAP	RB. 3/. 6
C_1	2 000 μF	CAP	RB. 3/. 6
C_3	2 000 μF	CAP	RB. 3/. 6
Q_1	8 050	2N1893	TO220
Q_2	8 550	2N1893	TO220
D_3	BRIDGE	18DB05	FLY4
J_2	CON3	CON3	SIP3
J_1	CON3	CON3	SIP3

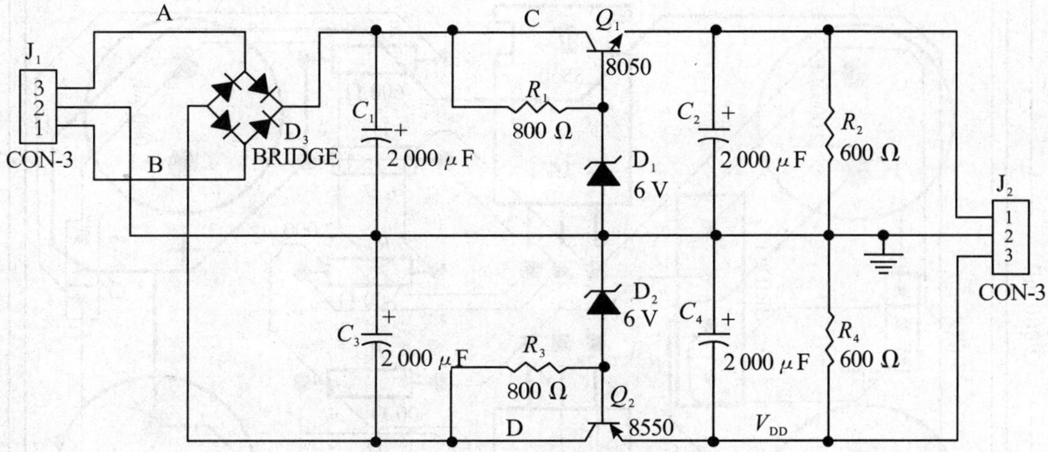

图 6-144　第 3 题电路原理图

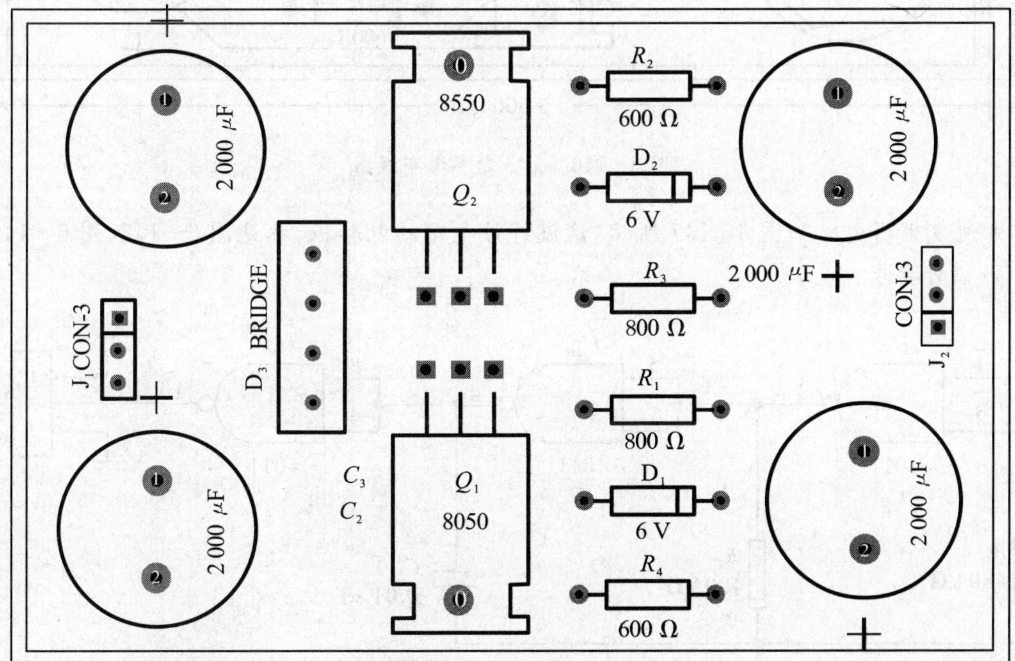

图 6-145　第 3 题参考布局图

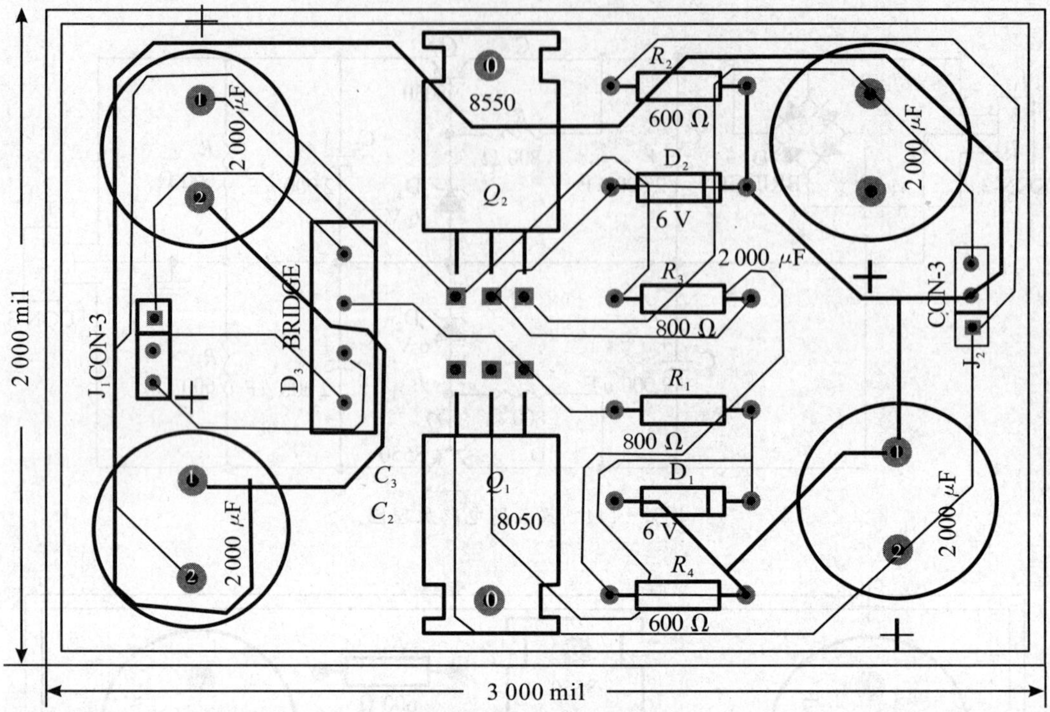

图 6-146　第 3 题参考布线图

4. 方波发生器电路如图 6-147 所示，试设计该电路的电路板，参见图 6-148、图 6-149，元件见表6-7。设计要求：

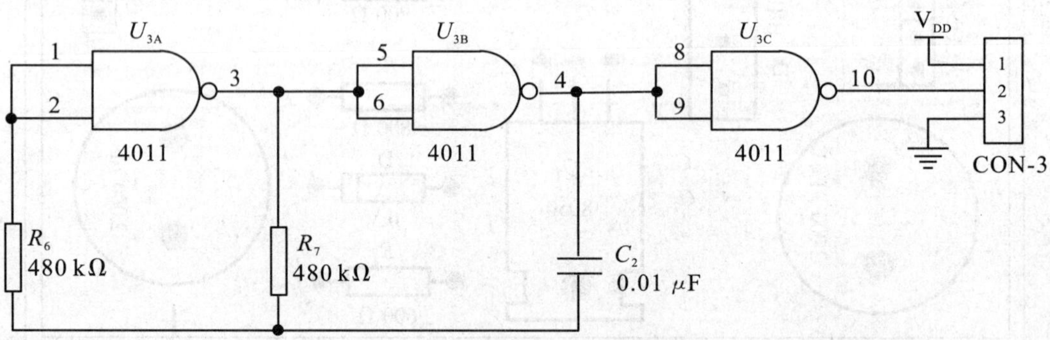

图 6-147　第 4 题电路原理图

(1) 要求画出原理图，建立网络表，人工布置元件，自动布线，使用单层电路板。

(2) 电源地线的铜膜线的宽度为 30 mil。

(3) 一般布线的宽度为 15 mil。

(4) 人工放置元件封装。

(5) 人工连接铜膜线。

(6) 布线时考虑只能单层走线。

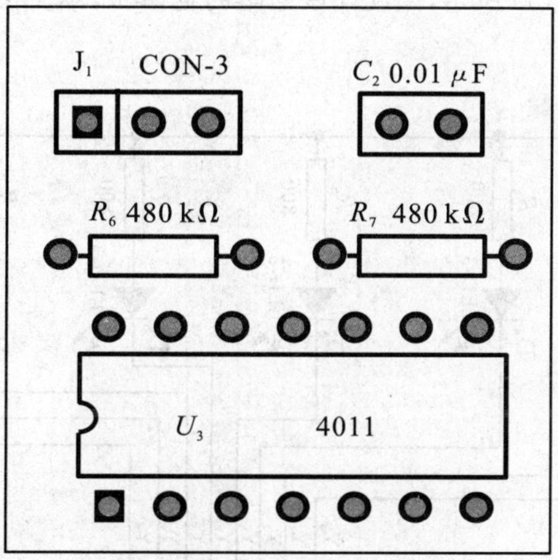

图 6－148　第 4 题参考布局图

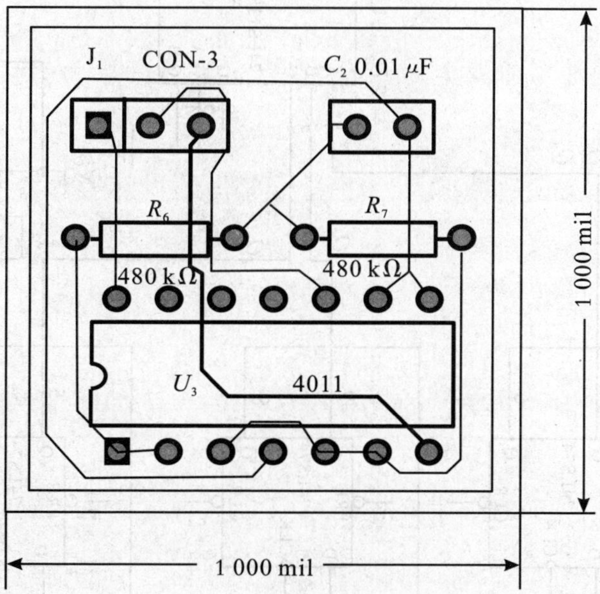

图 6－149　第 4 题参考布线图

表 6－7　元件一览表

Part Type	Designator	Footprint	Lib Ref	Description
0.01 μF	C_2	RAD0.1	CAP	Capacitor
48 kΩ	R_7	AXIAL0.3	RES	Resistor
480 kΩ	R_6	AXIAL0.3	RES	Resistor
4011	U_3	DIP14	4011	Quad 2Input NAND Gate
CON3	J_1	SIP3	CON3	Connector

5. 计数译码电路如图 6-150 所示，试设计该电路的电路板，参见图 6-151，元件见表 6-8。设计要求：

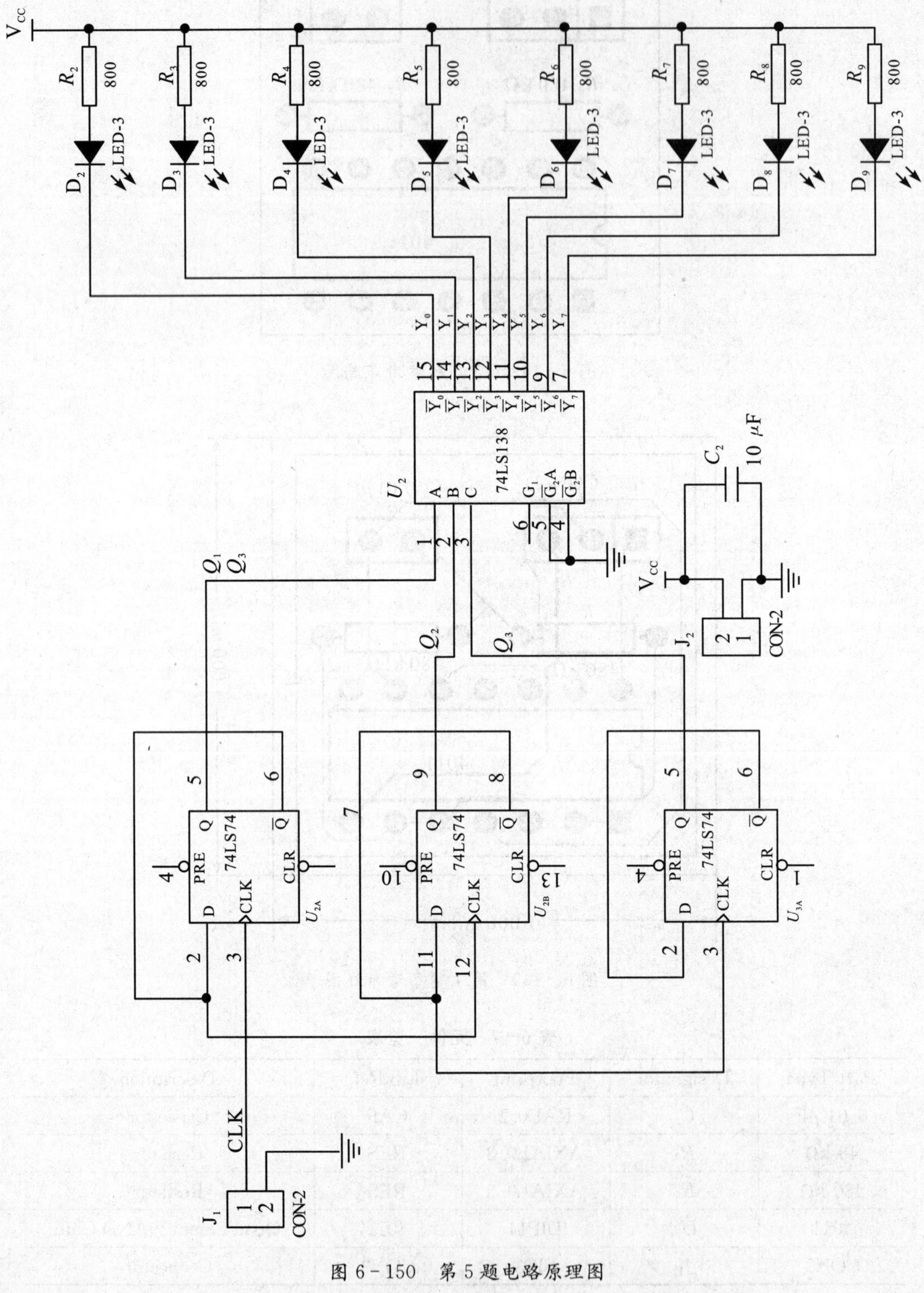

图 6-150　第 5 题电路原理图

(1) 要求画出原理图、建立网络表、人工布置元件，自动布线。使用双层电路板。
(2) 电源地线的铜膜线宽度为 40 mil。
(3) 一般布线的宽度为 15 mil。
(4) 人工放置元件封装，并排列元件封装。
(5) 人工连接铜膜线。
(6) 布线时考虑顶层和底层都走线，顶层走水平线，底层走垂直线。
(7) 生成相应的元件封装库。

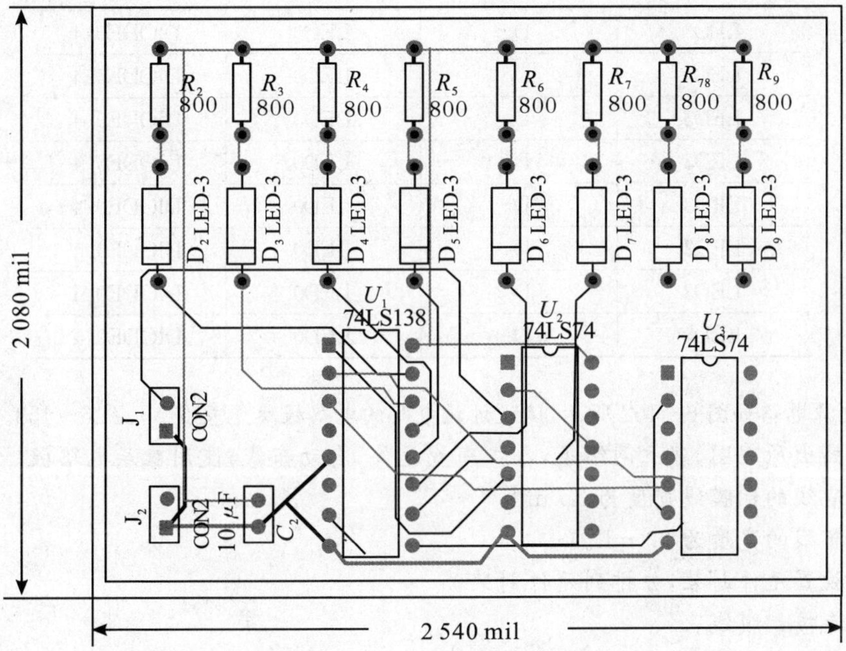

图 6-151　第 5 题参考布线图

表 6-8　元件一览表

Part Type	Designator	Lib Ref	Footprint
10 μF	C_2	CAP	RAD0.1
74LS74	U_3	74F74	DIP14
74LS74	U_2	74F74	DIP14
74LS138	U_1	74LS138	DIP16
800	R_5	RES	AXIAL0.3
800	R_4	RES	AXIAL0.3
800	R_8	RES	AXIAL0.3
800	R_7	RES	AXIAL0.3

续表

Part Type	Designator	Lib Ref	Footprint
800	R_6	RES	AXIAL0. 3
800	R_3	RES	AXIAL0. 3
800	R_2	RES	AXIAL0. 3
800	R_9	RES	AXIAL0. 3
CON2	J_2	CON2	SIP2
CON2	J_1	CON2	SIP2
LED3	D_9	LED0	DIODE0. 4
LED3	D_8	LED0	DIODE0. 4
LED3	D_4	LED0	DIODE0. 4
LED3	D_3	LED0	DIODE0. 4
LED3	D_2	LED0	DIODE0. 4
LED3	D_7	LED0	DIODE0. 4
LED3	D_6	LED0	DIODE0. 4
LED3	D_5	LED0	DIODE0. 4

6. 稳压电源电路如图 6-152 所示，试设计该电路的电路板参见表 6-9、图 6-153。设计要求：

(1) 要求画出原理图，建立网络表，人工布置元件，自动布线，使用双层电路板。

(2) 电源地线的铜膜线宽度为 25 mil。

(3) 一般布线的宽度为 20 mil。

(4) 人工放置元件封装，并排列元件封装。

(5) 人工连接铜膜线。

(6) 布线时考虑顶层和底层都走线，顶层走水平线，底层走垂直线。

(7) 生成相应的元件封装库。

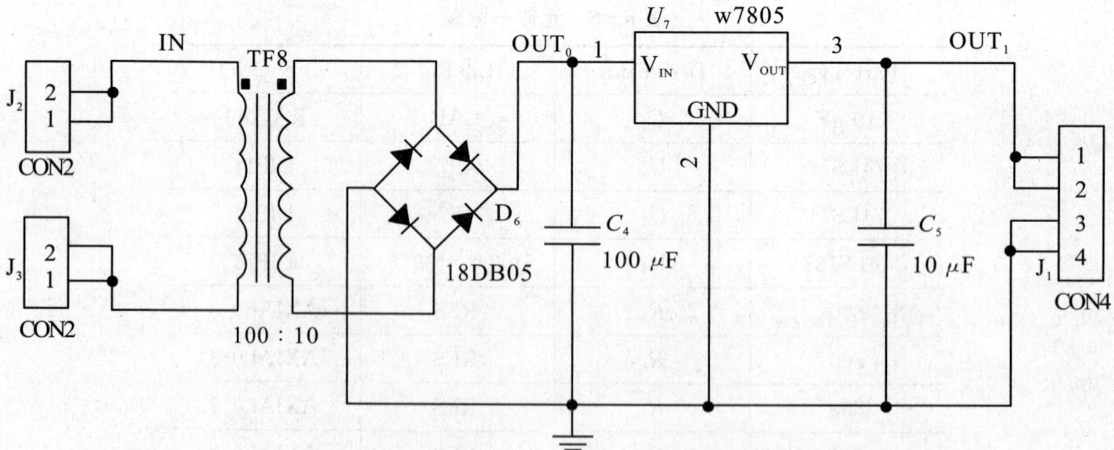

图 6-152 第 6 题电路原理图

表 6-9　元件一览表

Part Type	Designator	Lib Ref	Footprint
10 μF	C_5	CAP	RAD0.1
18DB05	D_6	18DB05	D-37
100 : 10	TF8	10TO1	FLY4
100 μF	C_4	CAP	RB.3/.6
CON2	J_2	CON2	SIP2
CON2	J_3	CON2	SIP2
CON4	J_1	CON4	FLY4
w7805	U_7	78L05	TO-220V

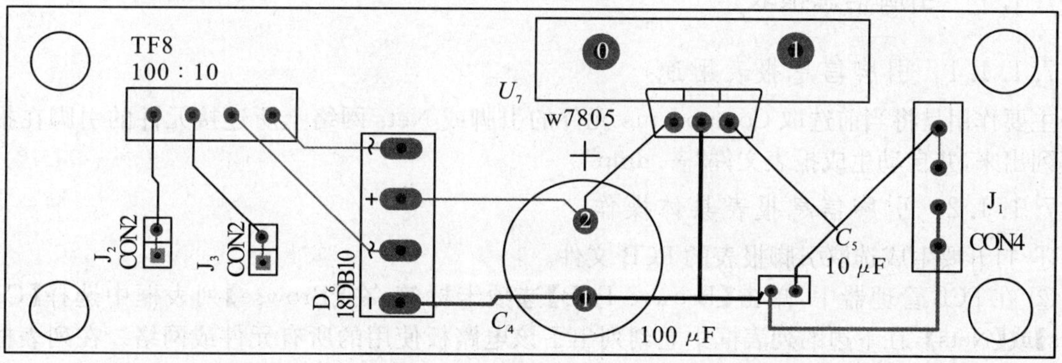

图 6-153　第 6 题参考布线图

7. 我们在进行 PCB 设计时，经常碰到装入网络表和元件发生网络宏错误，通常应怎样解决？

8. Protel 99 SE 元件布局的规则有哪些？群集式和统计式布局方式有什么区别？

9. Protel 99 SE 电路板的自动布线规则有哪些？

10. 预布线有什么作用？在自动布线时如何保护预布线？

11. 简述如何利用同步器装入网络表与元件。该方法与传统的利用网络表文件装入网络表与元件的方法相比有哪些优点？

第 7 章　PCB 报表文件生成和 PCB 文件打印

7.1　PCB 报表文件生成

Protel 99 SE 提供了多种类型的 PCB 报表。

7.1.1　引脚信息报表

7.1.1.1　引脚信息报表用途

主要作用是将当前选取 Components 元件的引脚或 Nets 网络上所连接元件的引脚在报表中全部列出来，并自动生成报表文件“*.dmp”。

7.1.1.2　引脚信息报表具体操作

① 打开要生成选取引脚报表的 PCB 文件。

② 在 PCB 管理器中，单击【Browse PCB】选项卡标签，在【Browse】列表框中选择【Components】或【Nets】，在下边的列表框中立刻列出了该电路板使用的所有元件或网络。在列表框中选择一个元件或网络，然后单击按钮【Select】，选取该元件或网络，如图 7-1 所示元件选择对话框。利用这个方法可选中多个元件或网络。在 PCB 图中，被选取的元件以高亮显示。

图 7-1　元件选择对话框

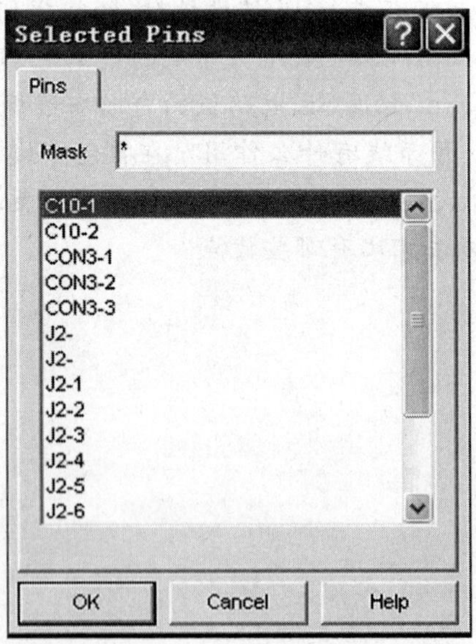

图 7-2　引脚信息报表引脚选择对话框

③ 选择菜单命令【Reports】|【Selected Pins】，弹出图 7－2 所示引脚信息报表引脚选择对话框，列出当前所有被选取元件的引脚。选取元件的一个引脚，单击按钮【OK】，就会出现引脚信息报表文件如图 7－3 所示，文件名为"＊.dmp"，该文件中包括所选中元件的全部引脚。

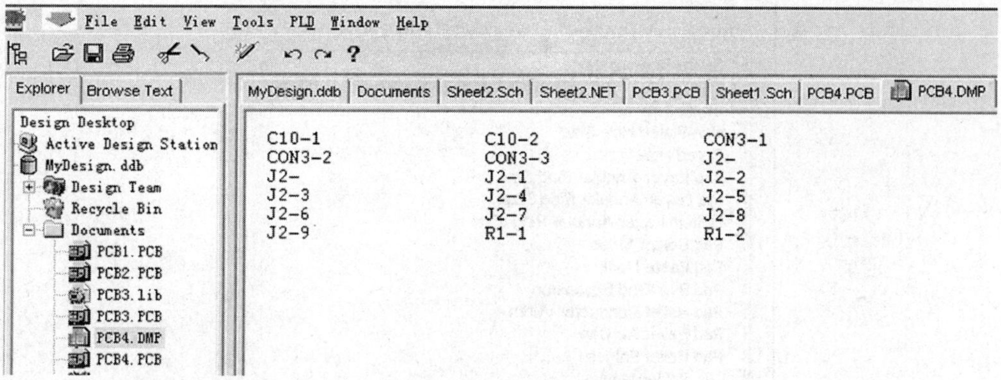

图 7－3　引脚信息报表文件

7.1.2　电路板信息报表

7.1.2.1　电路板信息报表用途

作用是为设计者提供所设计的电路板的完整信息，包括电路板尺寸、电路板上的焊盘、过孔的数量及电路板上的元件标号等。

7.1.2.2　具体操作

① 选择【Reports】|【Board Information】菜单命令。

② 弹出如图 7－4 所示的【PCB Information】PCB 信息对话框。

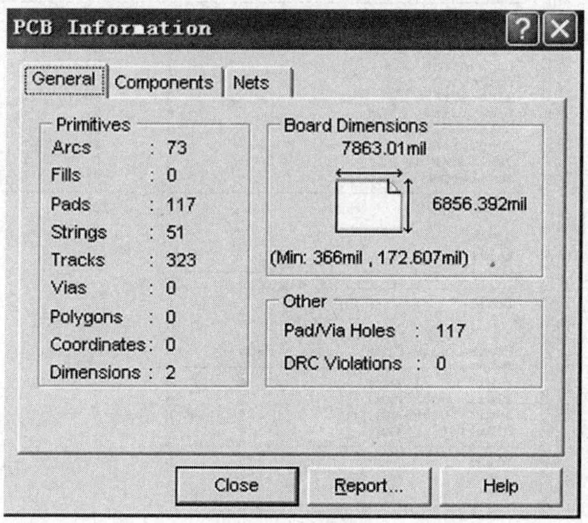

图 7－4　PCB 信息报表生成对话框

③ 单击按钮【Report】，弹出如图 7－5 所示的报表内容选择对话框，生成报表。

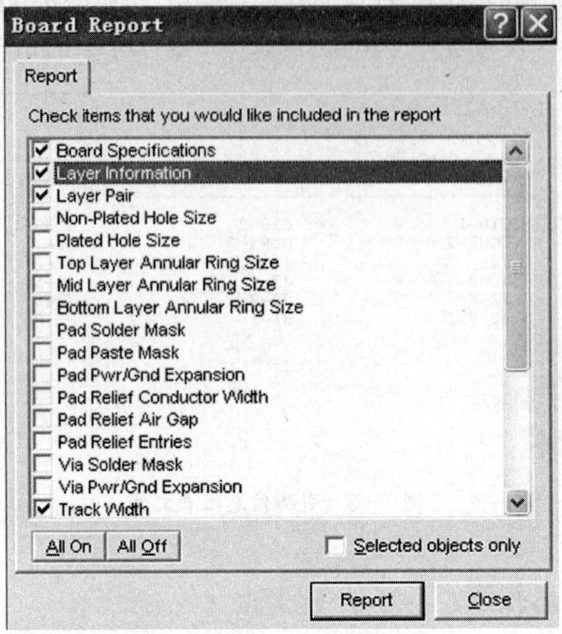

图 7－5　报表内容选择对话框

生成电路板信息报表的对话框如图 7－6 所示。

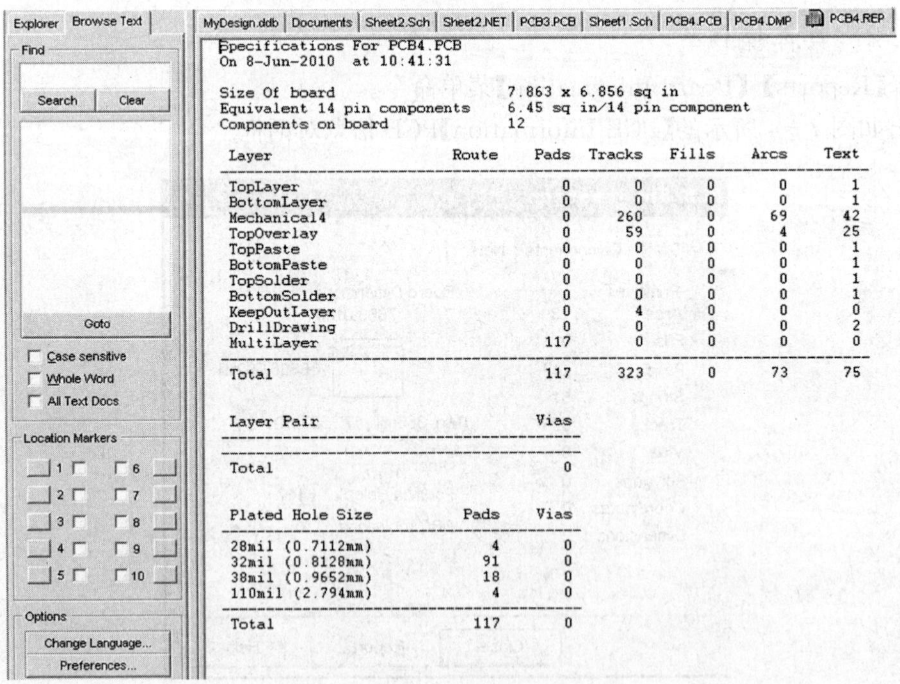

图 7－6　电路板信息报表

可以在如图 7－7 所示对话框中设置元件信息报表。

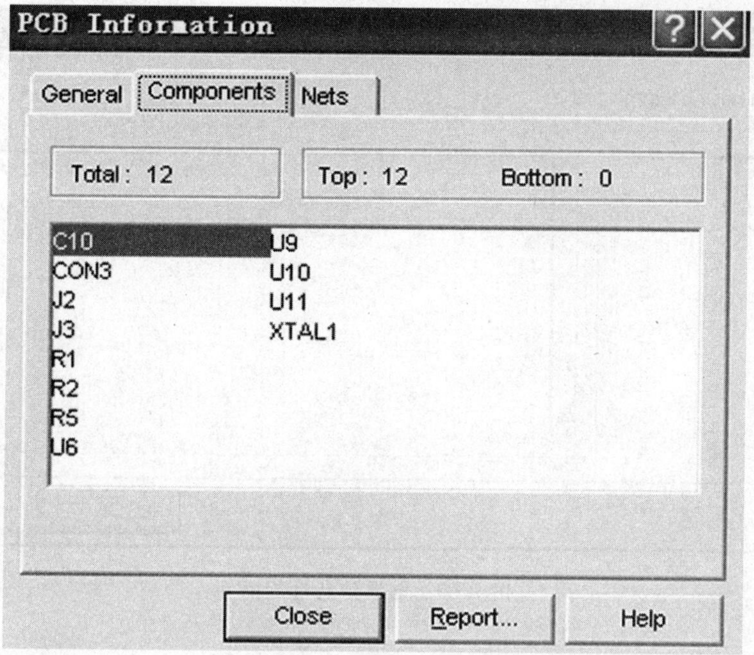

图 7－7　元件信息报表设置对话框

然后在如图 7－8 所示对话框中设置网络信息报表。

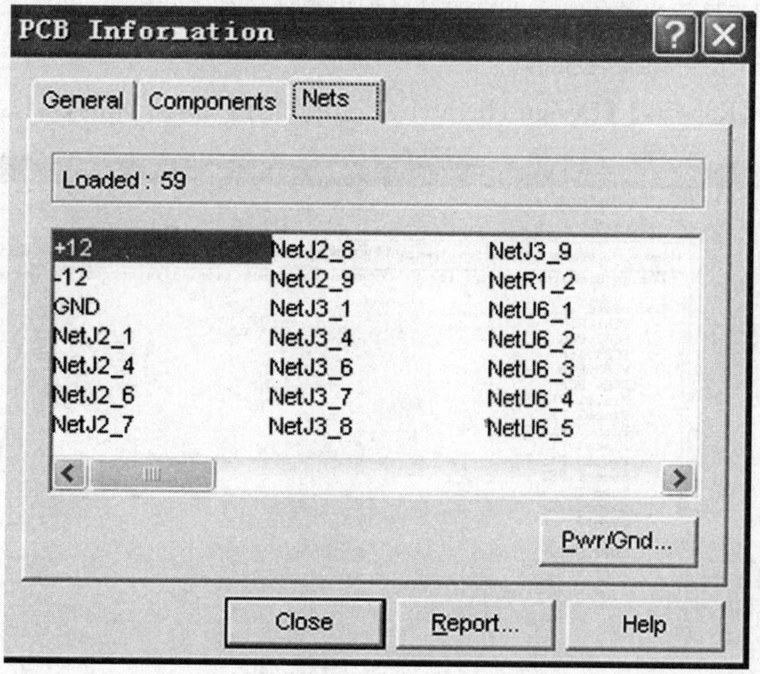

图 7－8　网络信息报表设置对话框

最后在如图 7－9 所示对话框中设定电源信息。

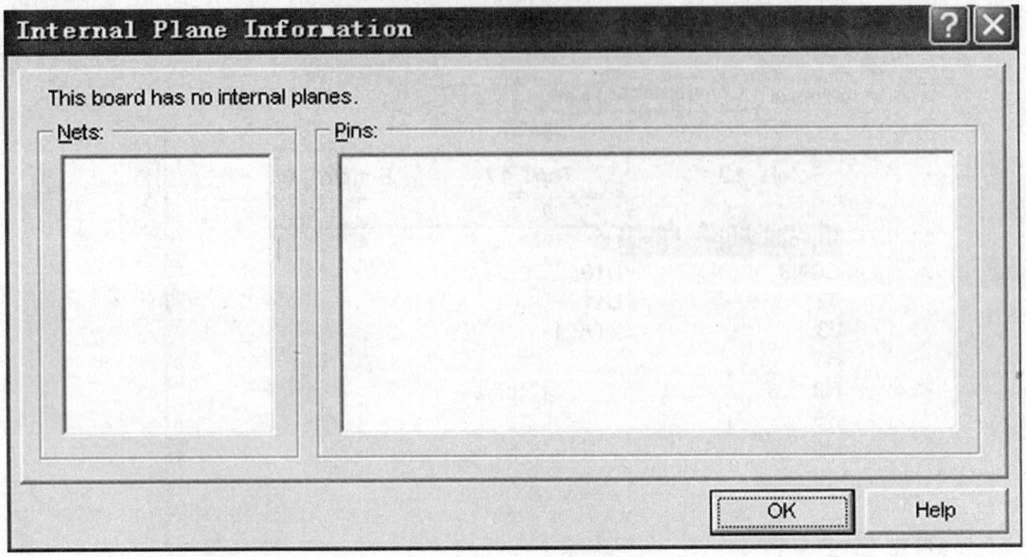

图 7－9　电源信息对话框

7.1.3　设计层次报表

7.1.3.1　设计层次报表功能

主要任务是用于显示当前的“＊.ddb”设计数据库文件的分级结构。

7.1.3.2　设计层次报表操作

选择菜单命令【Reports】|【Design Hierarchy】，生成如图 7－10 所示的设计层次报表。

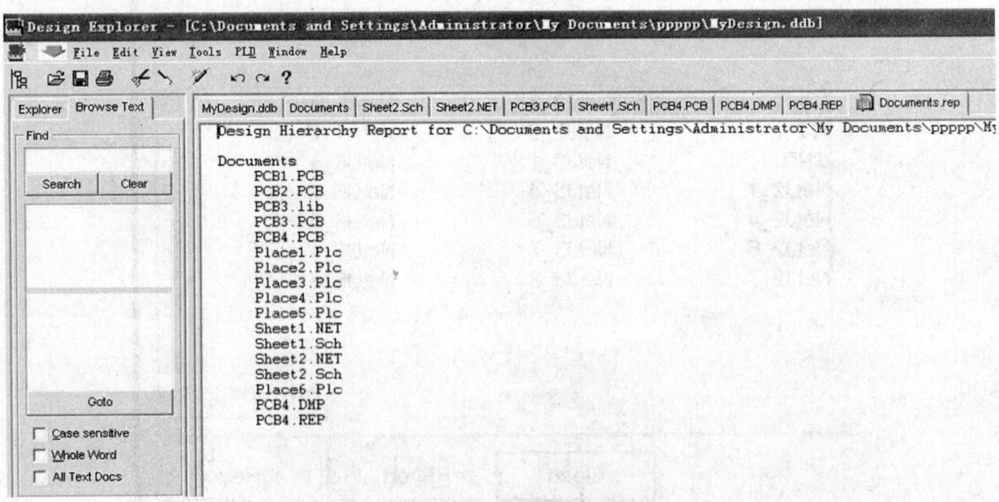

图 7－10　设计层次报表

7.1.4　网络分析报表

7.1.4.1　功能

主要是用于显示电路板中的每一条网络走线的长度。

7.1.4.2　操作方法

选择菜单命令【Reports】|【Netlist Status】，Protel 99 SE系统自动打开文本编辑器，相应的产生网络状态报表，文件名为“＊.rep”，如图7－11所示。

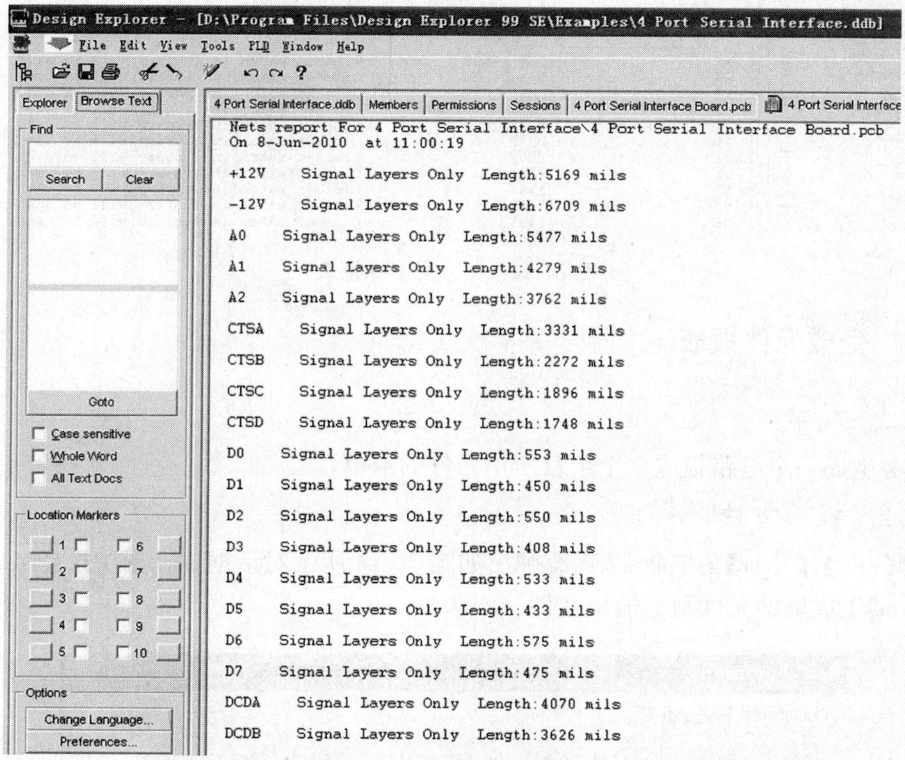

图7－11　网络分析报表

7.1.5　信号完整性分析报表

7.1.5.1　功能

主要任务是根据【Signal Integrity】设计规则的设置内容和当前电路板文件的内容生成的信号分析报表。

7.1.5.2　操作方法

① 选择【Reports】|【Signal Integrity】菜单命令。

② 设置文本编辑器为当前窗口，生成信号完整性报表文件，文件名为“＊.sig”，如图7－12所示。

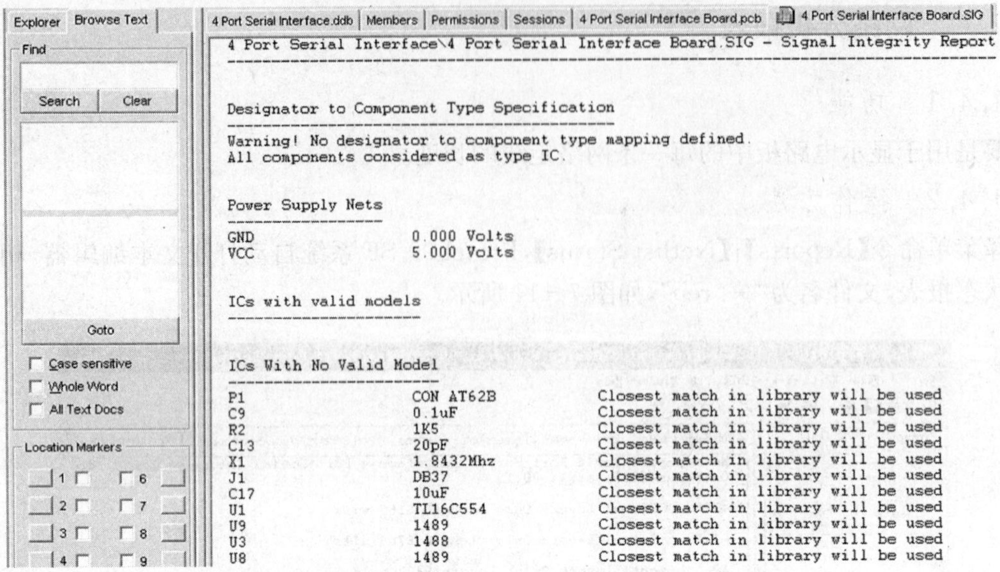

图 7－12　信号完整性报表

7.1.6　生成元件报表

7.1.6.1　功能

主要任务生成一个电路板或一个项目所用元件的清单。

7.1.6.2　操作方法

① 选择【File】|【New】菜单命令，系统弹出如图 7－13 所示对话框。在图中选择“CAM Output Configuration”生成辅助文件制造输出文件。

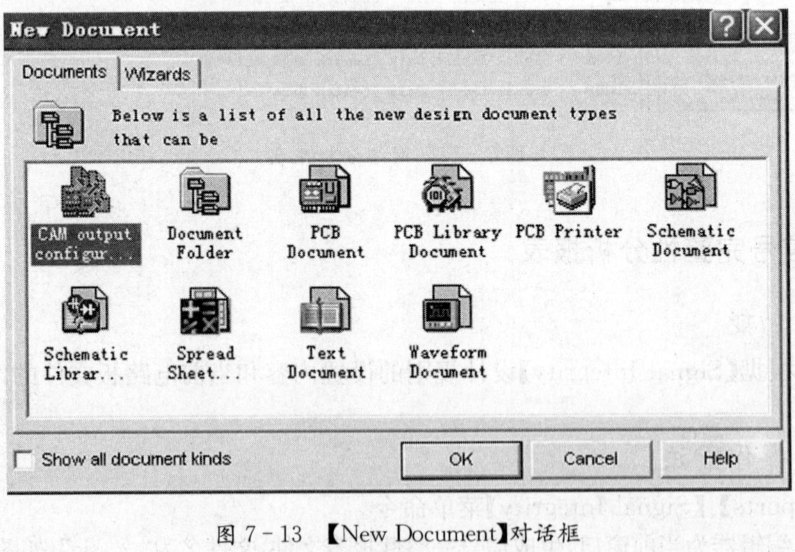

图 7－13　【New Document】对话框

② 单击按钮【OK】，接着出现的画面如图 7 - 14 和图 7 - 15 所示，主要是选择产生元件报表的 PCB 文件和使用输出向导。

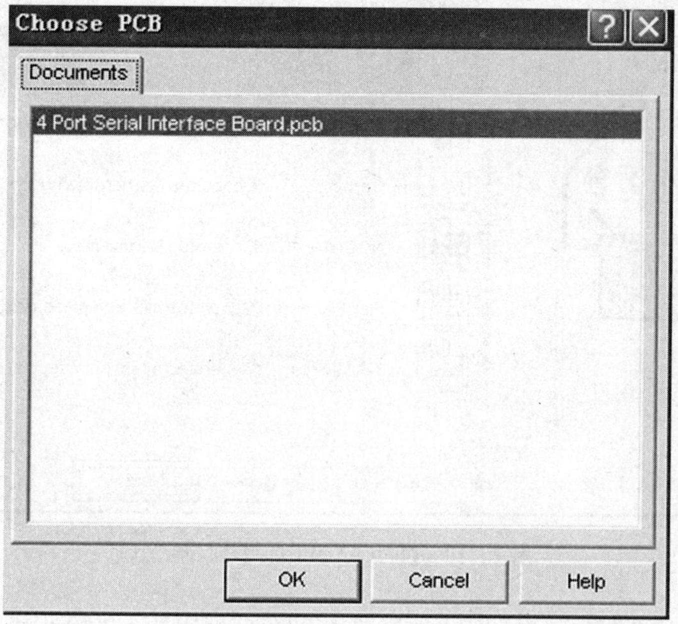

图 7 - 14　【Choose PCB】对话框

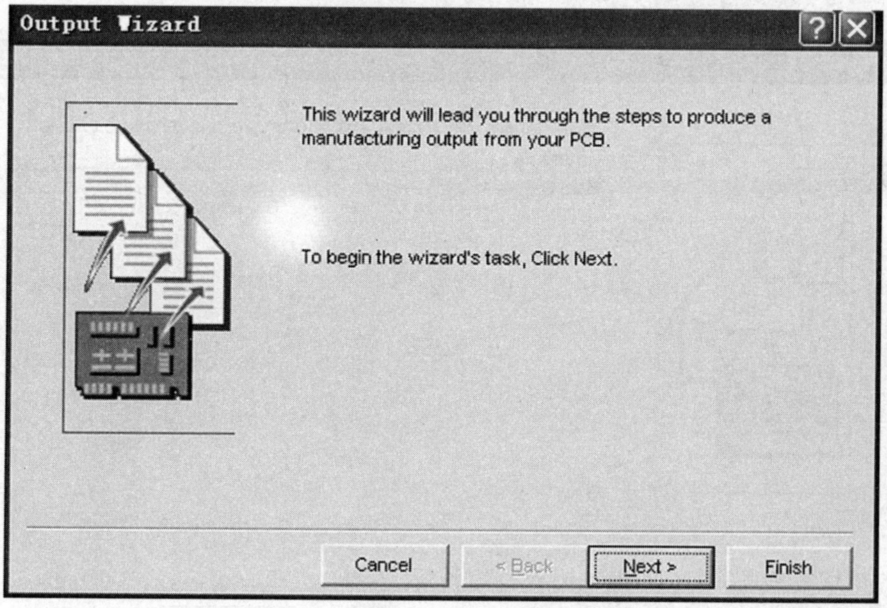

图 7 - 15　【Output Wizard】对话框 1

③ 单击按钮【Next>】，弹出对话框如图 7 - 16 所示，在对话框中选择【Bom】。

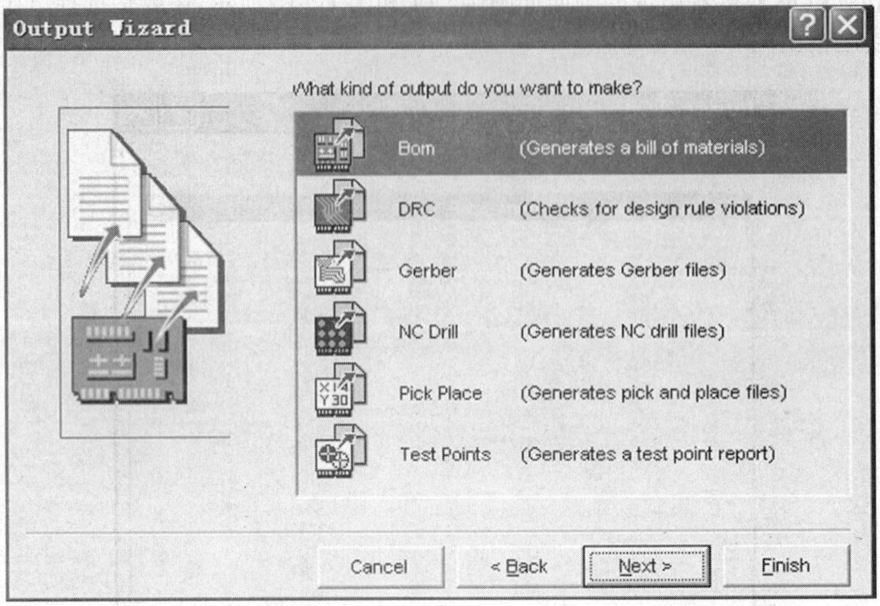

图 7－16 【Output Wizard】对话框 2

④ 单击按钮【Next>】，在弹出如图 7－17 所示的对话框中输入元件报表文件名，默认为“Bom Output1. bom”。后单击按钮【Next>】，弹出如图 7－18 所示对话框用来选择文件格式，包括 Spreadsheet(电子表格格式)、Text(文本格式)、CSV(字符格式)3 种。默认为 Spreadsheet。

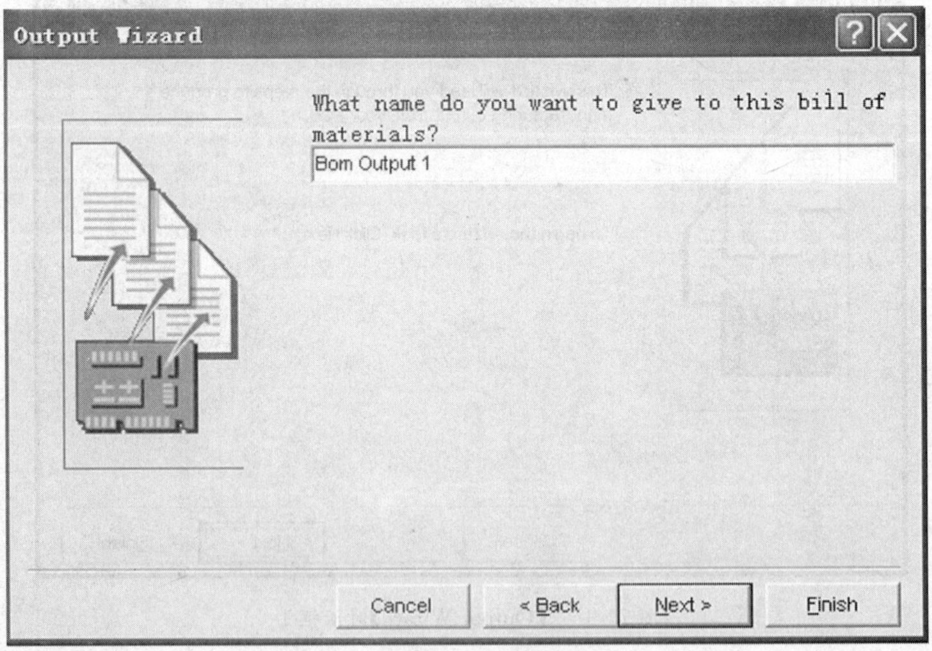

图 7－17 【Output Wizard】对话框 3

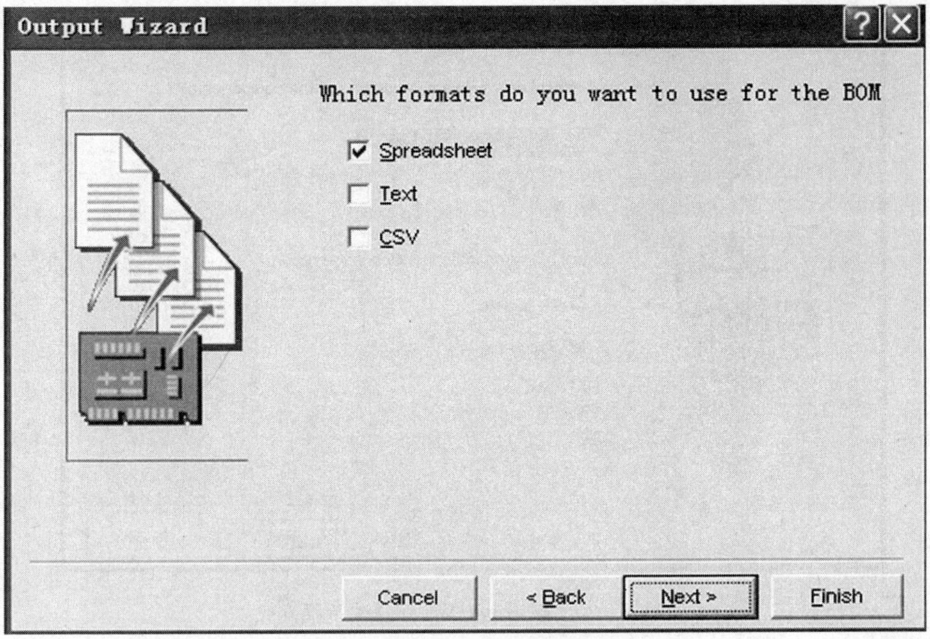

图 7 - 18　【Output Wizard】对话框 4

⑤ 单击按钮【Next>】，弹出的图 7 - 19 所示对话框，主要是选择元件的列表形式，如选择 List。

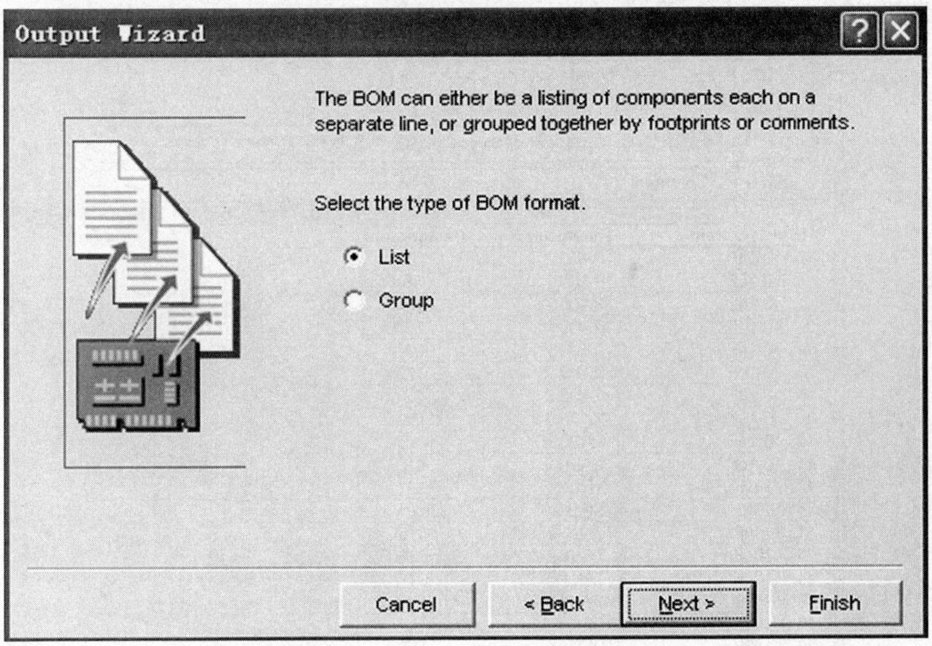

图 7 - 19　【Output Wizard】对话框 5

⑥ 单击按钮【Next>】，弹出如图 7 - 20 所示元件排序依据选择对话框，一般采用默认选择。

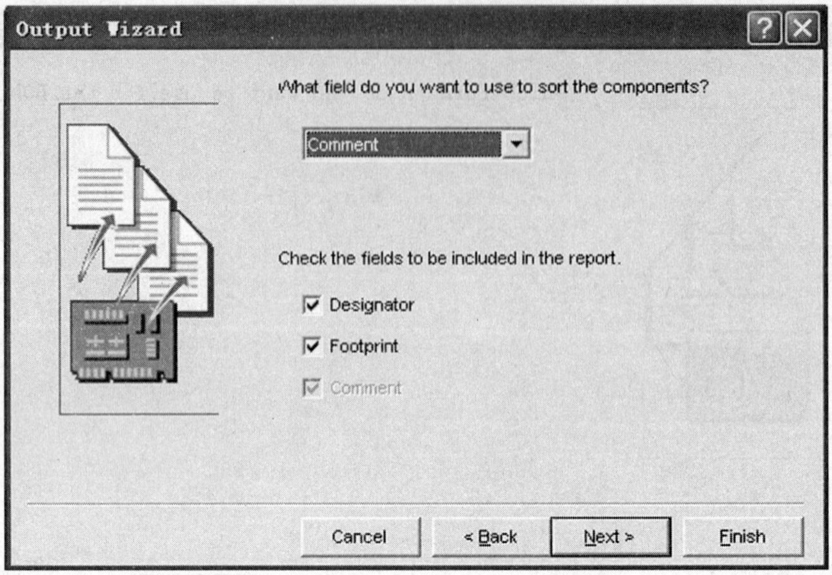

图 7-20 【Output Wizard】对话框 6

⑦ 单击按钮【Next>】，弹出完成对话框，单击按钮【Finish】。建立辅助制造管理文件，系统默认“CAM Manager1. cam”，但它不是元件报表文件。

⑧ 进入“CAM Manager1. cam”，再选择菜单命令【Tools】|【Generate CAM files】，产生如图7-21所示的 BOM for scb. bom 文件。

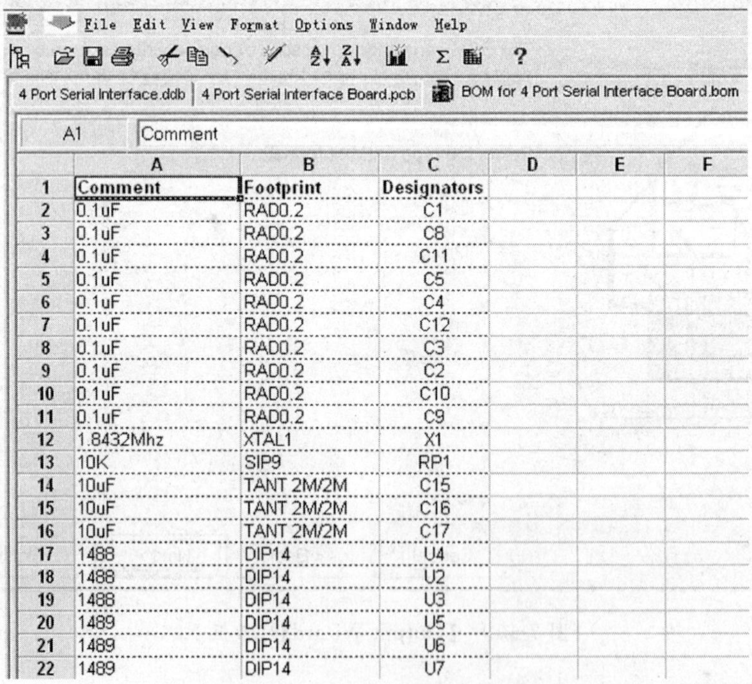

	A	B	C	D	E	F
1	Comment	Footprint	Designators			
2	0.1uF	RAD0.2	C1			
3	0.1uF	RAD0.2	C8			
4	0.1uF	RAD0.2	C11			
5	0.1uF	RAD0.2	C5			
6	0.1uF	RAD0.2	C4			
7	0.1uF	RAD0.2	C12			
8	0.1uF	RAD0.2	C3			
9	0.1uF	RAD0.2	C2			
10	0.1uF	RAD0.2	C10			
11	0.1uF	RAD0.2	C9			
12	1.8432Mhz	XTAL1	X1			
13	10K	SIP9	RP1			
14	10uF	TANT 2M/2M	C15			
15	10uF	TANT 2M/2M	C16			
16	10uF	TANT 2M/2M	C17			
17	1488	DIP14	U4			
18	1488	DIP14	U2			
19	1488	DIP14	U3			
20	1489	DIP14	U5			
21	1489	DIP14	U6			
22	1489	DIP14	U7			

图 7-21 元件报表

7.1.7　NC钻孔报表

7.1.7.1　功能

主要任务是为制作电路板时所需的提供钻孔资料，直接用于数控钻孔机。

7.1.7.2　操作方法

① 选择菜单命令【File】|【New】，弹出新建文件对话框，选择【CAM output configuration】辅助制造输出设置文件图标。

② 单击按钮【OK】，弹出【Choose PCB】PCB文件选择对话框，选取要生成钻孔报表的PCB文件。

③ 单击按钮【OK】，弹出【Output Wizard】输出向导对话框。

④ 单击按钮【Next＞】，弹出对话框，选择需要生成的文件类型，我们选择"NC Drill"。

⑤ 单击【Next＞】按钮，弹出对话框，在对话框中输入生成的NC钻孔文件名称。

⑥ 单击按钮【Next＞】，弹出对话框，进行单位和单位格式设置。

⑦ 单击按钮【Finish】，创建NC钻孔报表文件，系统默认为"CAM Manager1. cam"。

⑧ 双击"CAM Manager1. cam"文件，选择菜单命令【Tools】|【Generate CAM File】，在Documents文件夹下生成CAM for sch文件夹，包括"sch. drr"、"sch. drl"和"sch. txt "共3个文件。

7.1.8　插件报表

7.1.8.1　功能

主要任务是在电路板上自动插入元件。

7.1.8.2　操作方法

操作方法类似NC钻孔报表的操作方法。不同的是在第4步，选【Pick Place】(Generates Pick and Place file)类型。

7.1.9　距离测量报表

7.1.9.1　功能

主要任务是测量两点之间的线段长度，包括x轴方向水平距离和y轴方向垂直距离的长度。

7.1.9.1　操作方法

① 打开已建立的PCB文件。

② 选择【Reports】|【Measure Distance】菜单命令。

③ 然后，用鼠标左键分别在起点和终点位置点击一下，弹出如图7-22所示的测量报表。

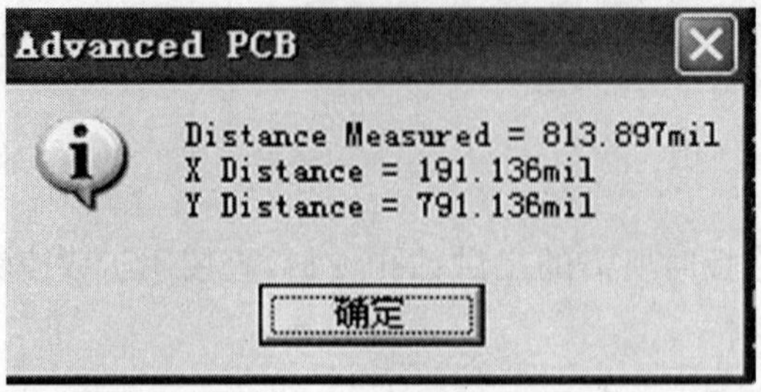

图 7－22　测量报表

7.1.10　对象距离测量报表

7.1.10.1　功能

对象距离测量报表是测量两个对象（焊盘、导线、标注文字等）之间的距离。

7.1.10.2　操作方法

① 打开 PCB 文件。

② 选择菜单命令【Reports】|【Measure Primitives】。

③ 该命令执行后，光标变成十字形，然后使用鼠标左键点击一下两个对象的测量位置，就会弹出如图 7－23 所示对象距离测量报表对话框。

图 7－23　对象距离测量报表

7.2　PCB 文件打印

PCB 图设计好，为了阅读方便和焊接元件就需要打印输出图形。为了更好的管理设计图的装配信息，为检查各个装配层的元件提供方便，方便汇集设计图的元件位置信息和装配的顺序，我们可以对打印的方向和比例进行设置，对打印的效果进行预览，准确地从混合的 PCB 图中将所需的层面打印出来。

7.2.1　设置打印预览

第一步打开要打印的 PCB 文件，第二步选择【File】|【Printer】|【Preview】菜单命令或工具栏中的按钮 。完成“Preview＊.PPC”文件创建，如图 7－24 所示。“＊”为打开的 PCB 文件名，如本处为 PCB3。

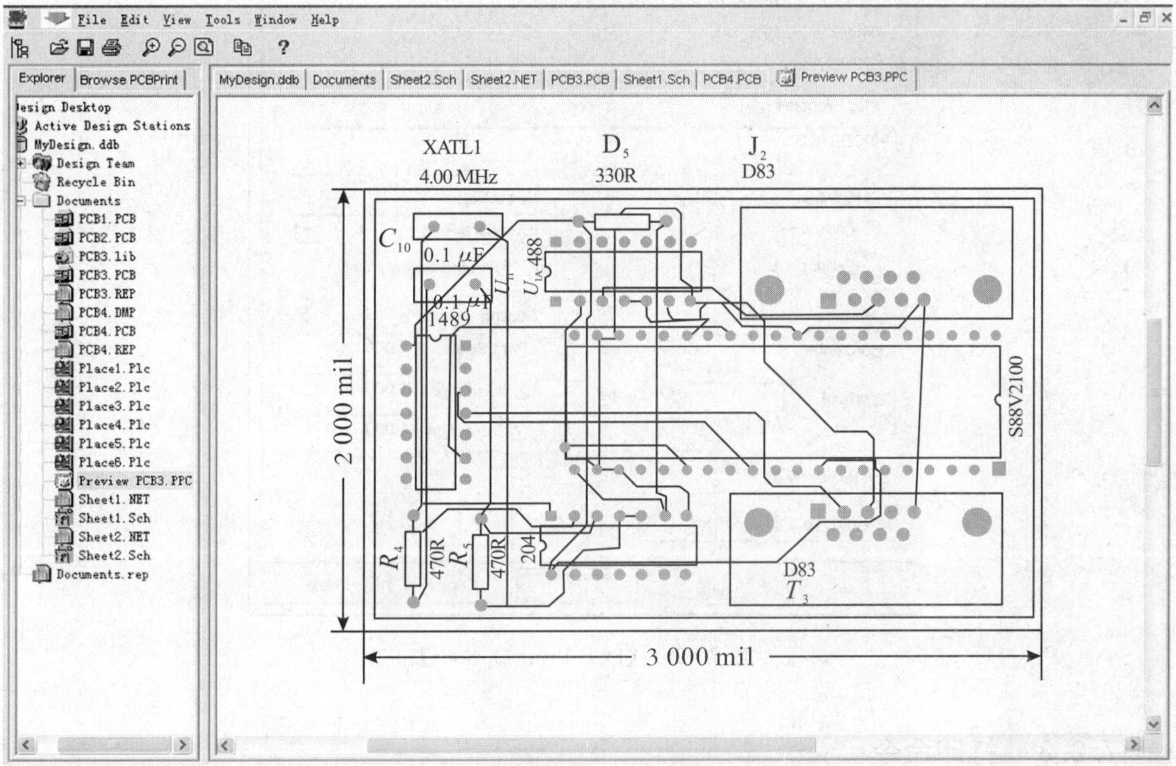

图 7－24　Preview PCB3.PPC 文件

7.2.2　设置打印

选择菜单命令【File】|【Setup Printer】，系统弹出如图 7－25 所示打印设置对话框。可以设置打印比例、打印类型、打印方向等。

第一步，在【Name】框中选择打印机名。

第二步，在【PCB Filename】框输入要打印的文件名。

第三步，在【Orientation】中选择打印方向，包括【Portrait】按钮为纵向和【Landscape】按钮为横向。

第四步，在【Print What】框中选择打印的对象。包括 4 种方式【Stand】为标准形式，【Whole Board On Page】为整块板打印在一页上，【PCB Screen Region】为打印 PCB 区域。

第五步，确定打印比例和边界设置项。

第六步，单击按钮【OK】完成设置。

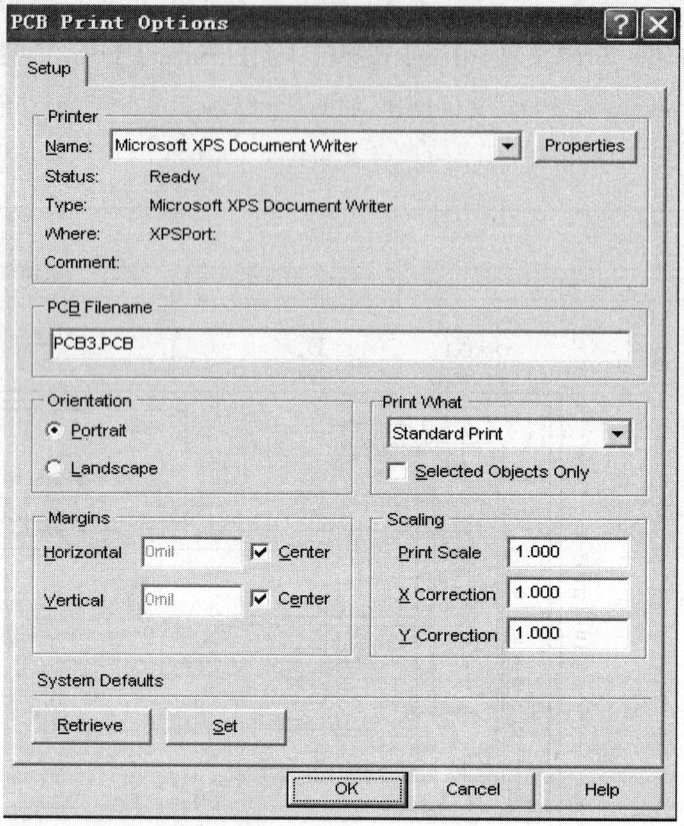

图 7－25　【PCB Print Options】

7.2.3　打印命令

打印 PCB 图的菜单命令包括 4 种：【File】|【Print Current】打印当前页，【File】|【Print All】打印所有图形，【File】|【Print Page】打印给定的页面，【File】|【Print Job】打印操作对象。该命令执行后，显示如图 7－26 所示的 Print Single Page 对话框，在此需要输入打印的页码。

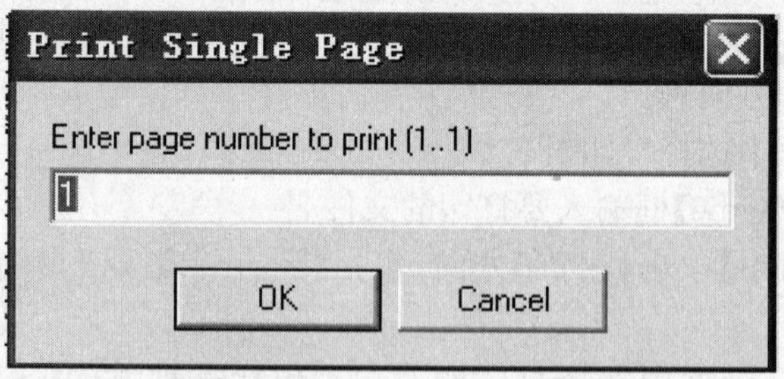

图 7－26　所示的【Print Single Page】对话框

7.2.4　在打印输出中指明层面

我们可以在打印输出结构中减少或增加层面，鼠标右击某层面，弹出如图 7－27 所示打印设置菜单，从浮动的菜单中选择【Properties】菜单，弹出如图 7－28 所示的【Printout Properties】对话框。该层次区域说明要打印的层次设置，可以修改层次设置。

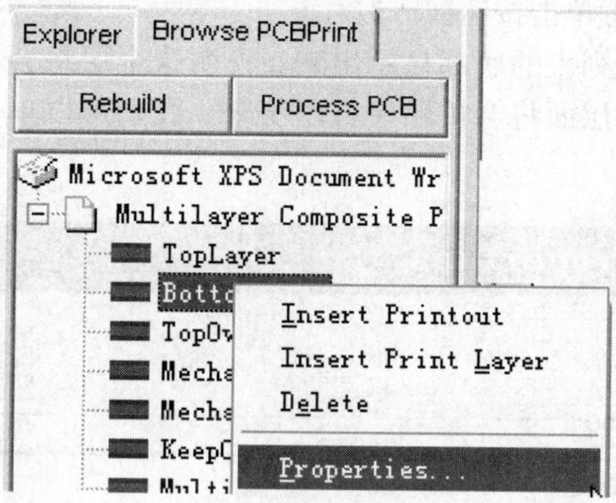

图 7－27　打印设置菜单

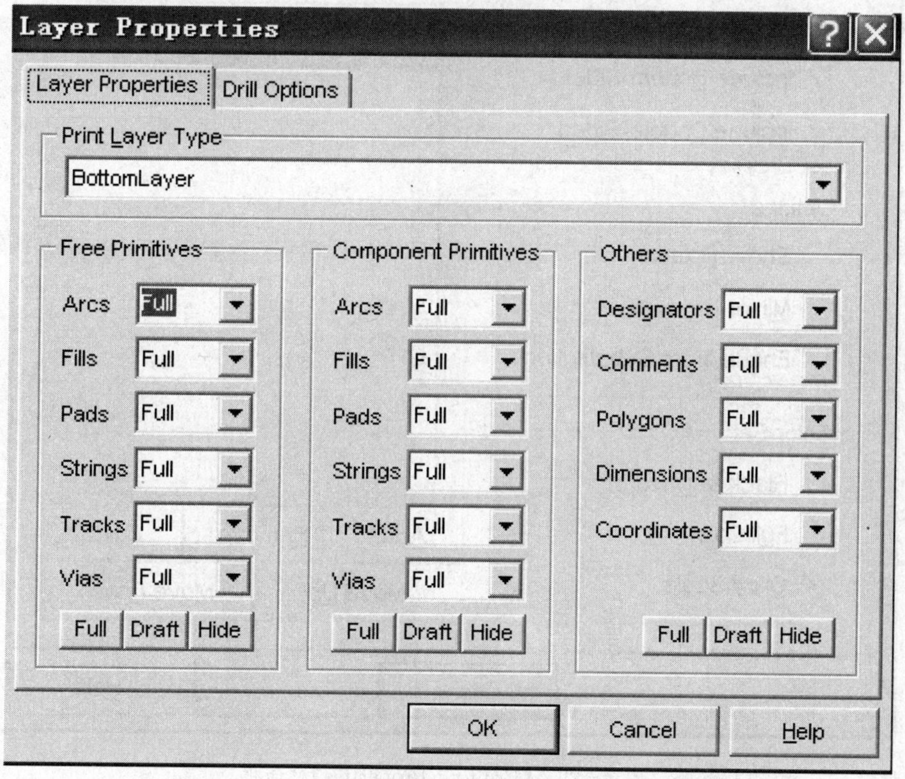

图 7－28　层面设置

如果增加新的层次，可在图 7－27 中打印设置菜单上选择第一项，弹出如图 7－29 所示的【Printout Properties】对话框。可以进行如下设置：

第一，在属性对话框点击增加按钮 Add... 。

第二，选择想增加的层。

第三，可以设置显示模式。在当前的显示模式下设置多层面属性结构。

第四，在层次属性对话框单击按钮【OK】。

新增加的层就会在层次列表的底部显示出来。说明这个层将会在打印的过程中首先打印出来。这样每个显示在上面的层面将会按顺序打印出来。我们可以单击上下移动的按钮来改变位置的顺序。

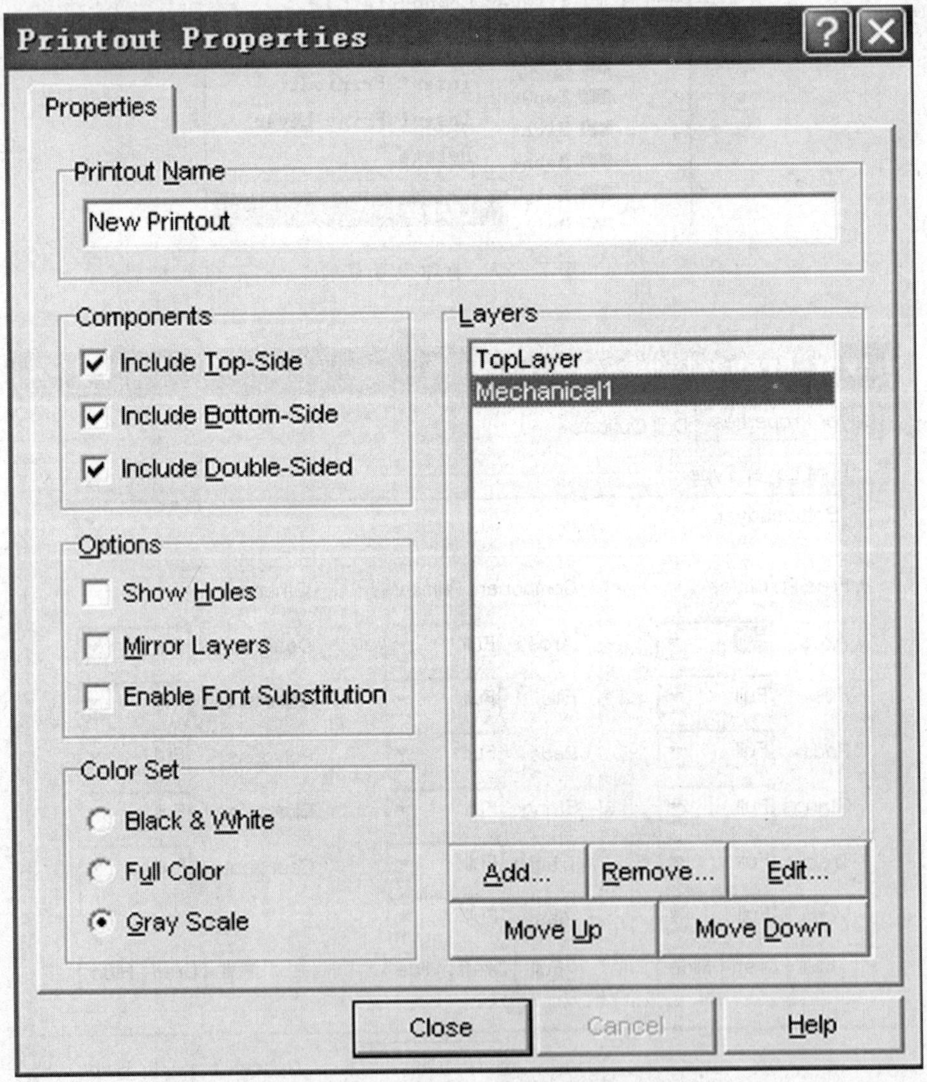

图 7－29 【Printout Properties】对话框

习　题

1. 印制电路板过程中会产生哪些报表，各有什么作用？试叙述。
2. 如何将一个 PCB 图的顶层打印出来？如何改变图纸的方向？
3. PCB 图中能否生成元件列表？

第 8 章　PCB 元件库

根据前面章节我们知道，绘制电路原理图时，所使用的元件是原理图元件；绘制印制电路板(PCB)图时，所使用的元件是 PCB 元件(元件封装)。在绘制 PCB 时遇到元件库中没有的元件，又是如何创建自己的 PCB 元件的？这就是本章要讨论的主要问题。

8.1　PCB 元件库的建立、打开和关闭

Protel 99 SE 虽然提供了庞大的元件库，但是总有一些元器件在它的元件库中找不到。为此 Protel 99 SE 提供了功能强大的 PCB 元件库编辑器，这样就可以创建自己的元件库。

8.1.1　PCB 元件库的建立

首先我们要创建 PCB 元件库文件，操作方法如下：

第一步，打开设计数据库中的 Documents 文件夹，在工作窗口的空白处单击鼠标右键，快捷菜单中选择【New】，或者选择菜单命令【File】|【New】。弹出对话框如图 8-1 所示。

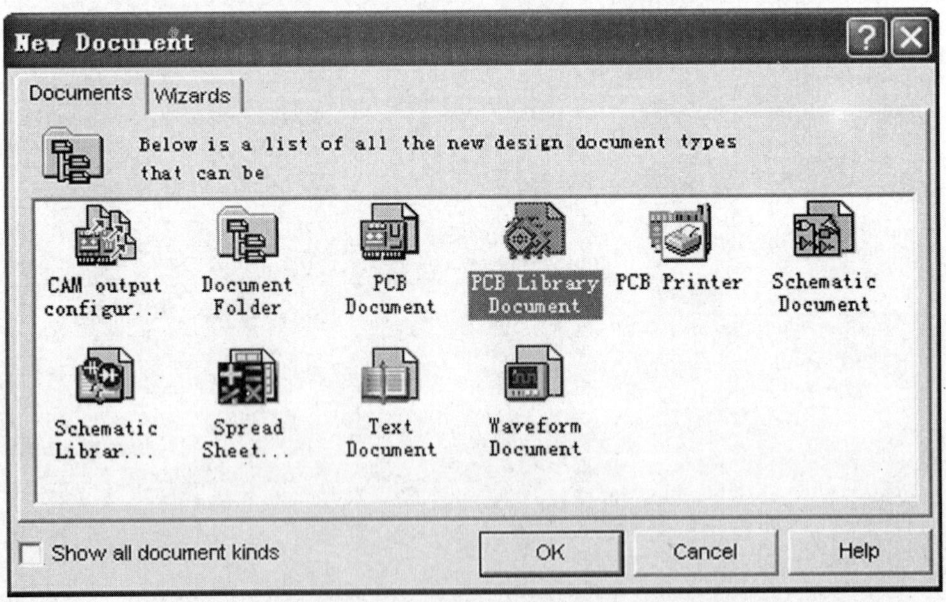

图 8-1　新建文件对话框

第二步，单击其中的【PCB Library Document】图标，然后单击按钮【OK】。这时，Documents 文件夹会出现一个代表 PCB 元件库文件的图标，系统自动默认文件名为“PCBLIB1. LIB”。当然我们也可以修改文件名。

第三步，在工作窗口双击该图标或单击设计导航树中的 PCBLIB1. LIB 文件图标，打开该文件，并启动 PCB 元件库编辑器。PCB 元件库编辑器界面如图 8－2 所示。

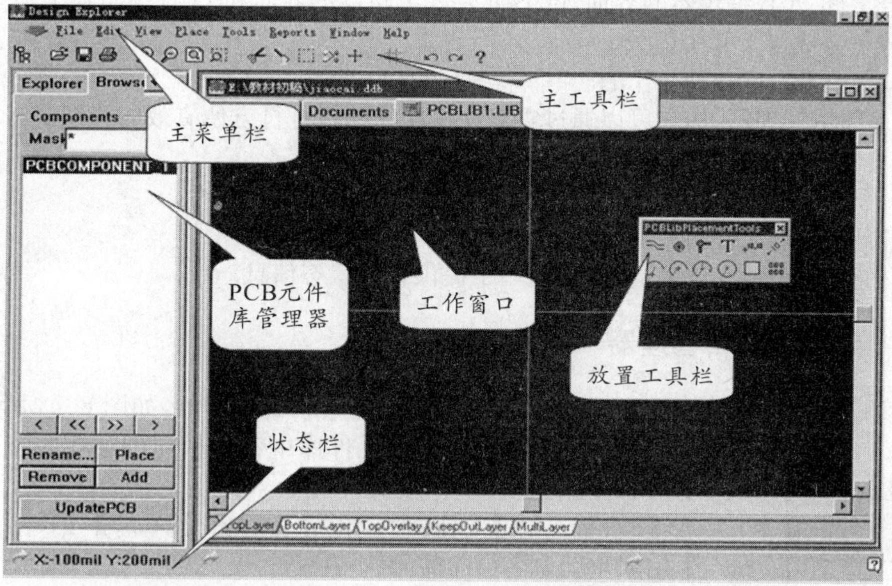

图 8－2　元件库编辑器界面

8.1.2　PCB 元件库的打开和关闭

8.1.2.1　PCB 元件库的打开方法有 3 种

① 方法一：选择要打开的 PCB 元件库文件，在工作窗口双击该图标或单击设计导航树中的该文件图标。

② 方法二：选择菜单命令【File】|【Open】，选择要打开的 PCB 元件库文件所在数据库，按打开按钮，以下方法同上。

③ 方法三：利用工具栏打开按钮 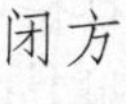，后同方法二。

8.1.2.2　PCB 元件库的关闭方法 3 种

① 方法一：在工作窗口，右键单击该文件标签在快捷菜单，选择【Close】。

② 方法二：选择菜单命令【File】|【Close】。

③ 方法三：在导航树中，右键单击要关闭的文件图标，在快捷菜单选择【Close】。

8.2 PCB元件库的界面介绍

我们已经掌握PCB编辑器的界面，PCB元件库编辑器的界面和PCB编辑器类似。由图8－2可以看出大体上分成以下几个部分。

① 主菜单：用于执行各种操作的。

② 元件库编辑管理器：用户可以通过它对元件库的编辑进行方便有效的管理。

③ 主工具栏：为用户提供了快捷的图标操作方式。

④ PCB元件库放置工具栏：提供各种绘制PCB元件所必需的命令。

⑤ 工作窗口：绘制元件封装的区域。

⑥ 状态栏和命令行：在屏幕的最下方，用于提供各种状态信息。

8.2.1 元件库编辑管理器

编辑器窗口的左侧有一个长方形的窗口，这就是元件库编辑管理器，如图8－3所示。通过它我们可以方便的管理元件库。元件库中各个按钮的功能实现一般可以由以下菜单命令来实现：

图8－3 元件库编辑管理器

①【Rename...】按钮：对应的菜单命令【Tools】|【Rename Component】，用来重新命名当前的元件。

②【Remove】按钮：对应的菜单命令是【Tools】|【Remove Component】，用来删除当前的元件。

③【Place】按钮：将当前的元件放置到PCB图中去。

④【Add】按钮：对应的菜单命令是【Tools】|【New Component】，用来增加一个新的元件。

⑤【Update PCB】按钮：用来更新当前的元件。

⑥ 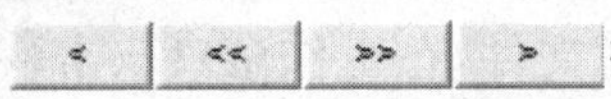按钮：用来查找元件。

8.2.2 PCB元件库放置工具

我们自己制作元件时，通常用【Place】菜单下的命令来完成。前面章节的内容中已经有了较详细的说明，这一系列的工具在这里就不再详细说明了。与之对应的有一个放置工具栏，如图8－4所示。放置工具栏中的各个按钮功能与相应的菜单命令如下：

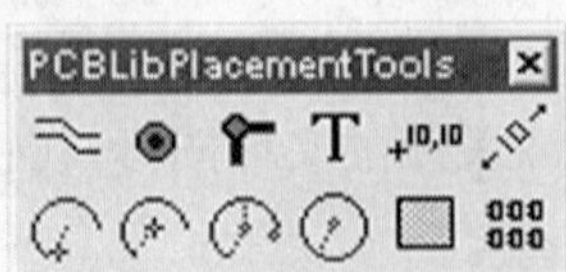

图8－4 放置工具栏

① :相应的菜单命令是【Place】|【Track】,功能是绘制边框线等。

② :相应的菜单命令是【Place】|【Pad】,功能是放置焊盘。

③ :相应的菜单命令是【Place】|【Via】,功能是放置过孔。

④ T :相应的菜单命令是【Place】|【String】,功能是放置字符串。

⑤ :没有相应的菜单命令,功能是放置位置坐标。

⑥ :没有相应的菜单命令,功能是防止尺寸标注。

⑦ :相应的菜单命令是【Place】|【Arc(Edge)】,功能是功能是边缘法绘制圆弧。

⑧ :相应的菜单命令是【Place】|【Arc(Center)】,功能是中心法绘制圆弧。

⑨ :相应的菜单命令是【Place】|【Arc(Any Angle)】,功能是边缘法绘制任意的圆弧。

⑩ :相应的菜单命令是【Place】|【Full Circle】,功能是绘制整圆。

⑪ :相应的菜单命令是【Place】|【Fill】,功能是放置矩形填充。

⑫ :功能是定义一个双排的文件夹内容放置器。

8.3　创建新的 PCB 元件

8.3.1　手工创建新的 PCB 元件

我们常常遇见一些元件的封装不存在或者一些新元件相当特殊且没有对应的封装,这时可以采用纯手工的方法创建新元件。下面将举例讲述创建一个新的 PCB 元件的全过程。这里介绍如何制作 DIP-8 的封装形式,如图 8-5 所示,操作步骤如下:

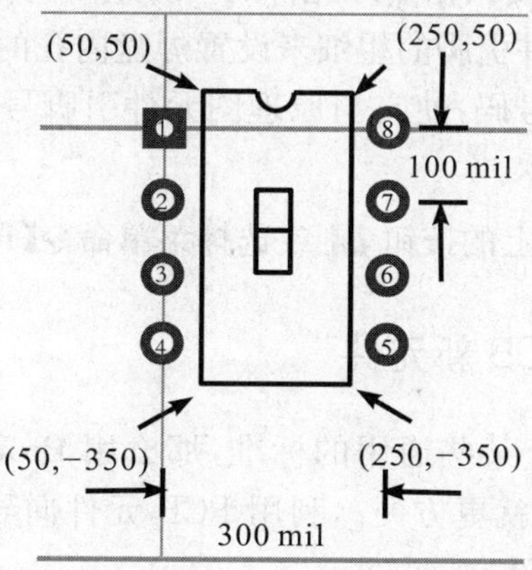

图 8-5　DIP-8 的封装

① 执行完启动PCB编辑器后，在PCB编辑器管理器显示着唯一的名字【PCB Component_1】元件，该PCB元件处于激活状态。我们可以给它重新命名。单击按钮 Rename... ，弹出如图8-6所示的对话框。在其中键入新的元件名DIP-8，然后单击 OK 按钮确认。

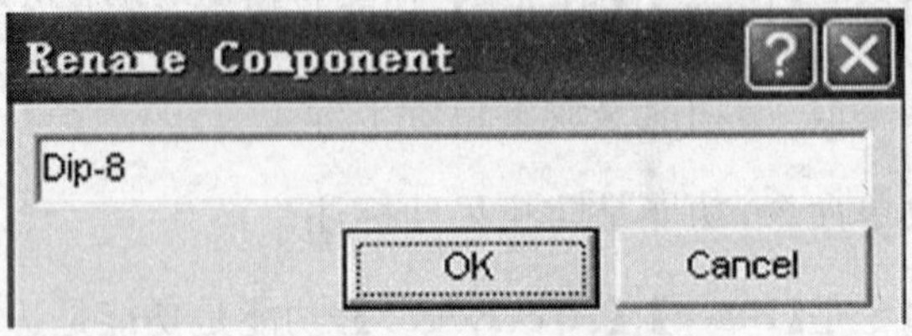

图8-6 元件重命名

② 单击工作区【Top Overlay】选项，画它的轮廓，同时绘制出它内部的"8"字形外框，这里会用到涉及画线和画圆弧的工具。如图8-7所示的元件封装外形，在绘制的过程中要依据元件尺寸的要求，其他的绘制过程跟原理图元件的绘制类似，这里就不再详细说明了。

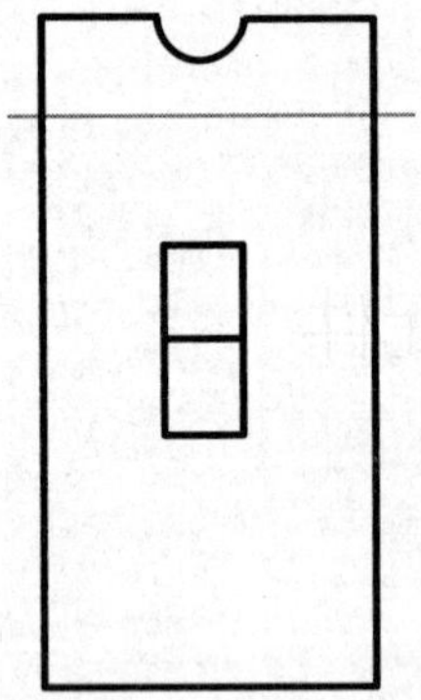

图8-7 元件封装外形

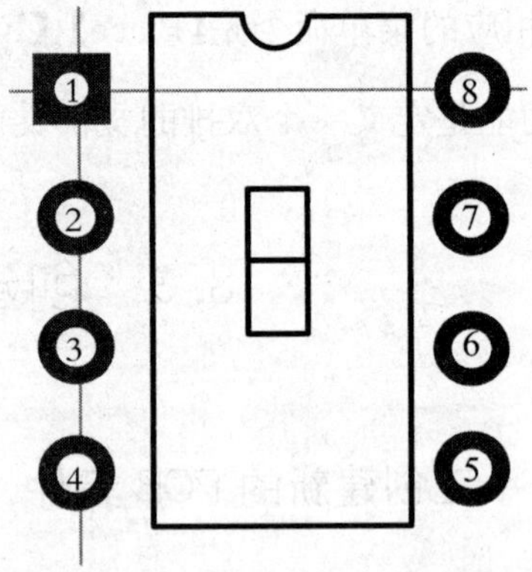

图8-8 完成的元件封装

③ 焊盘放置。焊盘间距设置要根据实际元件的引脚距离，要注意根据各个焊盘之间实际情况的间距和焊盘来设置。要根据元件引脚的粗细来设置焊盘内孔的大小，否则就会导致元件无法安装的现象。另外正确设置焊盘的号码，使它与原理图元件引脚号码相对应，以确保电气特性的正确。元件封装完成，如图8-8所示。

④ 注意保存。单击主工具栏上的按钮 或选择菜单命令【File】|【Save】即可。

8.3.2 利用向导创建PCB新元件

一般情况下，新元件如果符合某些通用的标准，那么用Protel 99 SE提供的PCB元件向导【PCB Component Wizard】来创建就更方便。利用PCB元件向导，我们可以预先定义设计规则，PCB元件编辑器会自动生成新元件。

利用向导创建PCB新元件步骤如下：

① 选择菜单命令【Tools】|【New Component】或单击元件编辑管理器上的按钮 Add ，弹出如图 8-9 所示对话框。

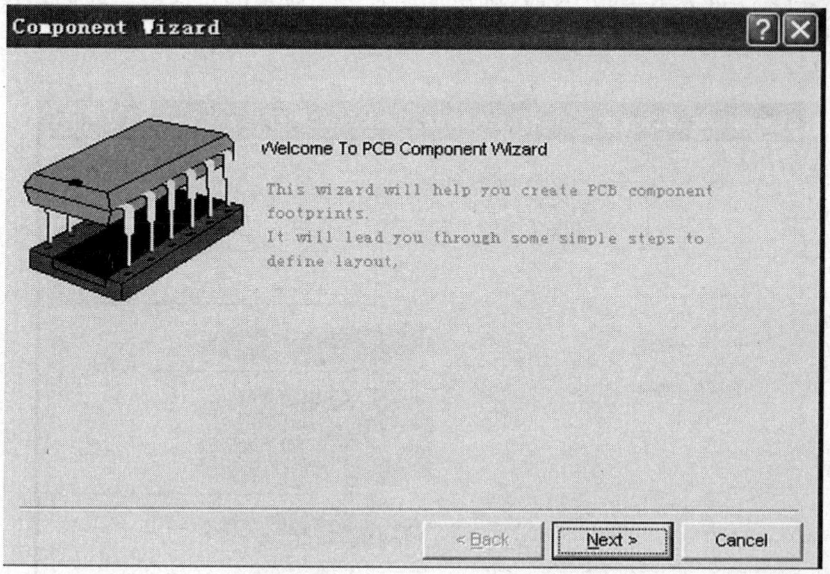

图 8-9　元件封装向导

② 单击按钮 Next > 将正式进入 PCB 元件向导，随后将弹出如图 8-10 所示的对话框。

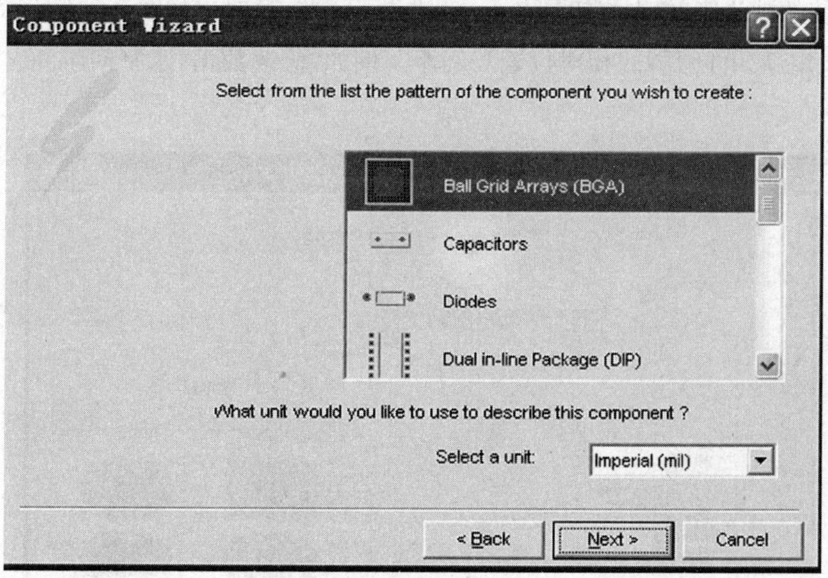

图 8-10　元件的外形形式

利用向导我们可以设定元件的外形形式。在对话框上部的列表框中包括 12 种标准的外形，要进行浏览可以利用鼠标左键拖动后面的滚动条。这些形式除名称外还具有非常直观的示意图。

选中【Dual in-line Package (DIP) 】封装一栏,如图 8－10 所示。对话框还可以选择设计元件时使用的长度单位,一般采用默认值。

③ 按钮 Next > 进入下一步,这时,弹出如图 8－11 所示的对话框。我们在这里可以确定焊盘尺寸。

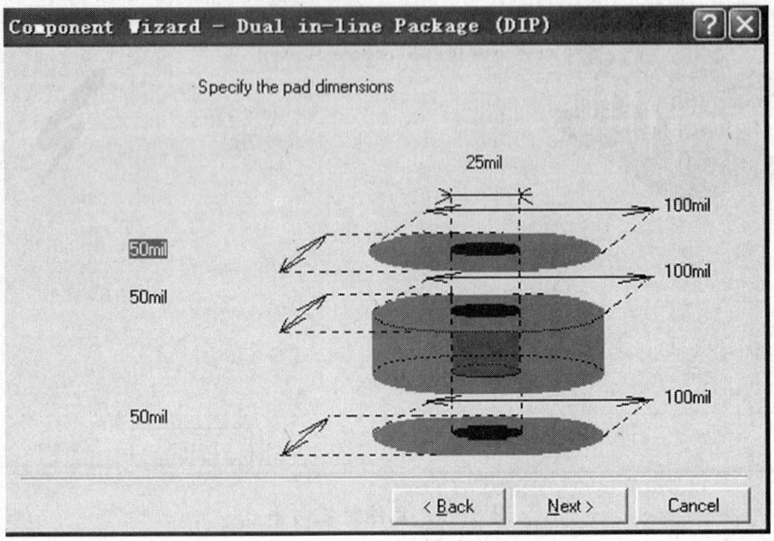

图 8－11　设定焊盘尺寸

④ 采用系统的默认值,单击按钮 Next > 进入下一步,这时出如图 8－12 所示的对话框。在这里我们可以设定新元件引脚的相对位置与间距。例如,修改数据,水平间距 600 mil,垂直间距 100 mil.

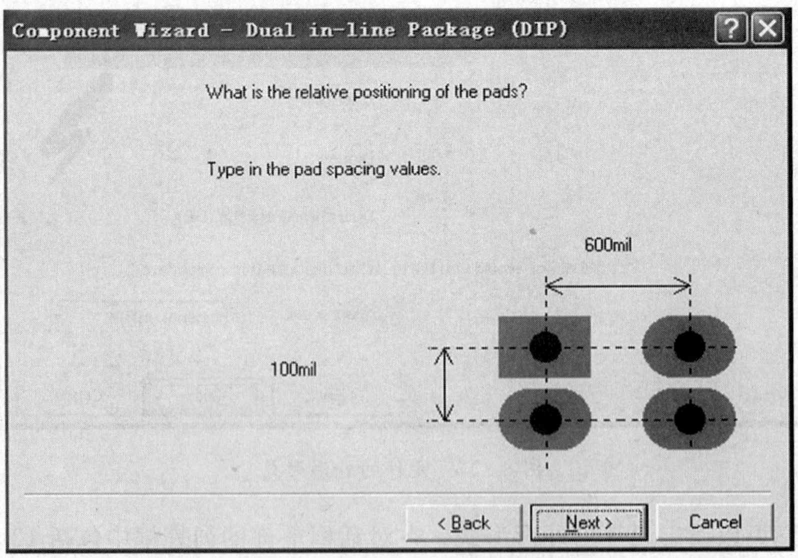

图 8－12　设定元件引脚间距

⑤ 单击 Next > 按钮继续进行，随后将弹出新元件线宽设定的对话框，如图 8－13 所示。在这里我们将线宽设定为“10 mil”，设定完毕。

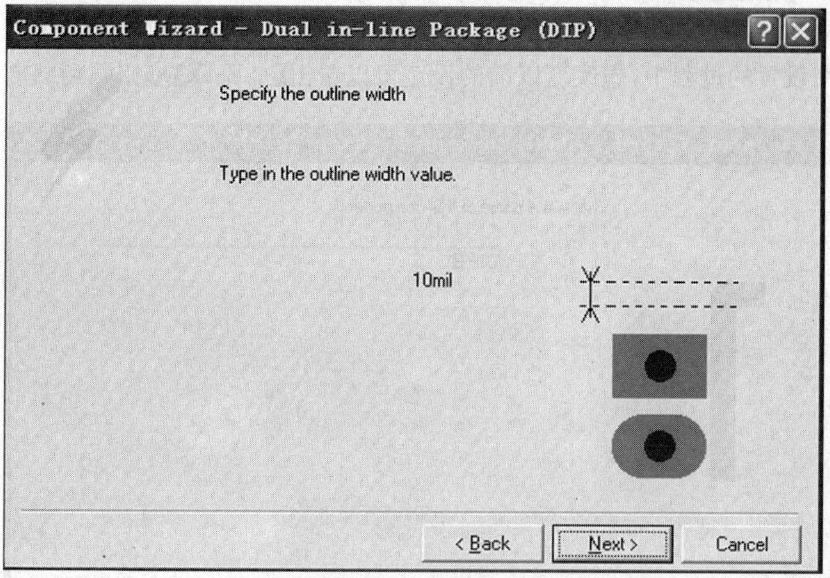

图 8－13　设定元件轮廓线宽

⑥ 单击按钮 Next > ，这时弹出如图 8－14 所示的对话框。我们可以单击文本框右边的按钮来改变引脚的数目，比如设定为 8。

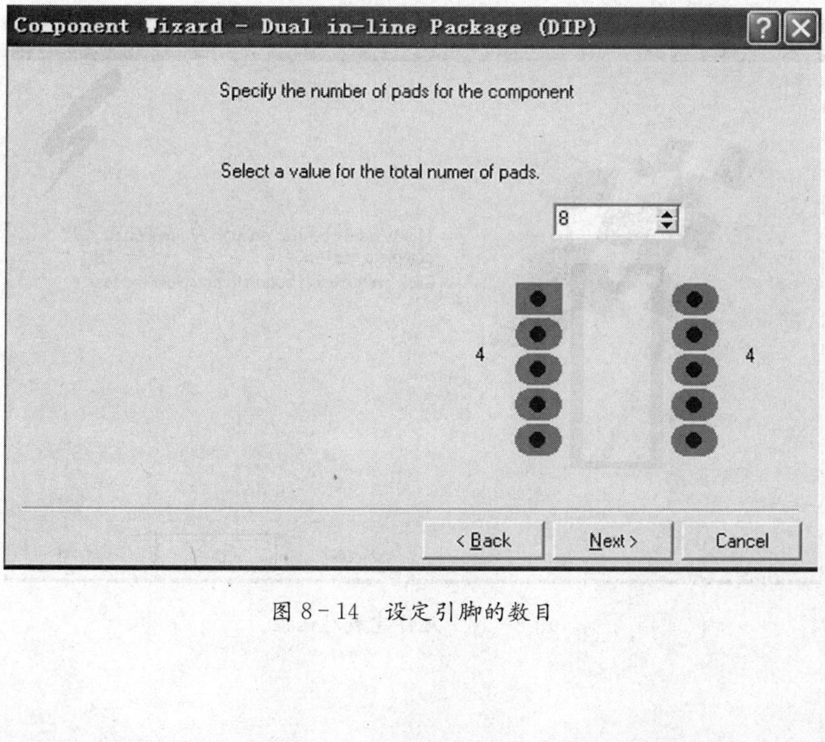

图 8－14　设定引脚的数目

⑦ 单击按钮 Next > ,这时弹出如图 8－15 所示设定元件名称的对话框。这是设定该元件名称的对话框,设定为 DIP-8。

⑧ 单击按钮 Next > ,所有的设定工作大功告成,弹出最后一个对话框,如图 8－16 所示。

⑨ 单击按钮【Finish】确认所有的设置,这时生成如图 8－17 所示的 PCB 元件。

我们如果在设置的过程中,想改变以前的设定可以单击【<Back】按钮回到以前的步骤。

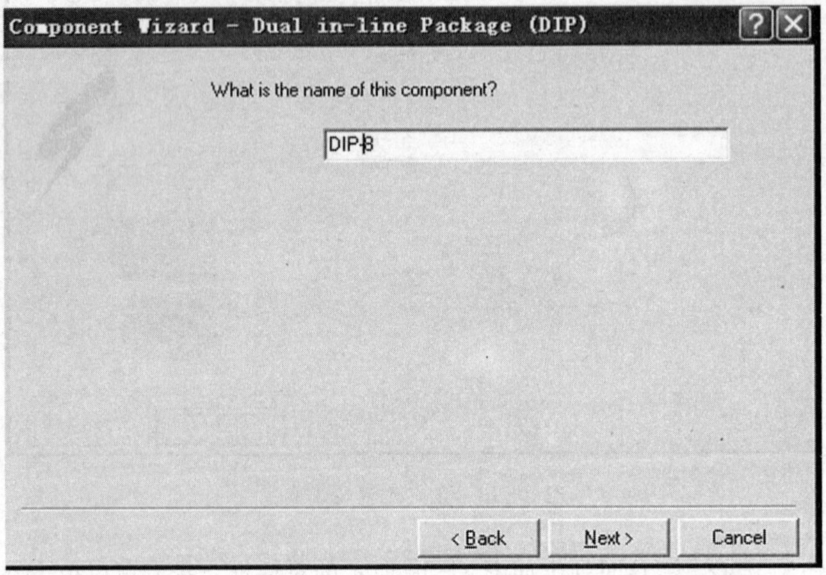

图 8－15　设定元件名称的对话框

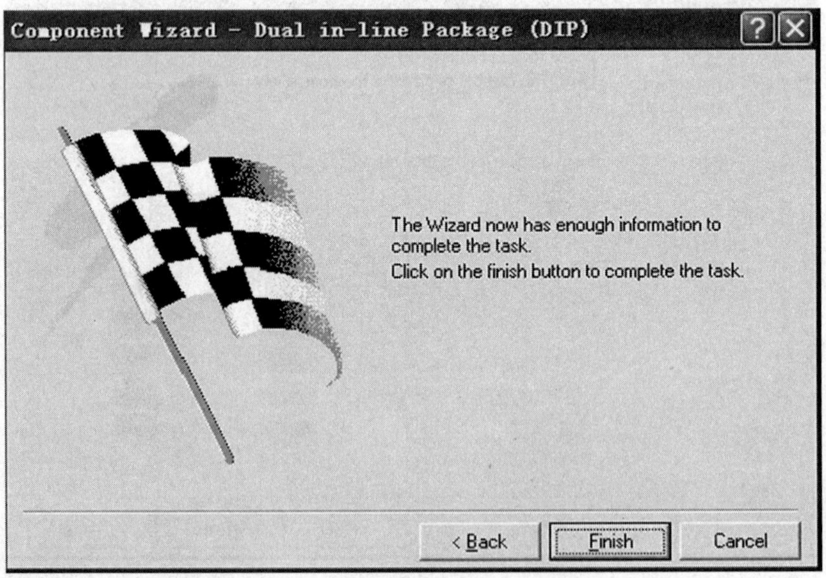

图 8－16　元件完成对话框

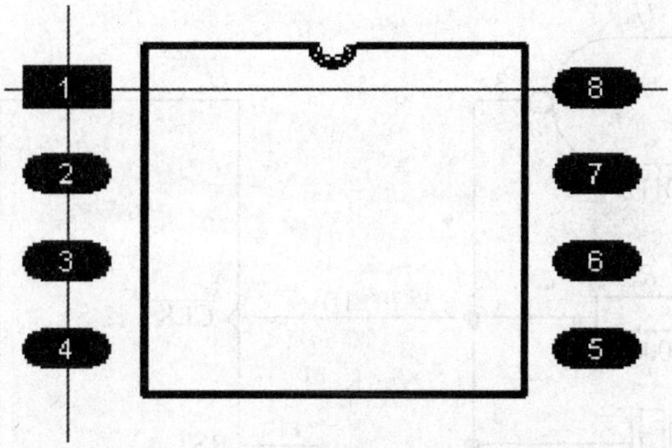

图 8-17　生成的元件封装 DIP8

习　　题

1. 信号发生器的振荡分频电路如图 8-18 所示，试设计该电路的电路板，元件如表 8-1 所示，参见图 8-19。设计 PCB 板要求：

① 要求画出原理图，建立网络表，人工布置元件，自动布线，使用双层电路板。

② 电源地线的铜膜线宽度为 25 mil。

③ 一般布线的宽度为 20 mil。

④ 人工放置元件封装，并排列元件封装。

⑤ 生成相应的元件封装库，人工连接铜膜线。

⑥ 布线时考虑顶层和底层都走线，顶层走水平线，底层走垂直线。

表 8-1　元件一览表

Part Type	Designator	Lib Ref	Footprint
26-32.768M	Y_1	XTAL	SIP2
50 pF	C_2	CAP	RAD0.1
50 pF	C_1	CAP	RAD0.1
1 000 kΩ	R_1	RES	AXIAL0.3
4011	U_4	4011	DIP14
4040	U_3	4040	DIP16
CON2	J_0	CON2	SIP2
CON16	J_1	CON16	SIP16

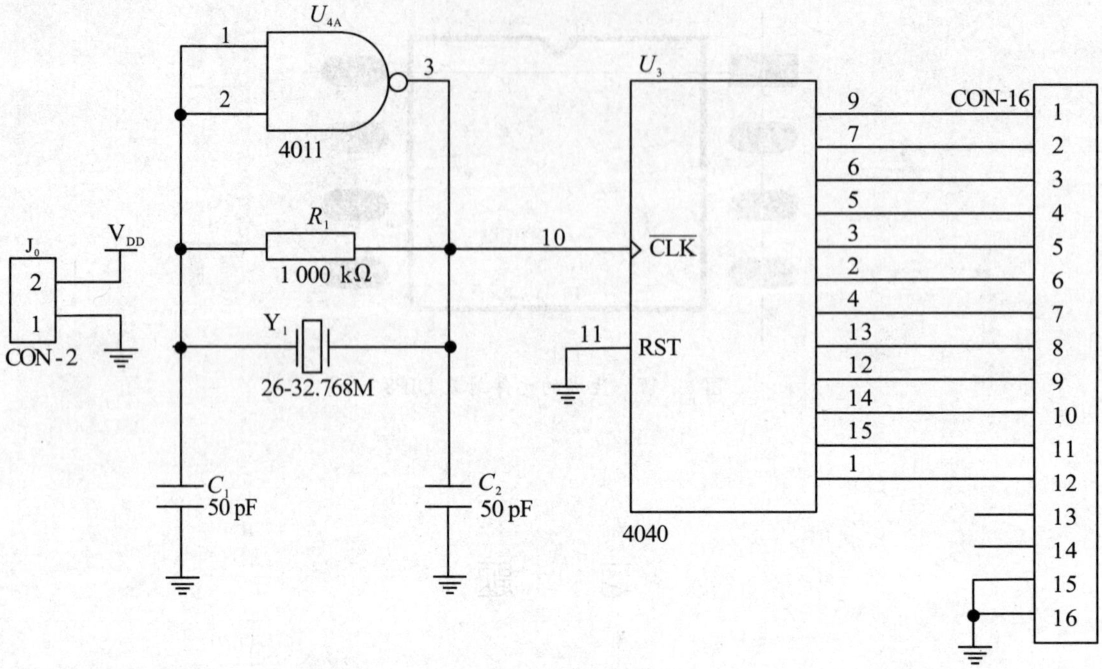

图 8-18　第 1 题电路原理图

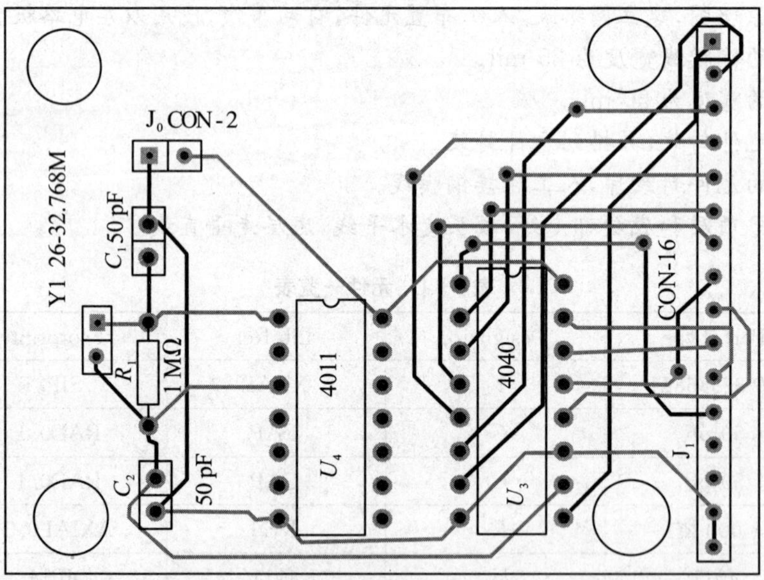

图 8-19　第 1 题参考布线图

2. 根据图 8-20 所示数码显示板电路原理图，设计 PCB 板参见 8-21、图 8-22，元件见表 8-2，要求：

(1) 要求画出原理图，建立网络表，人工布置元件，自动布线，使用双面板。

（2）采用插针式元件，镀铜过孔。

（3）焊盘之间允许走两根铜膜线。

（4）最小铜膜线走线宽度 10 mil，电源地线的铜膜线宽度为 20 mil。

（5）本练习中需要画数码管的封装图，见图 8－21。

（6）生成相应的元件封装库。

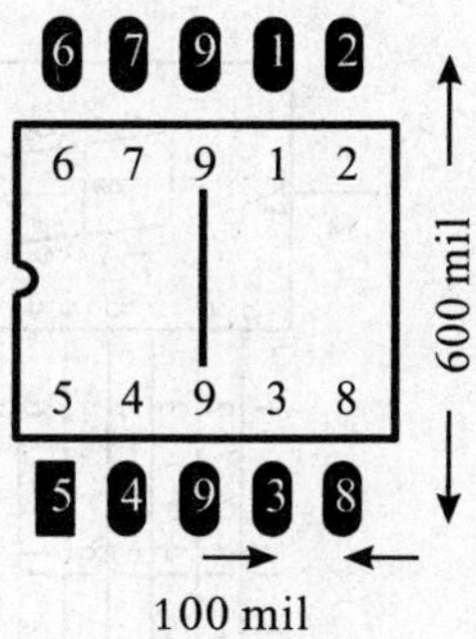

图 8－21　第 2 题数码管封装

表 8－2　元件一览表

Part Type	Designator	Lib Ref	Footprint
4 HEADER	J_{P1}	4 HEADER	POWER4
680	R_{P2}	RESPACK4	DIP16
680	R_{P3}	RESPACK4	DIP16
680	R_{P5}	RESPACK4	DIP16
680	R_{P1}	RESPACK4	DIP16
680	R_{P4}	RESPACK4	DIP16
CON7	J_2	CON7	SIP7
CON7	J_3	CON7	SIP7
CON7	J_4	CON7	SIP7
CON7	J_1	CON7	SIP7
CON8	J_5	CON7	SIP8
LED	D_5	LED	DIODE0. 4
LED	D_3	LED	DIODE0. 4
LED	D_4	LED	DIODE0. 4
LED	D_8	LED	DIODE0. 4
LED	D_7	LED	DIODE0. 4
LED	D_6	LED	DIODE0. 4
LED	D_1	LED	DIODE0. 4
LED	D_2	LED	DIODE0. 4
REDCA	D_{S3}	AMBERCA	SHUMAGUAN(自制)
REDCA	D_{S4}	AMBERCA	SHUMAGUAN(自制)
REDCA	D_{S1}	AMBERCA	SHUMAGUAN(自制)
REDCA	D_{S2}	AMBERCA	SHUMAGUAN(自制)

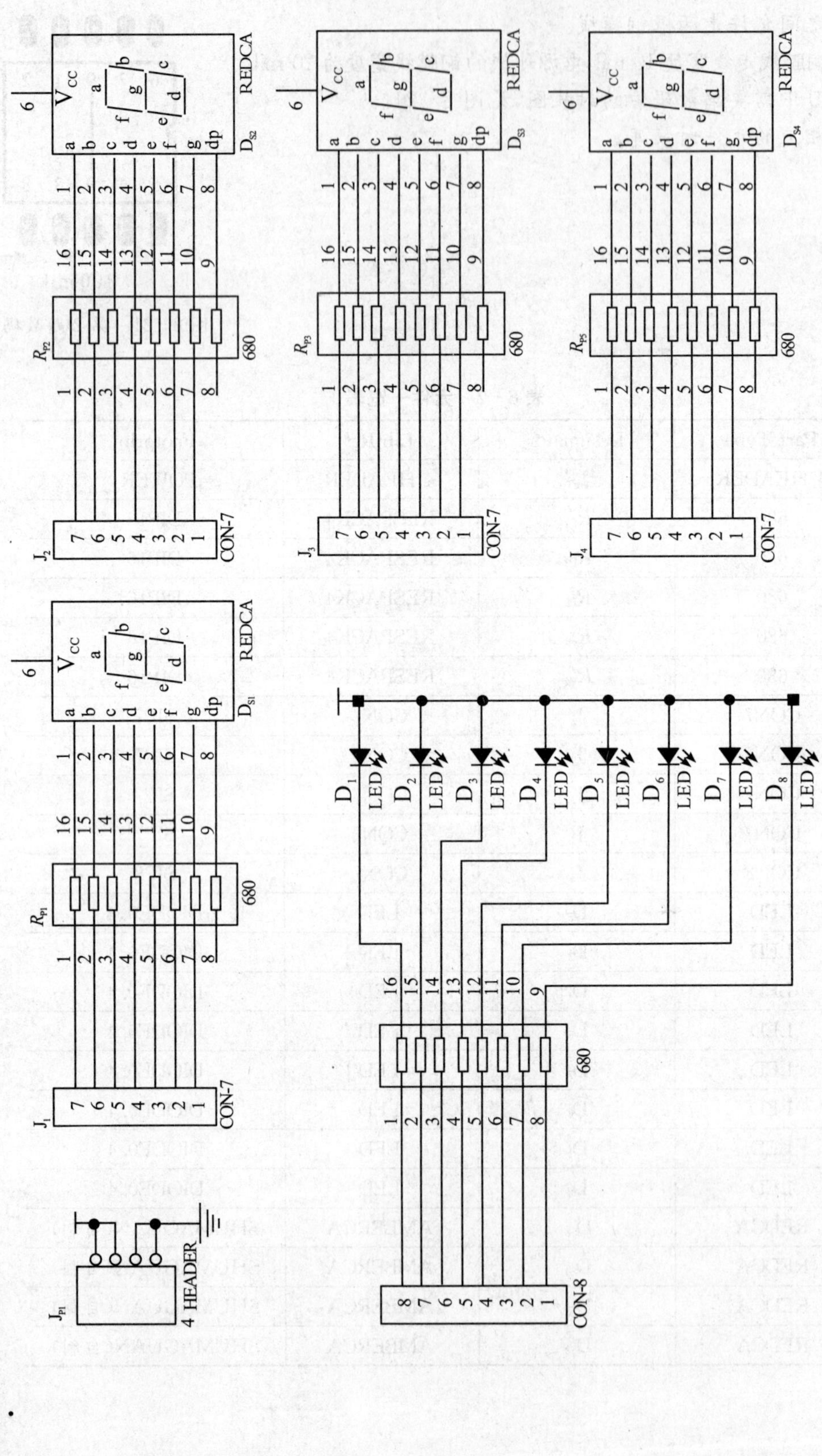

图8-20 第2题电路原理图

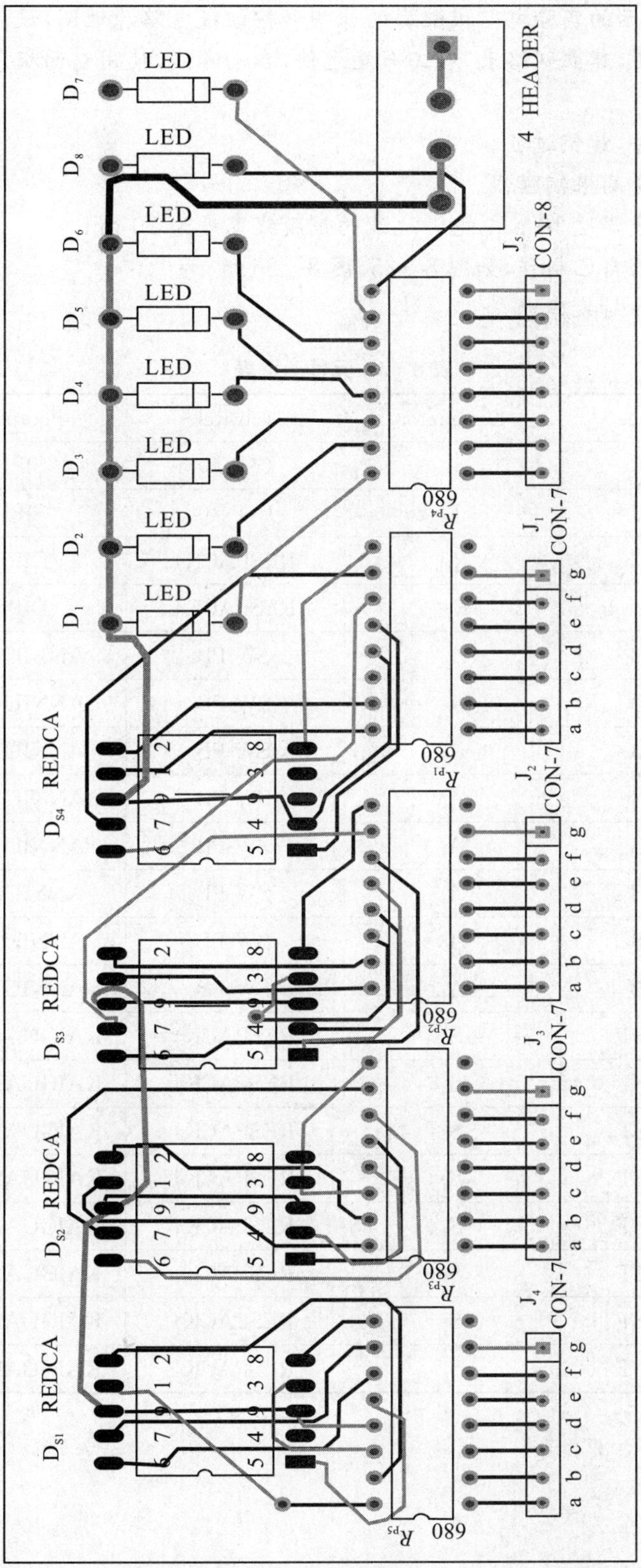

图8-22　第2题参考布线图

3. 试画图 8-23 所示的实验电路板配套的开关和按钮板电路原理图，设计 PCB 板，要求：

(1) 要求画出原理图，建立网络表，人工布置元件，自动布线，使用双面板。布线参见图 8-24，元件见表 8-3。

(2) 采用插针式元件，镀铜过孔。

(3) 焊盘之间允许走两根铜膜线。

(4) 最小铜膜线走线宽度 10 mil，电源地线的铜膜线宽度为 20 mil。

(5) 按钮和开关封装自己制作，如图 8-25、图 8-26 所示。

(6) 生成相应的元件封装库。

表 8-3　元件一览表

Part Type	Designator	Lib Ref	Footprint
CON10	J_2	CON10	SIP10
CON10	J_1	CON10	SIP10
RESPACK4	R_{P1}	RESPACK4	DIP16
RESPACK4	R_{P2}	RESPACK4	DIP16
SW-PB	A_6	SW-PB	ANNIU 自制
SW-PB	A_7	SW-PB	ANNIU 自制
SW-PB	A_8	SW-PB	ANNIU 自制
SW-PB	A_1	SW-PB	ANNIU 自制
SW-PB	A_2	SW-PB	ANNIU 自制
SW-PB	A_3	SW-PB	ANNIU 自制
SW-PB	A_5	SW-PB	ANNIU 自制
SW-PB	A_4	SW-PB	ANNIU 自制
SW-SPST	S_6	RESPACK4	KAIGUAN 自制
SW-SPST	S_7	RESPACK4	KAIGUAN 自制
SW-SPST	S_8	RESPACK4	KAIGUAN 自制
SW-SPST	S_2	RESPACK4	KAIGUAN 自制
SW-SPST	S_1	RESPACK4	KAIGUAN 自制
SW-SPST	S_3	RESPACK4	KAIGUAN 自制
SW-SPST	S_5	RESPACK4	KAIGUAN 自制
SW-SPST	S_4	RESPACK4	KAIGUAN 自制

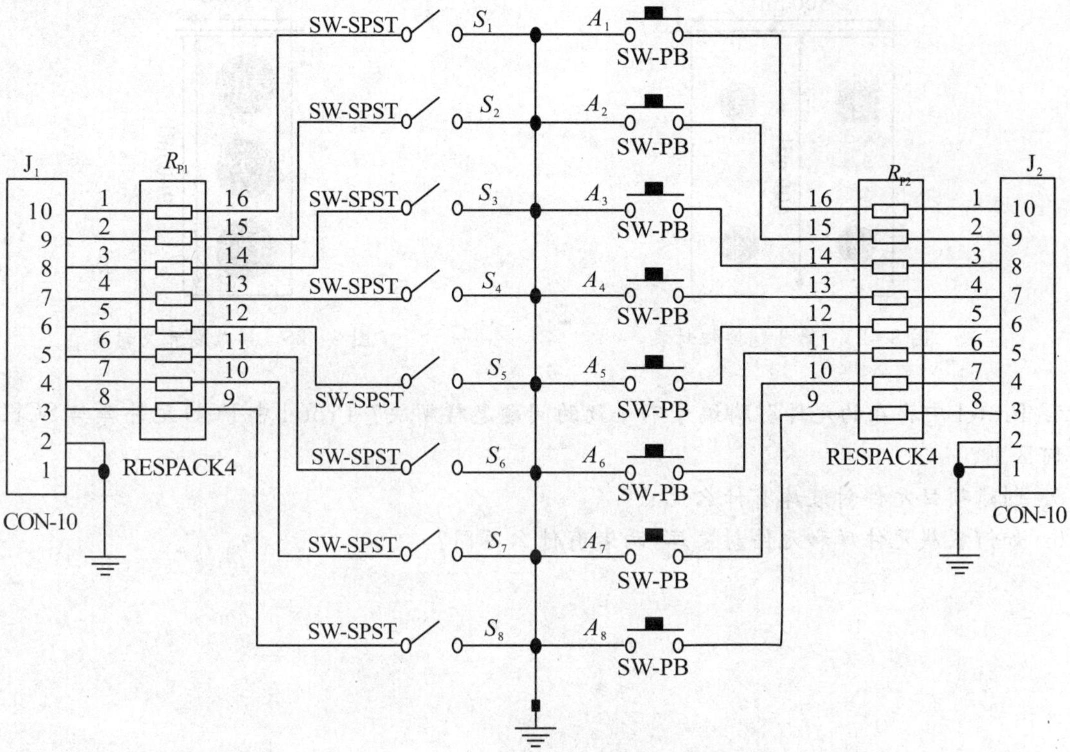

图 8-23　第 3 题电路原理图

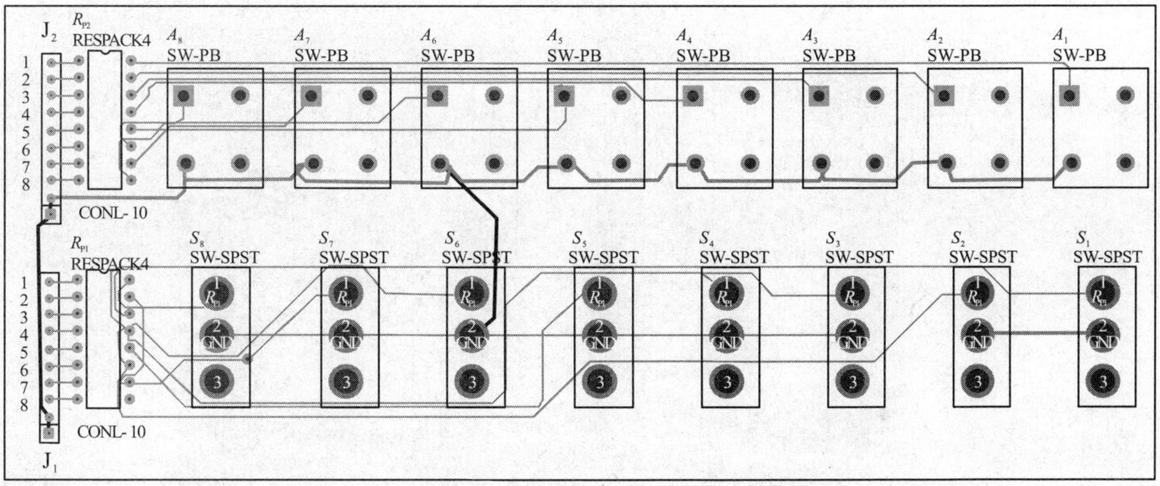

图 8-24　第 3 题参考布线图

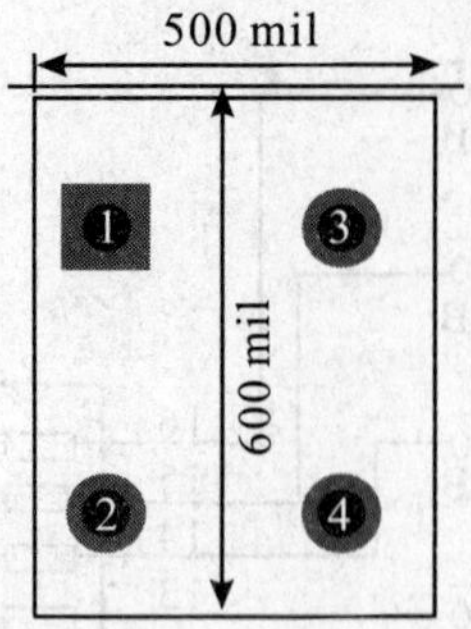

图 8 - 25　第 3 题按钮封装

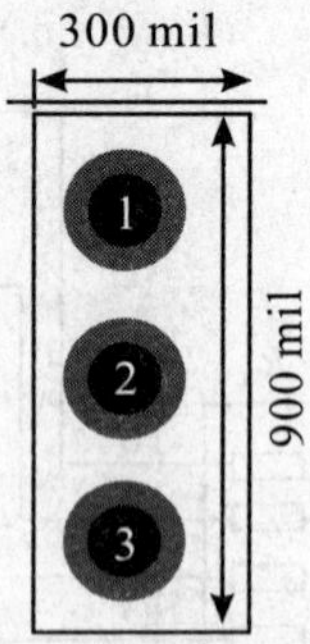

图 8 - 26　第 3 题开关封装

4. Protel 中存在的元件引脚编号不一致的问题怎样解决？Protel 中 PCB 元件库与 SCH 元件库有何区别？

5. 创建项目元件封装库有什么优点？

6. 如何装载元件库和元件封装库，两者有什么不同？

附　录

F.1　常用快捷操作

常用快捷操作见表 F.1。

表 F.1　常用快捷操作

快　捷　键	动　作
Enter	选取或启动
Esc	放弃或取消
F1	启动在线帮助窗口
Tab	启动浮动图件的属性窗口
PgUp	放大窗口显示比例
PgDn	缩小窗口显示比例
End	刷新屏幕
Del	删除点取的元件(1 个)
Ctrl+Del	删除选取的元件(2 个或 2 个以上)
X+A	取消所有被选取图件的选取状态
X	将浮动图件左右翻转
Y	将浮动图件上下翻转
Space	将浮动图件旋转 90°
Ctrl+Ins	将选取图件复制到编辑区里
Shift+Ins	将剪贴板里的图件贴到编辑区里
Shift+Del	将选取图件剪切放入剪贴板里
Alt+BackSpace	恢复前一次的操作
Ctrl+BackSpace	取消前一次的恢复
Ctrl+G	跳转到指定的位置
Ctrl+F	寻找指定的文字
Alt+F4	关闭 Protel
Space	绘制导线,直线或总线时,改变走线模式
V+D	缩放视图,以显示整张电路图
V+F	缩放视图,以显示所有电路部件
Home	以光标位置为中心,刷新屏幕
Esc	终止当前正在进行的操作,返回待命状态
BackSpace	放置导线或多边形时,删除最末一个顶点
Delete	放置导线或多边形时,删除最末一个顶点

续表

快 捷 键	动 作
Ctrl+Tab	在打开的各个设计文件文档之间切换
Alt+Tab	在打开的各个应用程序之间切换
A	弹出 edit\align 子菜单
B	弹出 view\toolbars 子菜单
E	弹出 edit 菜单
F	弹出 file 菜单
H	弹出 help 菜单
J	弹出 edit\jump 菜单
L	弹出 edit\set location makers 子菜单
M	弹出 edit\move 子菜单
O	弹出 options 菜单
P	弹出 place 菜单
R	弹出 reports 菜单
S	弹出 edit\select 子菜单
T	弹出 tools 菜单
V	弹出 view 菜单
W	弹出 window 菜单
X	弹出 edit\deselect 菜单
Z	弹出 zoom 菜单
←	光标左移 1 个电气栅格
Shift+←	光标左移 10 个电气栅格
→	光标右移 1 个电气栅格
Shift+→	光标右移 10 个电气栅格
↑	光标上移 1 个电气栅格
Shift+↑	光标上移 10 个电气栅格
↓	光标下移 1 个电气栅格
Shift+↓	光标下移 10 个电气栅格
Ctrl+1	以零件原来的尺寸的大小显示图纸
Ctrl+2	以零件原来的尺寸的 200%显示图纸
Ctrl+4	以零件原来的尺寸的 400%显示图纸
Ctrl+5	以零件原来的尺寸的 50%显示图纸
Ctrl+F	查找指定字符
Ctrl+G	查找替换字符
Ctrl+B	将选定对象以下边缘为基准,底部对齐
Ctrl+T	将选定对象以上边缘为基准,顶部对齐
Ctrl+L	将选定对象以左边缘为基准,靠左对齐
Ctrl+R	将选定对象以右边缘为基准,靠右对齐
Ctrl+H	将选定对象以左右边缘的中心线为基准,水平居中排列
Ctrl+V	将选定对象以上下边缘的中心线为基准,垂直居中排列
Ctrl+Shift+H	将选定对象在左右边缘之间,水平均布
Ctrl+Shift+V	将选定对象在上下边缘之间,垂直均布

续表

快　捷　键	动　作
F3	查找下一个匹配字符
Shift＋F4	将打开的所有文档窗口平铺显示
Shift＋F5	将打开的所有文档窗口层叠显示
Shift＋单击鼠标左键	选定单个对象
Ctrl＋单击鼠标左键，再释放 Crtl	拖动单个对象
Shift＋Ctrl＋鼠标左键	移动单个对象
按 Ctrl 后移动或拖动	移动对象时，不受电器格点限制
按 Alt 后移动或拖动	移动对象时，保持垂直方向
按 Shift＋Alt 后移动或拖动	移动对象时，保持水平方向

F.2　部分分立元件库元件名称及中英文对照

部分分立元件库元件名称及中英文对照见表 F.2。

表 F.2　部分分立元件库元件名称及中英文对照

英文名称	中文名称
AND	与门
ANTENNA	天线
BATTERY	直流电源
BELL	铃，钟
BVC	同轴电缆接插件
BRIDEG 1	整流桥(二极管)
BRIDEG 2	整流桥(集成块)
BUFFER	缓冲器
BUZZER	蜂鸣器
CAP	电容
CAPACITOR	电容
CAPACITOR POL	有极性电容
CAPVAR	可调电容
CIRCUIT BREAKER	熔断丝
COAX	同轴电缆
CON	插口
CRYSTAL	晶体整荡器
DB	并行插口
DIODE	二极管
DIODE SCHOTTKY	稳压二极管
DIODE VARACTOR	变容二极管
DPY_3-SEG	3 段 LED
DPY_7-SEG	7 段 LED
DPY_7-SEG_DP	7 段 LED(带小数点)

续表

英文名称	中文名称
ELECTRO	电解电容
FUSE	熔断器
INDUCTOR	电感
INDUCTOR IRON	带铁芯电感
INDUCTOR-3	可调电感
JFET N N	沟道场效应管
JFET P P	沟道场效应管
LAMP	灯泡
LAMP NEDN	起辉器
LED	发光二极管
METER	仪表
MICROPHONE	麦克风
MOSFET MOS	管
MOTOR AC	交流电机
MOTOR SERVO	伺服电机
NAND	与非门
NOR	或非门
NOT	非门
NPN NPN	三极管
NPN-PHOTO	感光三极管
OPAMP	运放
OR	或门
PHOTO	感光二极管
PNP	三极管
NPN DAR NPN	三极管
PNP DAR PNP	三极管
POT	滑线变阻器
PELAY-DPDT	双刀双掷继电器
RES-1. 2	电阻
RES-3. 4	可变电阻
RESISTOR BRIDGE	桥式电阻
RESPACK	电阻
SCR	晶闸管
PLUG	插头
PLUG AC FEMALE	三相交流插头
SOCKET	插座
SOURCE CURRENT	电流源
SOURCE VOLTAGE	电压源
SPEAKER	扬声器
SW	开关
SW-DPDY	双刀双掷开关
SW-SPST	单刀单掷开关
SW-PB	按钮
THERMISTOR	电热调节器

续表

英文名称	中文名称
TRANS-1	变压器
TRANS-2	可调变压器
TRIAC	三端双向可控硅
TRIODE	三极真空管
VARISTOR	变阻器
ZENER	齐纳二极管
DPY_7-SEG_DP	数码管
SW-PB	开关

F.3　常用元件属性

常用元件属性见表 F.3。

F.3　常用元件属性

元　件	代　号	封　装	备　注
电阻	R	AXIAL-0.3	轴状
电容	C	RAD-0.1	方型电容
电容	C	RB.2/.4	电解电容
保险丝	FUSE	FUSE	
二极管	D	DIODE-0.4	IN4148
三极管	Q	TO-3	3DD15
插座	CON-2	SIP-2	2 脚
整流桥堆	D	D-37R	1A 直角封装
整流桥堆	D	D-38 3A	四脚封装
集成电路	U	DIP4	双列直插式
电位器	POT-1,POT-2	VR-1 到 VR-5	

F.4 模拟试卷一

全国 CAD 网络中心

Protel 99 中级技能考核试题(120 分钟)

班级______ 学号______ 姓名______

题号	一	二	总得分	阅卷人
得分				

一、绘制原理图(1×45′=45′)

注意:所有的文件均保存在"d:\班级名称一学号一姓名"文件夹下。

单片机电路如图 F.1 所示(文件名:Test1. ddb)。

要求:

(1) 画出原理图(1. sch)。

(2) 图纸环境设置要求:

① 图纸尺寸为 A4;

② 图纸的标题栏位标准标题栏(Standard),其中 Title 选项为单片机扩展电路,其余项为自动。

(3) 进行电气规则检查(1. ERC)。

(4) 将该电路图复制到 WORD 中,保存时要去掉模板,文件名:1. doc。

(5) 生成元件列表(1. BOM)。

(6) 请生成网络表(1. NET)。

注意:除了"1. doc"文件,所有文件均保存在"1. ddb"中

二、印制电路板制作 (1×55′=55′)

电路如图 F.2 所示,有关器件如表 F.4 所示(文件名:Test2. ddb)。

要求:

(1) 画出原理图,图纸尺寸为 A4(Test2SCH. sch)。

(2) 电气规则检查(2. erc)。

(3) 建立网络表(2. net)。

(4) 定义一个尺寸宽为 2 000 mil,长为 1 500 mil 的双面电路板,要求在禁止层和机械层画出电路板框,在机械层标注尺寸。

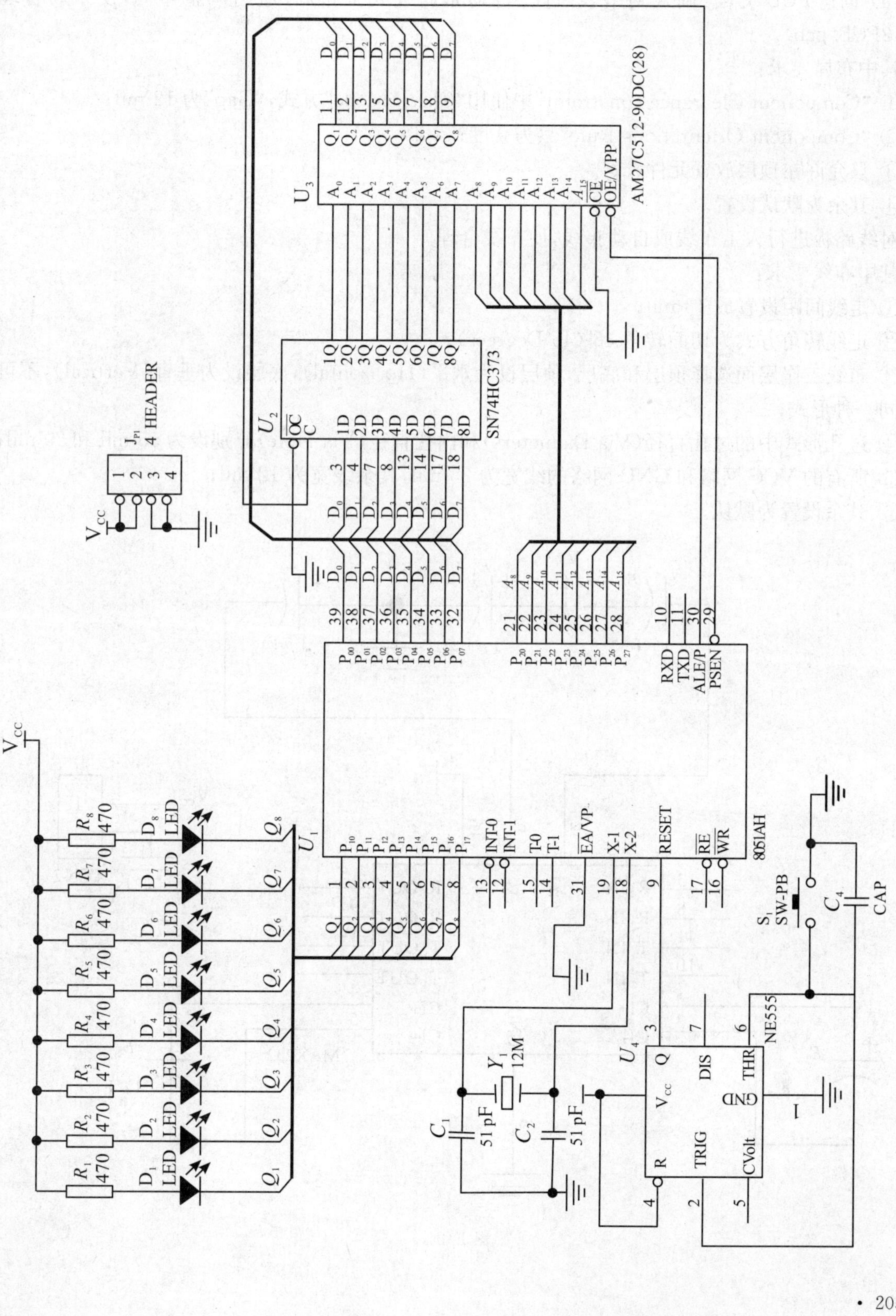

U1
8051AH
U2
SN74HC373
U3
AM27C512-90DC(28)
U4
NE555
JP1
4 HEADER
VCC
R1 470
R2 470
R3 470
R4 470
R5 470
R6 470
R7 470
R8 470
D1 LED
D2 LED
D3 LED
D4 LED
D5 LED
D6 LED
D7 LED
D8 LED
C1
51 pF
C2
51 pF
Y1
12M
S1
SW-PB
C4
CAP
RESET
EA/VP
X-1
X-2
INT-0
INT-1
T-0
T-1
RXD
TXD
ALE/P
PSEN
OE/VPP
TRIG
DIS
THR
CVolt

图F.1

(5) 创建 PCB 文档：调入网络表，进行自动布局或人工布局，适当调整布局，使布局合理(Test2PCB. pcb)。

其中布局要求：

① "Component Clearance constraint"中使用"Check Mode"方式，"Gap"为 12 mil；

② "Component Orientations Rule"只为 0 度；

③ 只允许在顶层放置元件；

④ 其余为默认设置。

对线路板进行人工布线或自动布线，使布线合理。

其中布线要求：

① 走线间距设置成 13 mil；

② 走线转角方式为切面转角 45°(45 Degrees)；

③ 布线工作层面选择顶层和底层，顶层设为水平(Horizontal)，底层设为垂直(Vertical)，不可选择同一种形式；

④ 过孔形式中的过孔直径(Via Diameters)和内孔直径(Via Hole)分别设为 55 mil 和 20 mil；

⑤ 所有的 VCC 网络和 GND 网络的线宽为 25 mil，其余线宽为 12 mil；

⑥ 其余设置为默认。

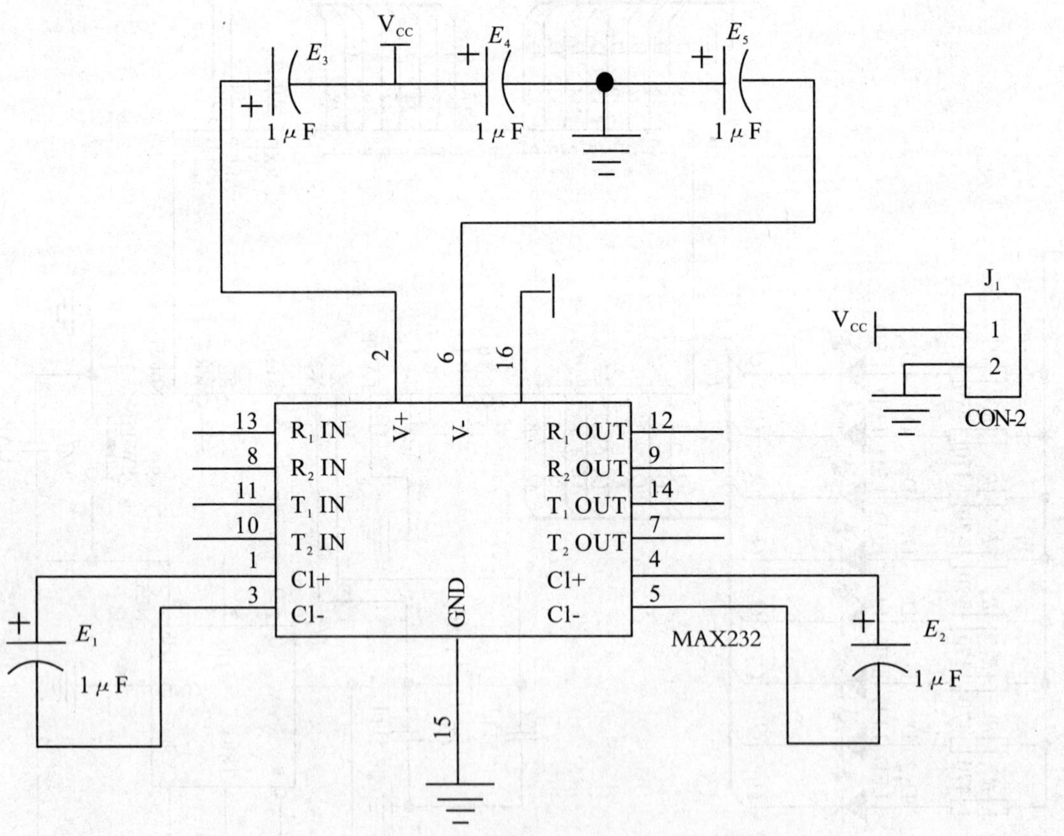

图 F. 2

表 F. 4

Lib Ref	Footprint	Designator	Part Type
CAPACITOR POL	RAD-0. 3	E_1	1 μF
CAPACITOR POL	RAD-0. 3	E_2	1 μF
CAPACITOR POL	RAD-0. 3	E_3	1 μF
Lib Ref	Footprint	Designator	Part Type
CAPACITOR POL	RAD0. 3	E_4	1μF
CAPACITOR POL	RAD0. 3	E_5	1μF
CON2	SIP2	J_1	CON2
自建	DIP16	S_2	MAX232

F. 5　模拟试卷二

全国 CAD 网络中心

Protel 99 中级技能考核试题(120 分钟)

班级______　学号______　姓名______

题号	一	二	总得分	阅卷人
得分				

一、绘制原理图($1\times45'=45'$)

注意:所有的文件均保存在“d:\班级名称一学号一姓名”文件夹下。

单片机电路如图 F. 3 所示(文件名:Test1. ddb)。

要求:

(1) 画出原理图(1. sch):

① 在“1. lib”中新建“1. sch”中的 IC1,元件名称为 NCP,默认标号为 IC?,第一封装为 DIP;

② 图纸中元件封装按要求自行设置。

(2) 图纸环境设置要求:

① 图纸尺寸为 A4;

② 图纸的标题栏位标准标题栏(Standard)。

其中 Title 选项为 LED 电源,其余项为自动。

(3) 请进行电气规则检查(1. erc)。

(4) 生成元件列表(1. bom)。

(5) 请生成网络表(1. net)。

注意:所有文件均保存在“1. ddb”下。

二、印制电路板制作 (1×55′=55′)

电路如图 F. 3 图所示(文件名:Test2. ddb)。

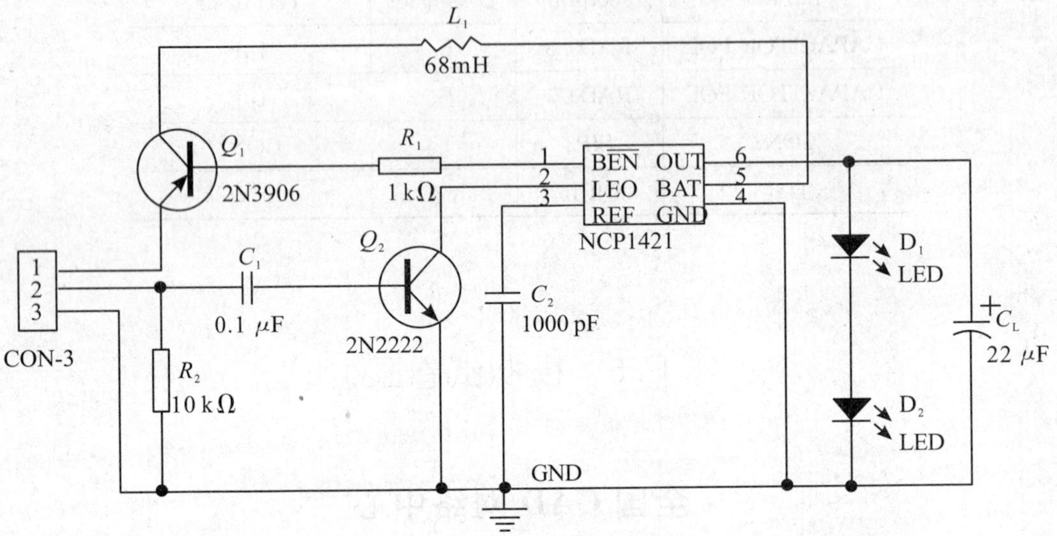

图 F. 3

要求:

(1) 定义一个尺寸宽为 2 000 mil,长为 1 500 mil 的双面电路板,要求在禁止层和机械层画出电路板框,在机械层标注尺寸。

(2) 创建 PCB 文档:调入网络表,进行自动布局或人工布局,适当调整布局,使布局合理(Test2PCB. pcb)。

其中布局要求:

① “Component Clearance constraint”中使用“Check Mode”方式,“Gap”为 12 mil;

② “Component Orientations Rule”只为 0 度;

③ 只允许在顶层放置元件;

④ 其余为默认设置。

(3) 对线路板进行人工布线或自动布线,使布线合理。

其中布线要求:

① 走线间距设置成 13 mil;

② 走线转角方式为切面转角 45°(45 Degrees);

③ 布线工作层面选择顶层和底层,顶层设为水平(Horizontal),底层设为垂直(Vertical),不可选择同一种形式;

④ 过孔形式中的过孔直径(Via Diameters)和内孔直径(Via Hole)分别设为 55 mil 和 20 mil;

⑤ GND 网络的线宽为 25 mil,其余线宽为 12 mil;

⑥ 其余设置为默认。

(4) 其他处理:

① 生成此设计的 PCB 封装元件库,库名为默认;

② 在 PCB 正面丝印层标出设计者姓名和年月;

③ 全板覆铜,覆铜接地,其他参数默认。

参考文献

[1] 清源计算机工作室. Protel 99 SE 电路设计与仿真[M]. 北京:机械工业出版社,2004.

[2] 李东生,张勇,许四毛. Protel 99 SE 电路设计技术入门与应用[M]. 北京:电子工业出版社,2003.

[3] 月飞,等. Protel 99 SE 基础与实例教程[M]. 北京:电子工业出版社,2010.

[4] 陈晓鸽,昂军,胡仁喜. Protel 99 SE 标准实例教程[M]. 北京:电子工业出版社,2010.

[5] 赵广林. 看图快速学 Protel 99 SE 电路设计与制版[M]. 北京:电子工业出版社,2009.

[6] 邱寄帆. Protel 99 SE 印制电路板设计与仿真[M]. 北京:人民邮电出版社,2005.

[7] 赵伟军. Protel 99 SE 教程[M]. 北京:人民邮电出版社,2004.

[8] 赵伟军. Protel 教程[M]. 北京:人民邮电出版社,2004.

[9] 谢淑茹,等. Protel 99 SE 电路板设计[M]. 北京:清华大学出版社,2001.

[10] 及力. Protel 99 SE 原理图与 PCB 设计教程[M]. 2 版. 北京:电子工业出版社,2007.